박영훈 선생님의

생각하는 초등연산

◇ 당신은 언제나 옳습니다. 그대의 삶을 응원합니다. – 라의눈출판그룹

박영훈 선생님의

생각하는 초등연산 2권

초판 1쇄 | 2023년 2월 21일

지은이 | 박영훈
펴낸이 | 설응도
편집주간 | 안은주
영업책임 | 민경업
디자인 | 박성진

펴낸곳 | 라의눈

출판등록 | 2014년 1월 13일(제2019-000228호)
주소 | 서울시 강남구 테헤란로78길 14-12(대치동) 동영빌딩 4층
전화 | 02-466-1283
팩스 | 02-466-1301

문의(e-mail) 편집 | editor@eyeofra.co.kr
영업마케팅 | marketing@eyeofra.co.kr
경영지원 | management@eyeofra.co.kr

ISBN 979-11-92151-47-2 64410
ISBN 979-11-92151-06-9 64410(세트)

박영훈 선생님의

생각하는 초등연산

★ 박영훈 지음 ★

2권

1학년 2학기

라의눈

박영훈 선생님의

생각하는 초등연산

머리말

<생각하는 연산>을 지도하는 선생님과 학부모님께

수학의 기초는 '계산'일까요, 아니면 '연산'일까요?
계산과 연산은 어떻게 다를까요?

54+39=93

이 덧셈의 답만 구하는 것은 계산입니다. 단순화된 계산절차를 기계적으로 따르면 쉽게 답을 얻습니다.
반면 '연산'은 93이라는 답이 나오는 과정에 주목합니다. 4와 9를 더한 13에서 1과 3을 왜 각각 구별해야 하는지, 왜 올려 쓰고 내려 써야 하는지 이해하는 것입니다. 절차를 무작정 따르지 않고, 그 절차를 스스로 생각하여 만드는 것이 바로 연산입니다.

$$\begin{array}{r} \scriptstyle 1 \\ 54 \\ +\,39 \\ \hline 93 \end{array}$$

덧셈의 원리를 이렇게 이해하면 뺄셈과 곱셈으로 그리고 나눗셈까지 차례로 확장할 수 있습니다. 수학 공부의 참모습은 이런 것입니다. 형성된 개념을 토대로 새로운 개념을 하나씩 쌓아가는 것이 수학의 본질이니까요. 당연히 생각할 시간이 필요하고, 그래서 '느린 수학'입니다. 그렇게 얻은 수학의 지식과 개념은 완벽하게 내면화되어 다음 단계로 이어지거나 쉽게 응용할 수 있습니다.

$$\begin{array}{r} \scriptstyle 1 \\ 13 \\ \times\quad 5 \\ \hline 65 \end{array}$$

그러나 왜 그런지 모른 채 절차 외우기에만 열중했다면, 그 후에도 계속 외워야 하고 응용도 별개로 외워야 합니다. 그러다 지치거나 기억의 한계 때문에 잊어버릴 수밖에 없어 포기하는 상황에 놓이게 되겠죠.

아이가 연산문제에서 자꾸 실수를 하나요? 그래서 각 페이지마다 숫자만 빼곡히 이삼십 개의 계산 문제를 늘어놓은 문제지를 풀게 하고, 심지어 시계까지 동원해 아이들을 압박하는 것은 아닌가요? 그것은 교육(education)이 아닌 훈련(training)입니다. 빨리 정확하게 계산하는 것을 목표로 하는 숨 막히는 훈련의 결과는 다음과 같은 심각한 부작용을 가져옵니다.

첫째, 아이가 스스로 생각할 수 있는 능력을 포기하게 됩니다.

둘째, 의미도 모른 채 제시된 절차를 기계적으로 따르기만 하였기에 수학에서 가장 중요한 연결하는 사고를 할 수 없게 됩니다.
셋째. 결국 다른 사람에게 의존하는 수동적 존재로 전락합니다.

빨리 정확하게 계산하는 것보다 중요한 것은 왜 그런지 원리를 이해하는 것이고, 그것이 바로 연산입니다. 계산기는 있지만 연산기가 없는 이유를 이해하시겠죠. 계산은 기계가 할 수 있지만, 생각하고 이해해야 하는 연산은 사람만 할 수 있습니다. 그래서 연산은 수학입니다. 계산이 아닌 연산 학습은 왜 그런지에 대한 이해가 핵심이므로 굳이 외우지 않아도 헷갈리는 법이 없고 틀릴 수가 없습니다.

수학의 기초는 '계산'이 아니라 '연산'입니다

'연산'이라 쓰고 '계산'만 반복하는 지루하고 재미없는 훈련은 이제 멈추어야 합니다.
태어날 때부터 자적 호기심이 충만한 아이들은 당연히 생각하는 것을 즐거워합니다. 타고난 아이들의 생각이 계속 무럭무럭 자라날 수 있도록 『생각하는 초등연산』은 처음부터 끝까지 세심하게 설계되어 있습니다. 각각의 문제마다 아이가 '생각'할 수 있게끔 자극을 주기 위해 나름의 깊은 의도가 들어 있습니다. 아이 스스로 하나씩 원리를 깨우칠 수 있도록 문제의 구성이 정교하게 이루어졌다는 것입니다. 이를 위해서는 앞의 문제가 그다음 문제의 단서가 되어야겠기에, 밑바탕에는 자연스럽게 인지학습심리학 이론으로 무장했습니다.

이렇게 구성된 『생각하는 초등연산』의 문제 하나를 풀이하는 것은 등산로에 놓여 있는 계단 하나를 오르는 것에 비유할 수 있습니다. 계단 하나를 오르면 스스로 다음 계단을 오를 수 있고, 그렇게 계단을 하나씩 올라설 때마다 새로운 것이 보이고 더 멀리 보이듯, 마침내는 꼭대기에 올라서면 거대한 연산의 맥락을 이해할 수 있게 됩니다. 높은 산의 정상에 올라 사칙연산의 개념을 한눈에 조망할 수 있게 되는 것이죠. 그렇게 아이 스스로 연산의 원리를 발견하고 규칙을 만들 수 있는 능력을 기르는 것이 『생각하는 초등연산』이 추구하는 교육입니다.

연산의 중요성은 아무리 강조해도 지나치지 않습니다. 연산은 이후에 펼쳐지는 수학의 맥락과 개념을 이해하는 기초이며 동시에 사고가 본질이자 핵심인 수학의 한 분야입니다. 이제 계산은 빠르고 정확해야 한다는 구시대적 고정관념에서 벗어나서, 아이가 혼자 생각하고 스스로 답을 찾아내도록 기다려 주세요. 처음엔 느린 듯하지만, 스스로 찾아낸 해답은 고등학교 수학 학습을 마무리할 때까지 흔들리지 않는 튼튼한 기반이 되어줄 겁니다. 그것이 느린 것처럼 보이지만 오히려 빠른 길임을 우리 어른들은 경험적으로 잘 알고 있습니다.

시험문제 풀이에서 빠른 계산이 필요하다는 주장은 수학에 대한 무지에서 비롯되었으니, 이에 현혹되는 선생님과 학생들이 더 이상 나오지 않았으면 하는 바람을 담아 『생각하는 초등연산』을 세상에 내놓았습니다. 인스턴트가 아닌 유기농 식품과 같다고나 할까요. 아무쪼록 산수가 아닌 수학을 배우고자 하는 아이들에게 『생각하는 초등연산』이 진정한 의미의 연산 학습 도우미가 되기를 바랍니다.

박영훈

박영훈 선생님의

생각하는 초등연산

이 책만의 특징과 구성

이 책만의 특징

01

'계산' 말고 '연산'!

수학을 잘하려면 '계산' 말고 '연산'을 잘해야 합니다. 많은 사람들이 오해하는 것처럼 빨리 정확히 계산하기 위해 연산을 배우는 것이 아닙니다. 연산은 수학의 구조와 원리를 이해하는 시작점입니다. 연산 학습에도 이해력, 문제해결능력, 추론능력이 핵심요소입니다. 계산을 빨리 정확하게 하기 위한 기능의 습득은 수학이 아니고, 연산 그 자체가 수학입니다. 그래서『생각하는 초등연산』은 '계산'이 아니라 '연산'을 가르칩니다.

이 책만의 특징

02

스스로 원리를 발견하고, 개념을 확장하는 연산

다른 계산학습서와 다르지 않게 보인다고요? 제시된 절차를 외워 생각하지 않고 기계적으로 반복하여 빠른 답을 구하도록 강요하는 계산학습서와는 비교할 수 없습니다.

이 책으로 공부할 땐 절대로 문제 순서를 바꾸면 안 됩니다. 생각의 흐름에는 순서가 있고, 이 책의 문제 배열은 그 흐름에 맞추었기 때문이죠. 문제마다 깊은 의도가 숨어 있고, 앞의 문제는 다음 문제의 단서이기도 합니다. 순서대로 문제풀이를 하다보면 스스로 원리를 깨우쳐 자연스럽게 이해하고 개념을 확장할 수 있습니다. 인지학습심리학은 그래서 필요합니다. 1번부터 차례로 차근차근 풀게 해주세요.

이 책만의 특징

03

게임처럼 재미있는 연산

게임도 결국 문제를 해결하는 것입니다. 시간 가는 줄 모르고 게임에 몰두하는 것은 재미있기 때문이죠. 왜 재미있을까요? 화면에 펼쳐진 게임 장면을 자신이 스스로 해결할 수 있다고 여겨 도전하고 성취감을 맛보기 때문입니다. 타고난 지적 호기심을 충족시킬 만큼 생각하게 만드는 것이죠. 그렇게 아이는 원래 생각할 수 있고 능동적으로 문제 해결을 좋아하는 지적인 존재입니다.

아이들이 연산공부를 하기 싫어하나요? 그것은 아이들 잘못이 아닙니다. 빠른 속도로 정확한 답을 위해 기계적인 반복을 강요하는 계산연습이 지루하고 재미없는 것은 당연합니다. 인지심리학을 토대로 구성한『생각하는 초등연산』의 문제들은 게임과 같습니다. 한 문제 안에서도 조금씩 다른 변화를 넣어 호기심을 자극하고 생각하도록 하였습니다. 게임처럼 스스로 발견하는 재미를 만끽할 수 있는 연산 교육 프로그램입니다.

이 책만의 특징

04

교사와 학부모를 위한 '교사용 해설'

이 문제를 통해 무엇을 가르치려 할까요? 문제와 문제 사이에는 어떤 연관이 있을까요? 아이는 이 문제를 해결하며 어떤 생각을 할까요? 교사와 학부모는 이 문제에서 어떤 것을 강조하고 아이의 어떤 반응을 기대할까요?

이 모든 질문에 대한 전문가의 답이 각 챕터별로 '교사용 해설'에 들어 있습니다. 또한 각 문제의 하단에 문제의 출제 의도와 교수법을 담았습니다. 수학전공자가 아닌 학부모 혹은 교사가 전문가처럼 아이를 지도할 수 있는 친절하고도 흥미진진한 안내서 역할을 해줄 것입니다.

이 책만의 특징

05

선생님을 가르치는 선생님, 박영훈!

이 책을 집필한 박영훈 선생님은 2만 명의 초등교사를 가르친 '선생님의 선생님'입니다. 180만 부라는 경이로운 판매를 기록한 베스트셀러『기적의 유아수학』의 저자이기도 합니다. 이 책은, 잘못된 연산 공부가 수학을 재미없는 학문으로 인식하게 하고 마침내 수포자를 만드는 현실에서, 연산의 참모습을 보여주고 진정한 의미의 연산학습 도우미가 되기를 바라는 마음으로, 12년간 현장의 선생님들과 함께 양팔을 걷어붙이고 심혈을 기울여 집필한 책입니다.

박영훈 선생님의

생각하는 초등연산

차 례

1 한 자리 수 덧셈

2

뺄셈
(십몇)-(몇),
그리고
덧셈과 뺄셈의 관계

3

받아올림이 없는 덧셈과 **받아내림이 없는 뺄셈**

박영훈 선생님의

생각하는 초등연산

박영훈의 생각하는 연산이란?

계산 문제집과 『박영훈의 생각하는 연산』의 차이

	기존 계산 문제집	박영훈의 생각하는 연산
수학 vs. 산수	수학이 없다. 계산 기능만 있다.	연산도 수학이다. 생각해야 한다.
교육 vs. 훈련	교육이 없다. 훈련만 있다.	연산은 훈련이 아닌 교육이다.
교육원리 vs, 맹목적 반복	교육원리가 없다. 기계적인 반복 연습만 있다.	교육적 원리에 따라 사고를 자극하는 활동이 제시되어 있다.
사람 vs. 기계	사람이 없다. 싸구려 계산기로 만든다.	우리 아이는 생각할 수 있는 지적인 존재다.
한국인 필자 vs. 일본 계산문제집 모방	필자가 없다. 옛날 일본에서 수입된 학습지 형태 그대로이다.	수학교육 전문가와 초등교사들의 연구모임에서 집필했다.

계산문제집의 역사

초등학교에서 계산이 중시되었던 유래는 백여 년 전 일제 강점기로 거슬러 올라갑니다. 당시 일제의 교육목표는, 국민학교(당시 초등학교)를 졸업하자마자 상점이나 공장에서 취업할 수 있도록 간단한 계산능력을 기르는 것이었습니다.
이후 보통교육이 중등학교까지 확대되지만, 경쟁률이 높아지면서 시험을 위한 계산 기능이 강조될 수밖에 없었습니다. 이에 발맞추어 구몬과 같은 일본의 계산 문제집들이 수입되었고, 우리 아이들은 무한히 반복되는 기계적인 계산 훈련을 지금까지 강요당하게 된 것입니다. 빠르고 정확한 '계산'과 '수학'이 무관함에도 어른들의 무지로 인해 21세기인 지금도 계속되는 안타까운 현실이 아닐 수 없습니다.
이제는 이런 악습에서 벗어나 OECD 회원국의 자녀로 태어난 우리 아이들에게 계산 기능의 훈련이 아닌 수학으로서의 연산 교육을 제공해야 하지 않을까요?

박영훈 선생님의

생각하는 초등연산 개념 MAP

수 세기
- 5까지의 수 세기
- 9까지의 수 세기
- 10 이상의 수 세기

유치원

덧셈기호와 빨셈기호의 도입

『생각하는 초등연산』 1권

수 세기에 의한 덧셈과 뺄셈

받아올림과 받아내림을 수 세기로 도입

『생각하는 초등연산』 2권

두 자리 수의 덧셈과 뺄셈 1

세로셈 도입

『생각하는 초등연산』 2권

두 자리 수의 덧셈과 뺄셈 2

받아올림과 받아내림을 세로셈으로 도입

『생각하는 초등연산』 3권

세 자리 수의 덧셈과 뺄셈 (덧셈과 뺄셈의 완성)

『생각하는 초등연산』 5권

곱셈기호의 도입

동수누가에 의한 덧셈의 확장으로 곱셈 도입

『생각하는 초등연산』 4권

곱셈구구의 완성

동수누가에 의한 덧셈의 확장으로 곱셈 도입

『생각하는 초등연산』 4권

두 자리수의 곱셈

분배법칙의 적용

『생각하는 초등연산』 6권

두 자리수 곱셈의 완성

『생각하는 초등연산』 7권

나눗셈기호의 도입

곱셈구구에서 곱셈의 역에 의한 나눗셈 도입

『생각하는 초등연산』 6권

나머지가 있는 나눗셈

『생각하는 초등연산』 6권

몫이 두 자리 수인 나눗셈

『생각하는 초등연산』 7권

곱셈과 나눗셈의 완성

『생각하는 초등연산』 8권

사칙연산의 완성

혼합계산

『생각하는 초등연산』 8권

1 한 자리 수 **덧셈**

1 일차 | **(몇) + (몇) = (십 몇)** 수 모형과 수 구슬

2 일차 | **(몇) + (몇) = (십 몇)** 수 배열표와 수직선 (1)

3 일차 | **(몇) + (몇) = (십 몇)** 수직선과 가로셈 (1)

4 일차 | **(몇) + (몇) = (십 몇)** 수 배열표와 수직선 (2)

5 일차 | **(몇) + (몇) = (십 몇)** 수직선과 가로셈 (2)

6 일차 | **(몇) + (몇) = (십 몇)** 한 자리 수 덧셈의 여러 문제들

7 일차 | **(몇) + (몇) = (십 몇)** 한 자리 수의 덧셈 복습(1)

8 일차 | **(몇) + (몇) = (십 몇)** 한 자리 수의 덧셈 복습(2)

1 일차 (몇)+(몇)=(십몇) 수 모형과 수 구슬

공부한 날짜 월 일

문제 1 | 보기와 같이 동그라미를 그리고 □ 안에 알맞은 수를 넣으시오.

보기

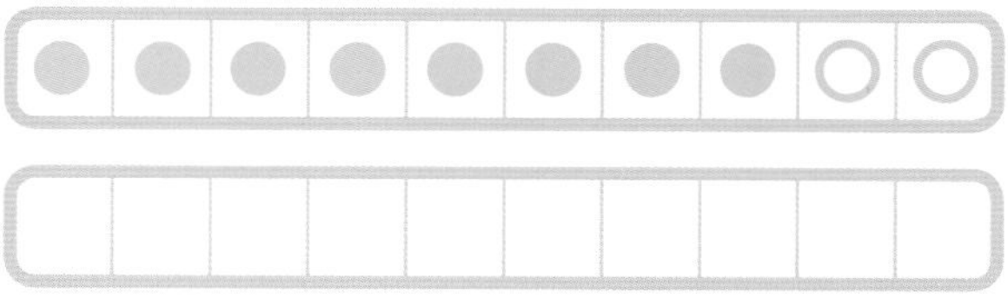

8+2= 10

십 모형에 2칸이 비었으므로
2개를 채워넣는다.

(1)

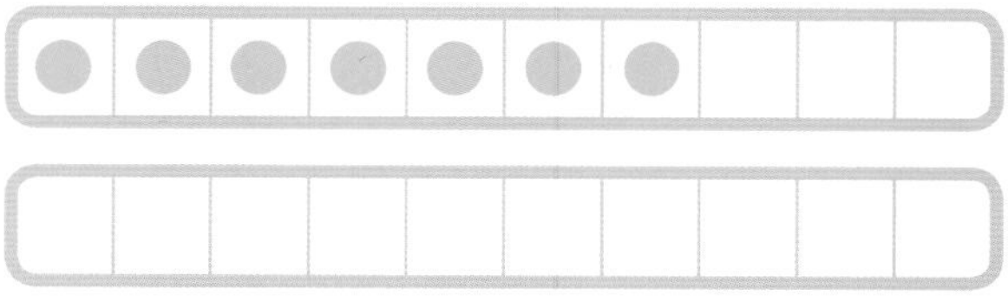

7+3= □

(2)

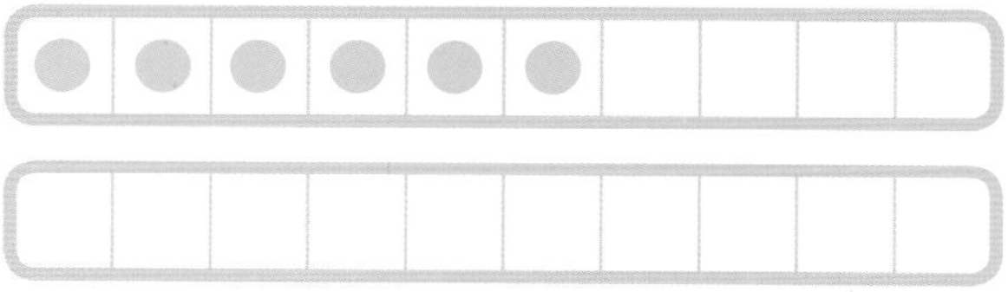

6+4= □

(3)

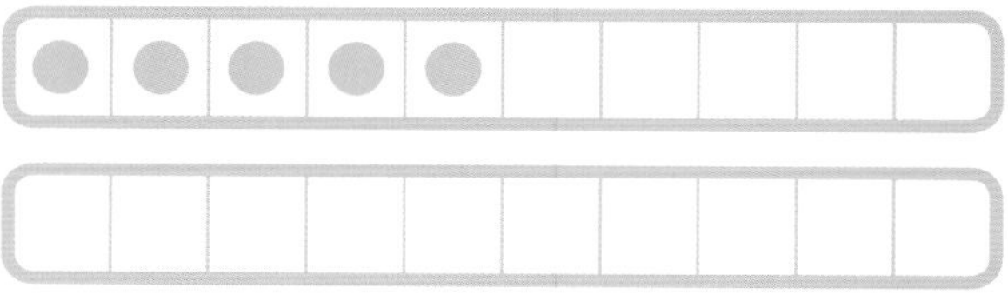

5+5= □

문제 2 | 보기와 같이 동그라미를 그리고 □ 안에 알맞은 수를 넣으시오.

보기

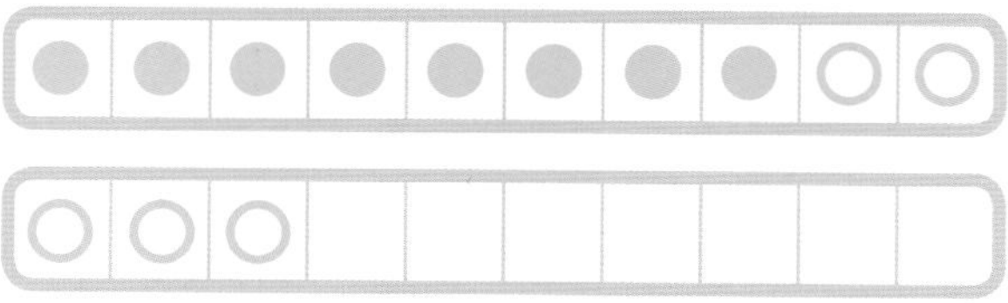

8+5= 13

십 모형에 2칸이 비었으므로 2개를 먼저 채운 후,
나머지 3개를 다른 십 모형에 채운다.

선생님만 보세요

문제 1 덧셈의 받아올림과 받아내림에 반드시 필요한 10 만들기, 즉 '10의 보수 개념'을 연습한다. 한 줄에 열 개의 칸이 있는 두 줄짜리 수 모형에, 더하는 개수의 동그라미를 직접 그려 넣고 이를 덧셈으로 나타내는 활동이다. 이때 이어 세기라는 수 세기 전략을 구사하도록 하는 것이 문제의 의도다. 다음에 이어지는 '받아올림이 있는 덧셈'의 준비 단계다.

(1)

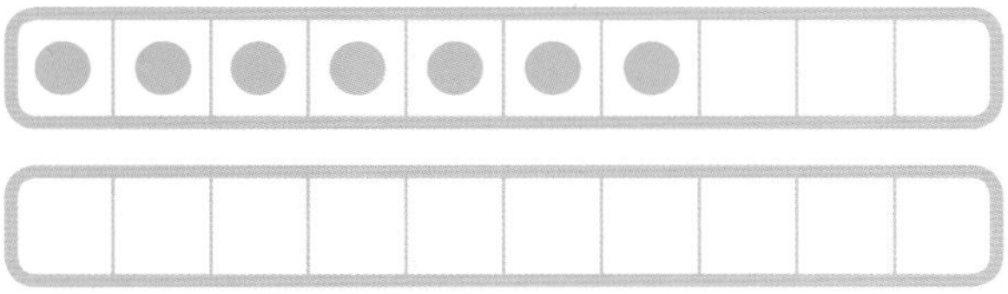

$7+4=\square$

(2)

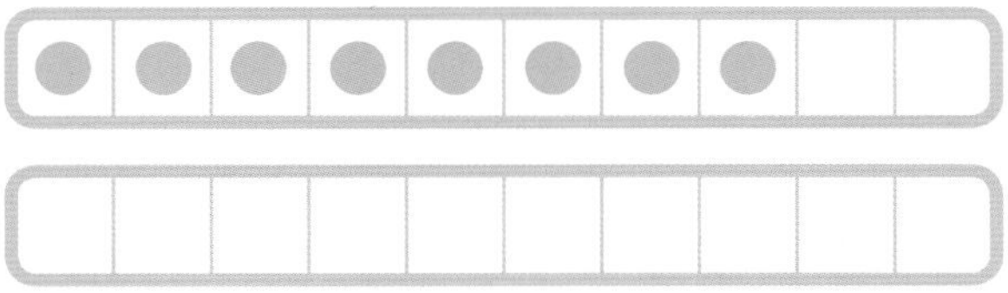

$8+4=\square$

(3)

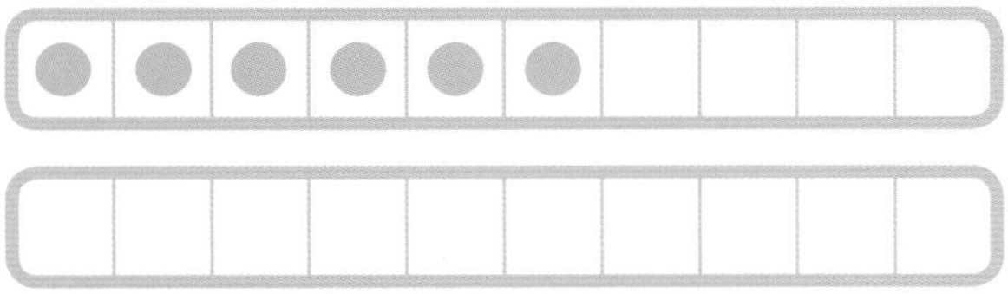

$6+5=\square$

(4)

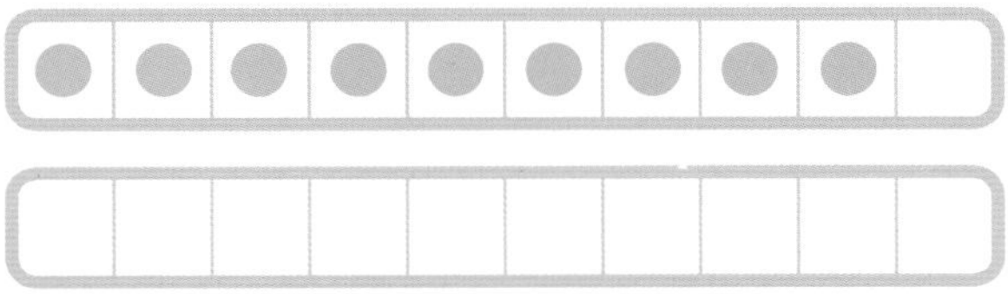

$9+2=\square$

(5)

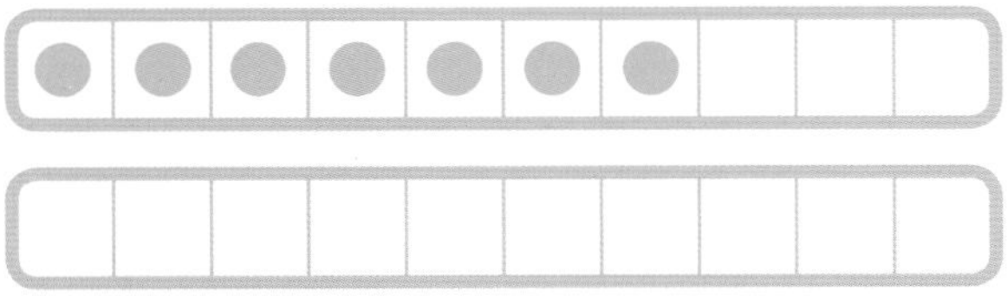

$7+6=\square$

(6)

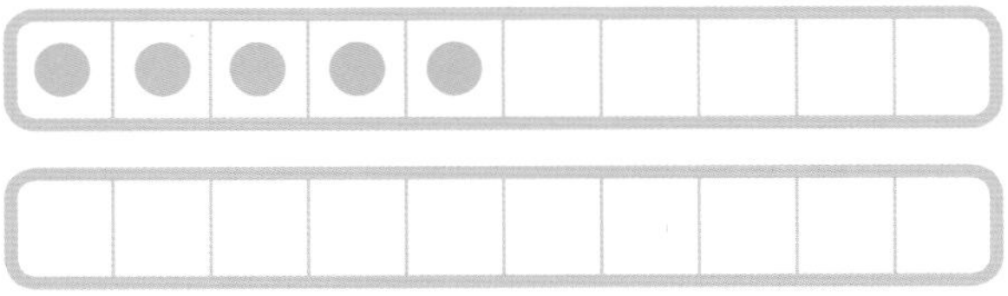

$5+7=\square$

(7)

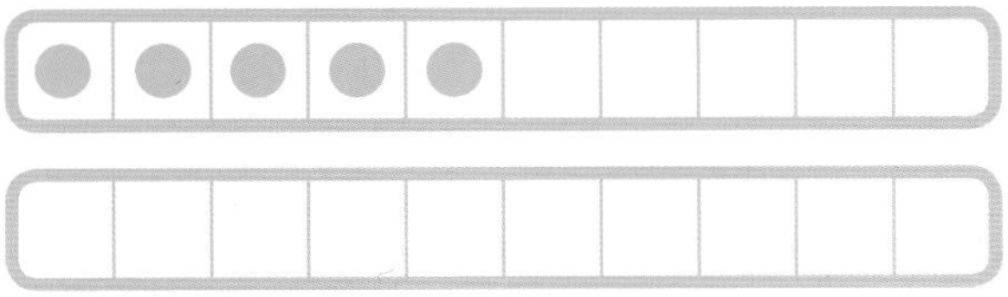

$5+8=\square$

선생님만 보세요

문제 2 '10 만들기' 활동에 이어 두 수의 합이 10 이상인 덧셈을 수 모형에서 실행한다. 더하는 수만큼의 동그라미를 그려 넣되, 윗줄을 먼저 채우고, 나머지 수의 동그라미를 아랫줄에 채워 넣는다. 이때 1권(1학년 1학기)에서 배웠던, 더하는 수의 가르기가 자연스럽게 이루어진다. 그리고 이를 덧셈으로 나타내며, 십의 자리 숫자가 1인 덧셈을 마무리한다. 여기서도 이어 세기라는 수 세기 전략을 구사하는 것에 초점을 둔다. **주의** 덧셈 과정에서 받아올림이 이루어지지만, 이때 받아올림이라는 용어를 도입하지 않도록 한다.

문제 3 | 보기와 같이 더하는 수만큼 묶고 □ 안에 알맞은 수를 넣으시오.

보기

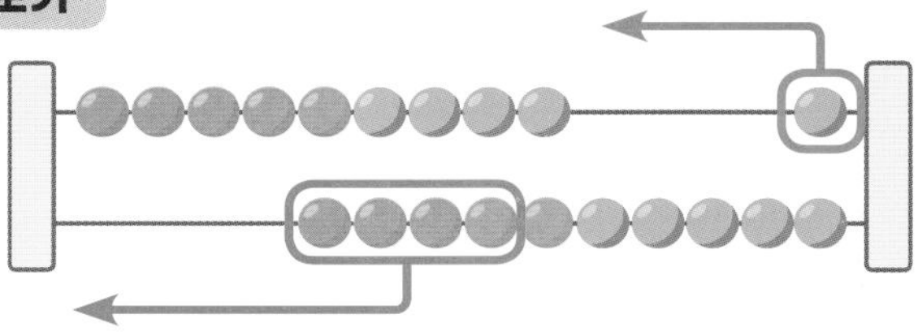

$9+5=$ 14

(1)

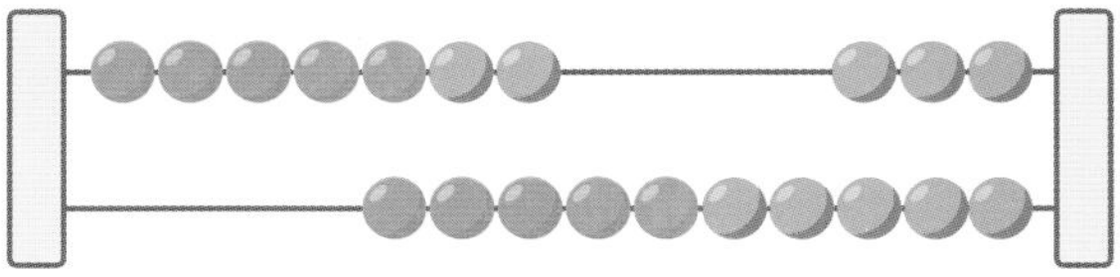

$7+5=$ □

(2)

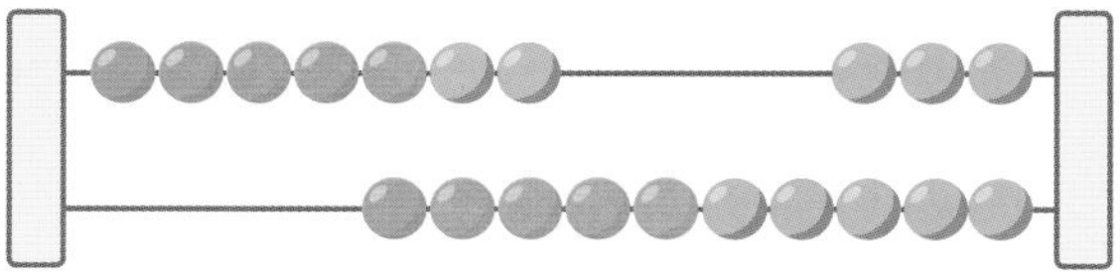

$7+7=$ □

(3)

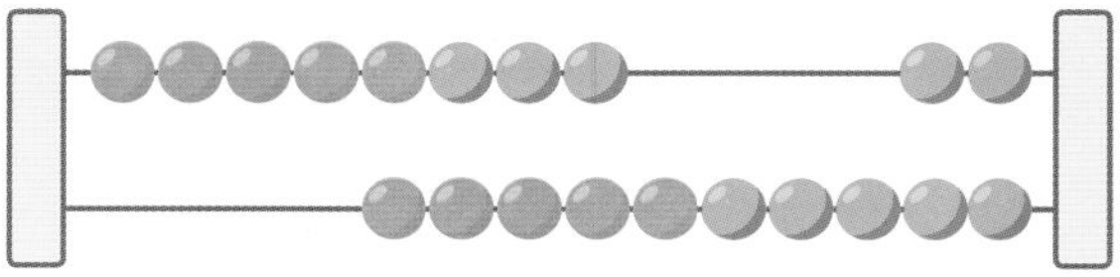

$8+8=$ □

(4)

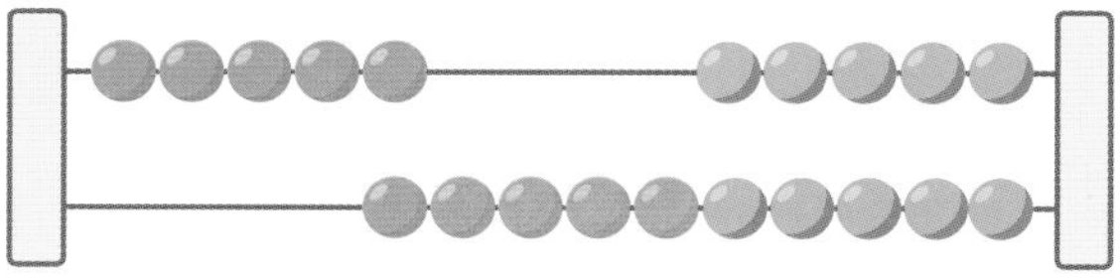

$5+6=$ □

(5)

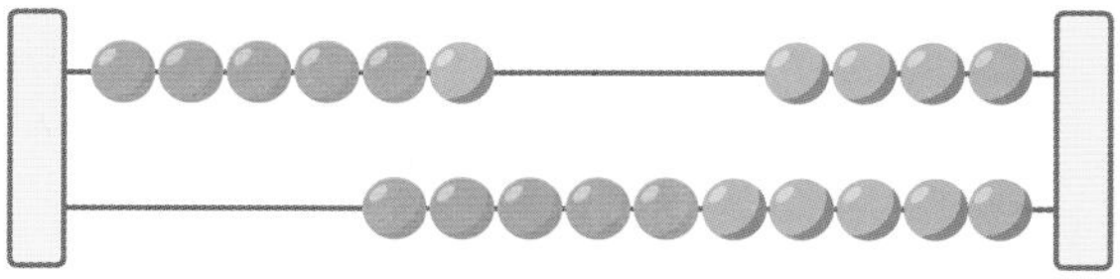

$6+8=$ □

(6)

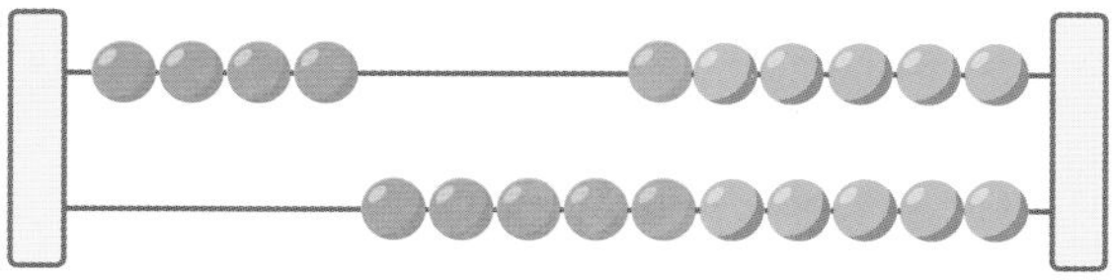

$4+9=$ □

(7)

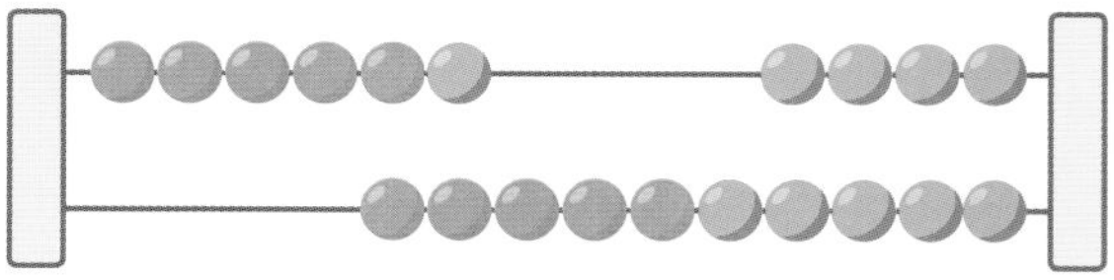

$6+9=$ □

선생님만 보세요

문제 3 앞의 활동을 모델을 바꿔 반복한다. 윗줄에 10개의 구슬을 채우면서 '더하는 수의 가르기'가 동시에 진행된다. 보기와 같이 화살표가 아닌 묶음 표시만으로도 충분하다. 여기서도 더하는 수의 가르기에 의해 먼저 윗줄에 10을 만들며, 합의 십의 자리 숫자가 1이 되는 것을 파악한다. 아랫줄에 있는 더하는 수의 나머지 개수만큼의 수 구슬이 합의 일의 자리 숫자라는 것을 파악하는 활동이다.

주의 이 문제에서도 받아올림이라는 용어는 사용하지 않도록 한다.

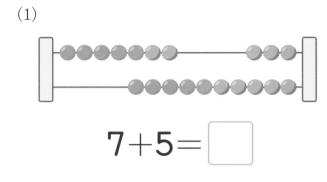

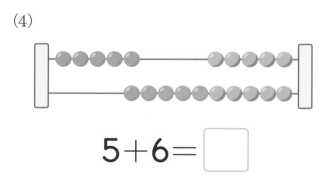

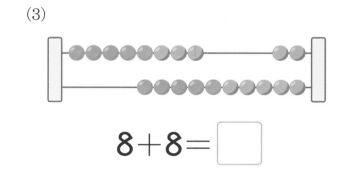

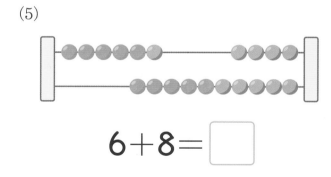

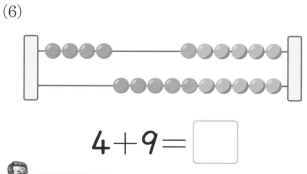

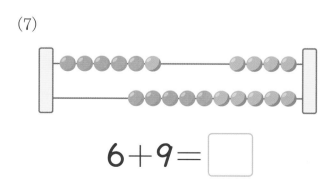

2 일차 (몇)+(몇)=(십몇) 수 배열표와 수직선 (1)

공부한 날짜 월 일

문제 1 | 더하는 수만큼 동그라미를 그리거나 묶고 □ 안에 알맞은 수를 넣으시오.

(1)

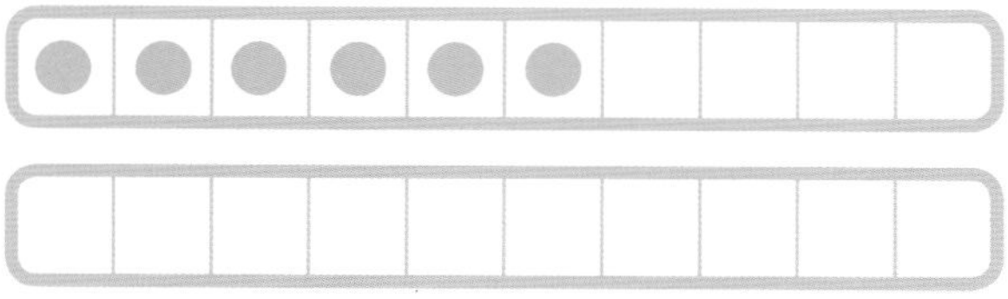

6+8=□

(2)

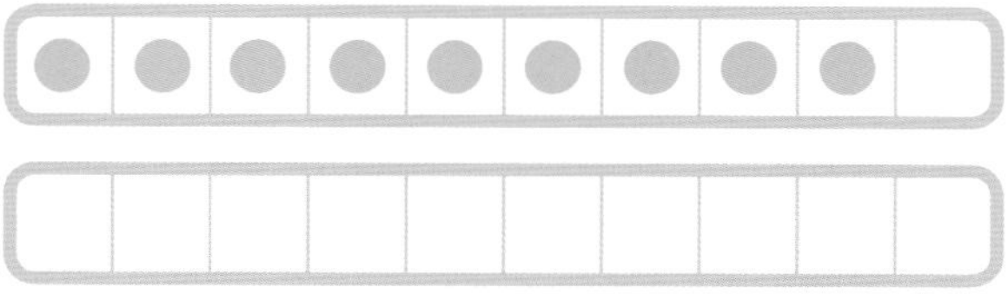

9+4=□

(3)

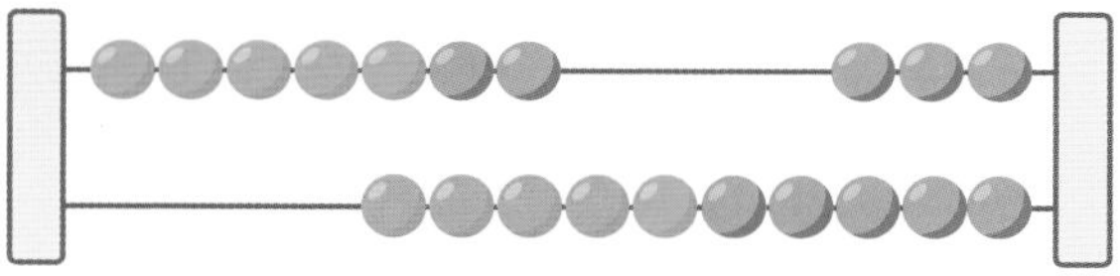

7+4=□

(4)

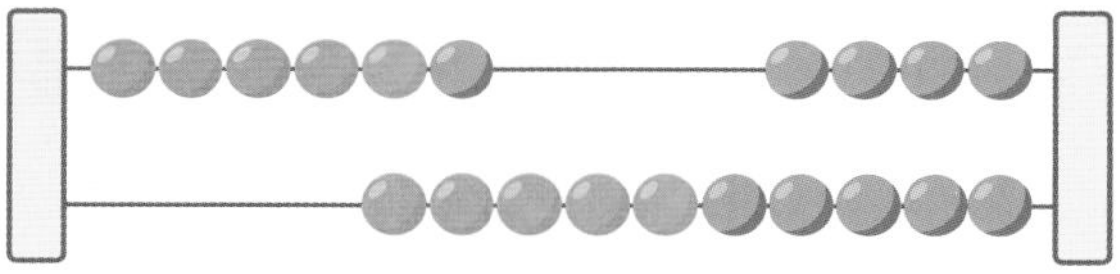

6+5=□

문제 2 | 보기와 같이 화살표를 그리고 □ 안에 알맞은 수를 넣으시오.

보기

1	2	3	4	5	6	7	8	9	10
11	12	13	14	15	16	17	18	19	20

8+5=13

선생님만 보세요

문제 1 개수 세기에 의한 십이 넘는 한 자리 수 덧셈으로, 앞 차시 내용의 복습이다.

(1)

1	2	3	4	5	6	7	8	9	10
11	12	13	14	15	16	17	18	19	20

$9+5=\square$

(2)

1	2	3	4	5	6	7	8	9	10
11	12	13	14	15	16	17	18	19	20

$7+6=\square$

(3)

1	2	3	4	5	6	7	8	9	10
11	12	13	14	15	16	17	18	19	20

$6+6=\square$

(4)

1	2	3	4	5	6	7	8	9	10
11	12	13	14	15	16	17	18	19	20

$5+7=\square$

(5)

1	2	3	4	5	6	7	8	9	10
11	12	13	14	15	16	17	18	19	20

$4+8=\square$

선생님만 보세요

문제 2 20까지의 수 배열표에서 받아올림이 있는 덧셈 과정을 직접 확인한다. 개수 세기의 연장이지만, 10이 넘어갈 때 십의 숫자가 1이 되는 것을 눈으로 확인할 수 있다. 수 배열표는 가장 중요한 모델인 수직선 도입으로 이어진다. **주의** 답을 써넣기 전에 수 배열표 완성에 집중할 수 있도록 지도한다. 수 배열표에서의 활동을 수식으로 나타내는 것이 이 활동의 본래 의도이기 때문이다.

문제 3 | 보기와 같이 □ 안에 알맞은 수를 넣으시오.

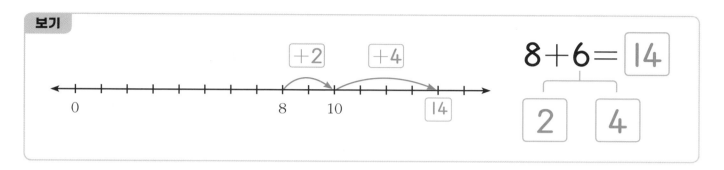

보기

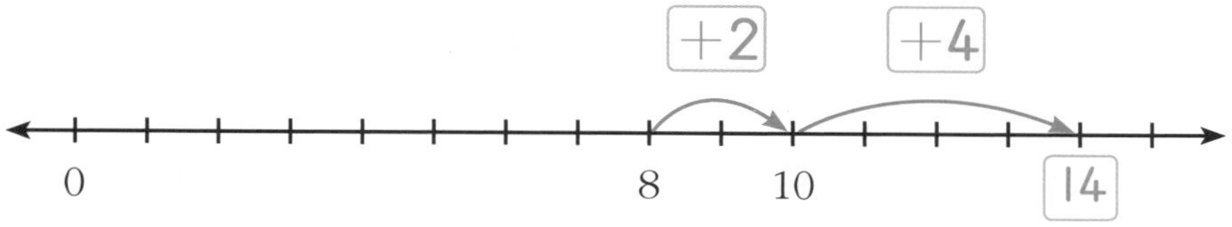

8+6=14

2　4

(1) 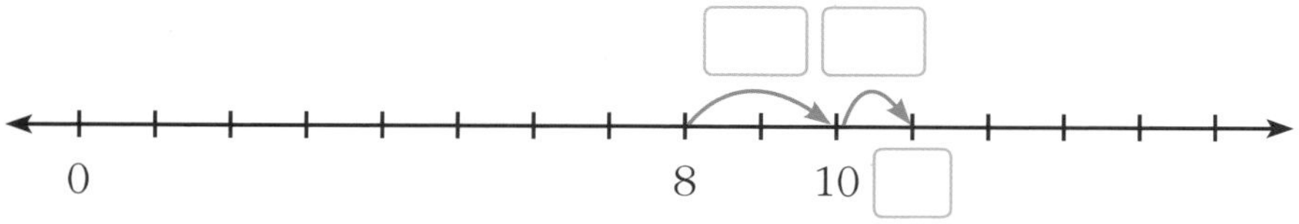

8+3=□

(2) 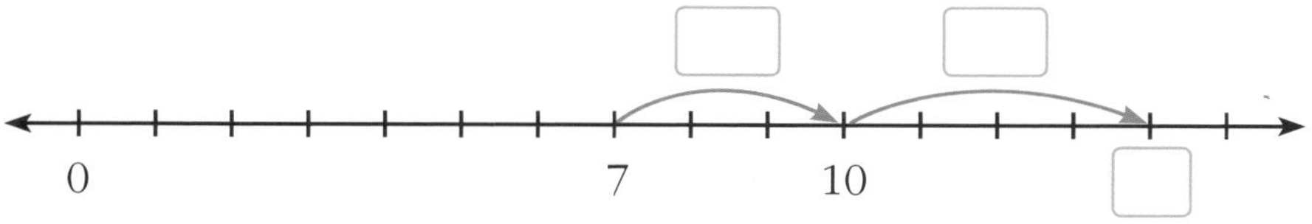

7+7=□

(3) 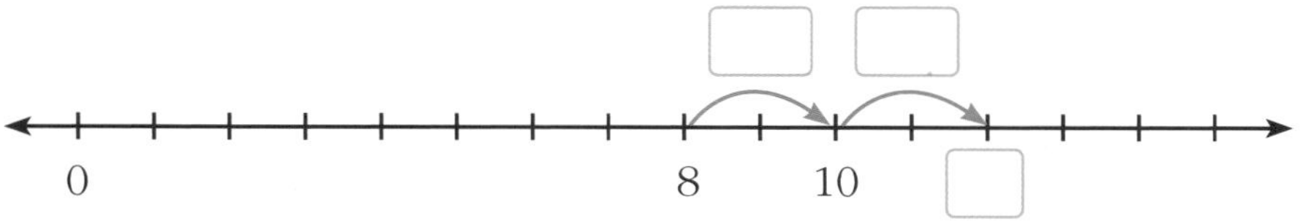

8+4=□

(4) 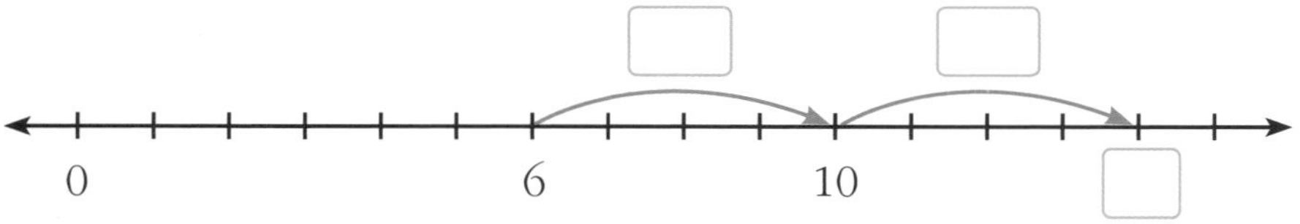

6+8=□

(5) 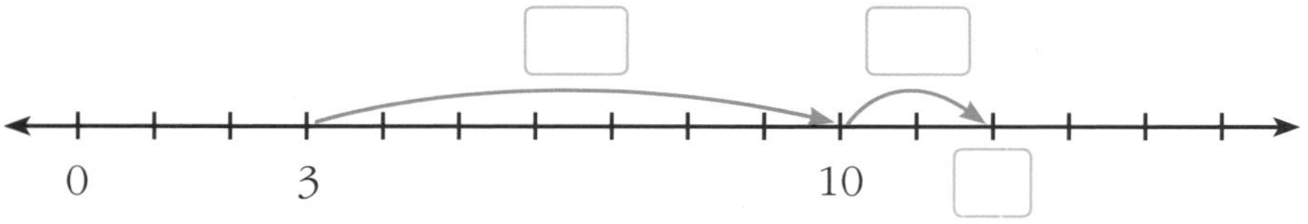

3+9=□

선생님만 보세요

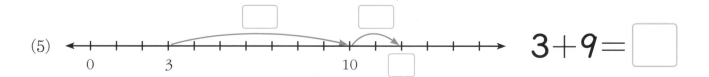

문제 3 수직선을 활용해 받아올림의 덧셈 문제를 해결한다. 이때 더하는 수의 가르기 활동에 초점을 둔다. 즉, 더해지는 수에서 출발하여 '10'이 되게 하는 더하는 수의 가르기가 중요한데, 이를 수직선에서 직접 확인한다. 처음에는 수직선에서 한 칸씩 이동하는, 즉 1씩 커지는 이어 세기를 하겠지만, 익숙해지면 앞에서 했던 10의 보수를 이용하여 한 번에 '10'까지 이동하고, 추가로 일의 자리를 낱개로 이동하는 전략을 구사하게 된다. **주의** 먼저 수직선에서 덧셈을 실행한 후에, 오른쪽의 덧셈식으로 나타내도록 한다.

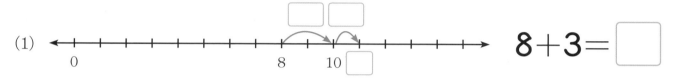

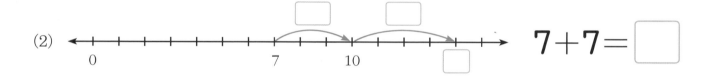

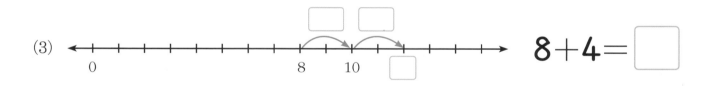

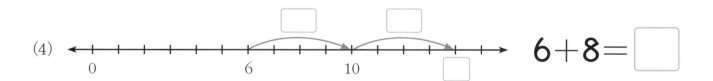

문제 4 | 수직선에 직접 화살표를 그려 넣고 □ 안에 알맞은 수를 넣으시오.

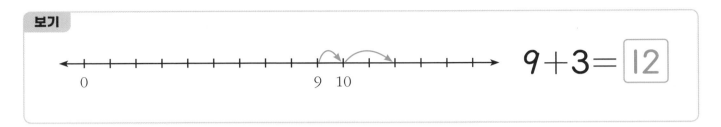

보기

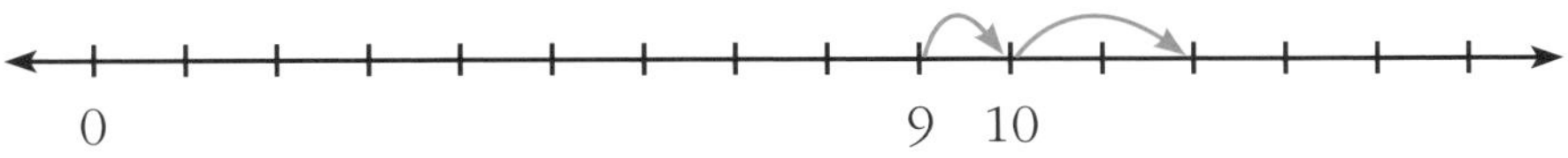

9+3= 12

(1)

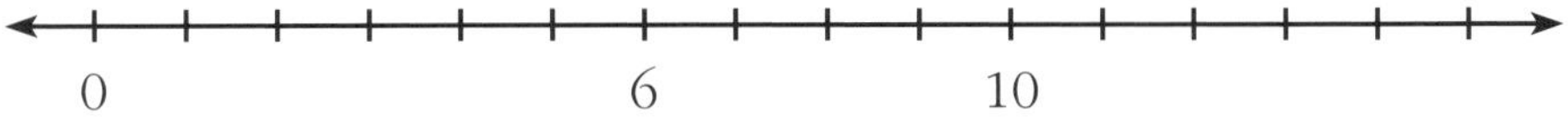

6+7= □

(2)

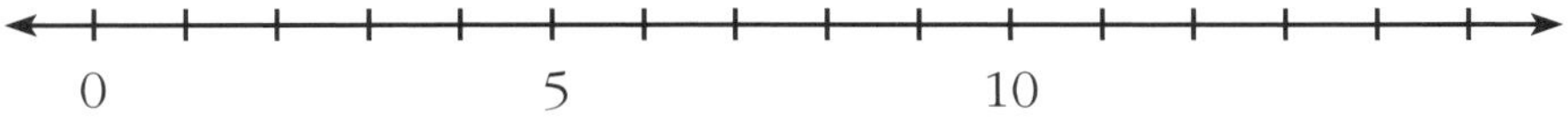

5+8= □

(3)

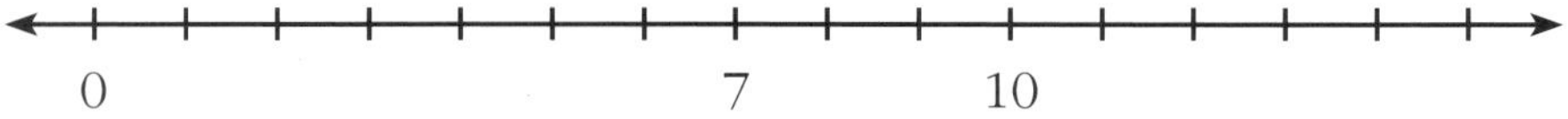

7+5= □

(4)

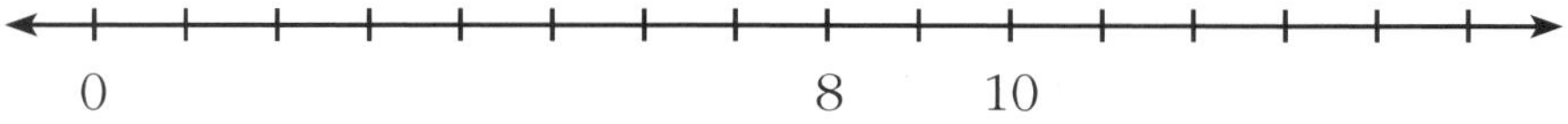

8+6= □

선생님만 보세요

문제 4 문제 3에서 했던 활동을, 수직선 위의 주어진 출발점에서 화살표를 직접 그려 완성한다.

주의 역시 수직선을 먼저 완성한 후 덧셈식을 계산하도록 한다. 덧셈식을 먼저 계산하고 나서 수직선에 나타내면 수직선과 덧셈식을 관련해 생각하기 어렵기 때문이다.

3일차 (몇)+(몇)=(십몇) 수직선과 가로셈(1)

✎ 공부한 날짜 　　월 　　일

문제 1 | 화살표를 그리거나 수직선에 표시를 하고 □ 안에 알맞은 수를 넣으시오.

(1)

1	2	3	④	5	6	7	8	9	10
11	12	13	14	15	16	17	18	19	20

$4+9=\square$

(2)

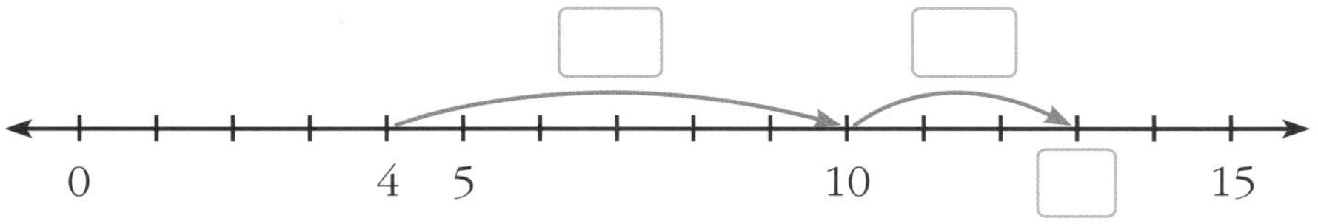

$4+9=\square$

(3)

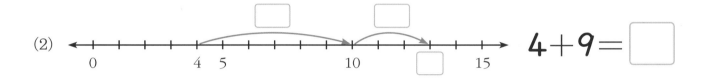

1	2	3	4	5	6	⑦	8	9	10
11	12	13	14	15	16	17	18	19	20

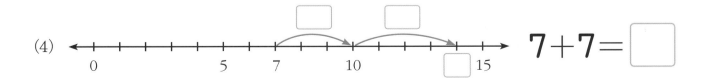

$7+7=\square$

(4)

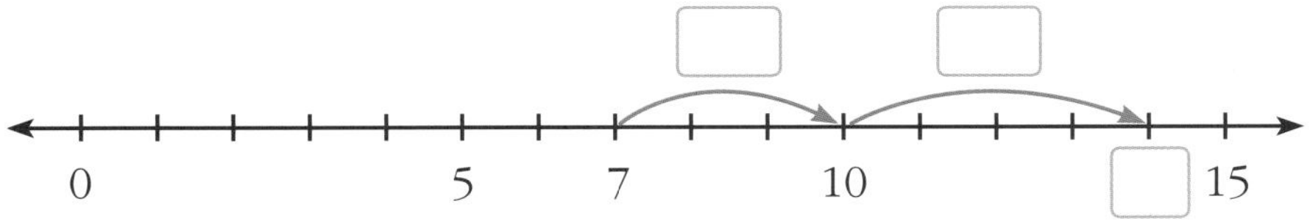

$7+7=\square$

선생님만 보세요

문제 1 이전 차시 내용, 즉 수 배열표와 수직선에서 더하는 수의 가르기에 의해 십이 넘는 덧셈 활동을 복습한다. 수 배열표와 수직선 모델의 문제가 같은 것에 주목하자. 똑같은 덧셈을 다른 두 모델을 통해 실행하여 같은 결과를 얻을 수 있음을 발견하도록 한다.

문제 2 | 보기와 같이 수직선에 표시하고 □ 안에 알맞은 수를 넣으시오.

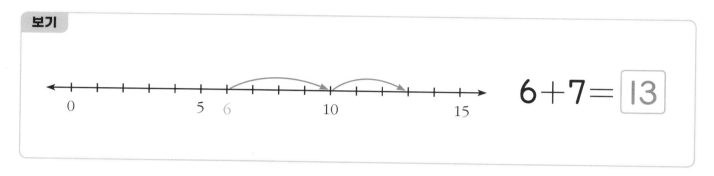

보기

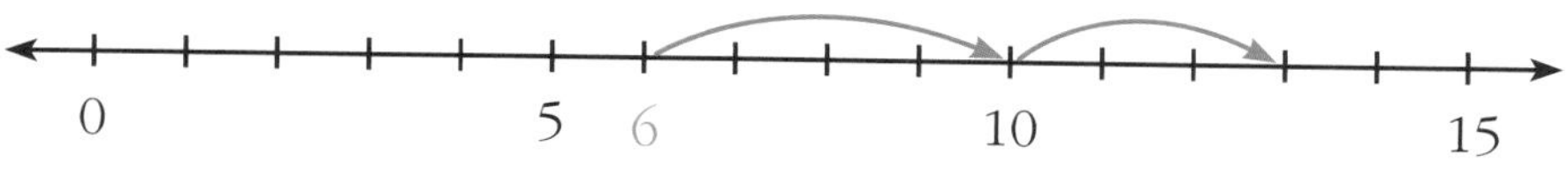

$6+7=$ 13

(1)

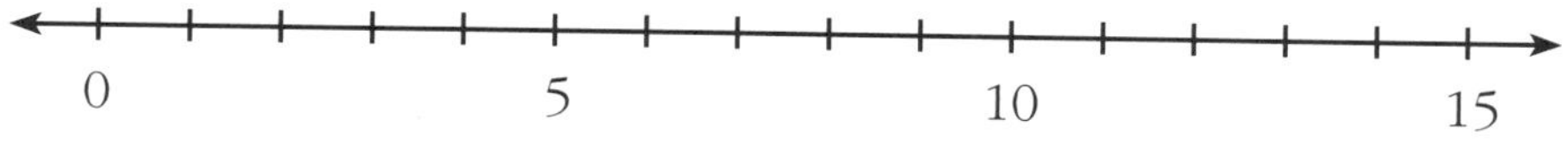

$8+7=$ □

(2)

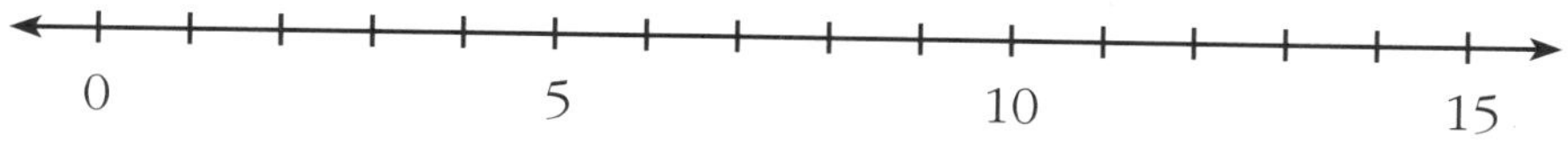

$9+3=$ □

(3)

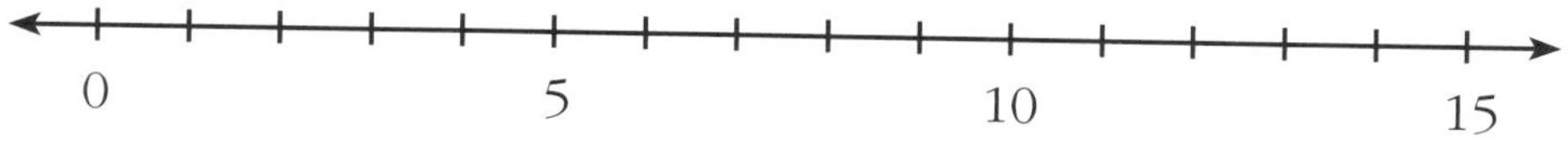

$8+5=$ □

(4)

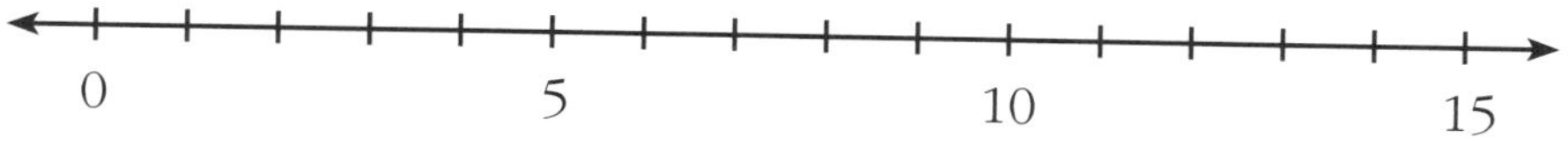

$6+5=$ □

선생님만 보세요

문제 2 앞 차시와 같은 수직선 활동이나, 시작점부터 화살표까지 직접 그려넣는다. 수직선에 5, 10, 15를 제시하여 칸 수를 일일이 세지 않고 직관적으로 찾을 수 있도록 하였다. **주의** 순서를 바꾸어서 덧셈식을 먼저 풀고 나서 수직선을 완성하지 않도록, 즉 계산 결과에 수직선을 끼워 맞추지 않도록 주의 깊게 관찰해야 한다. 수직선에서 출발점, 화살표, 도착점의 숫자만 표기해도 무방하다.

(5) 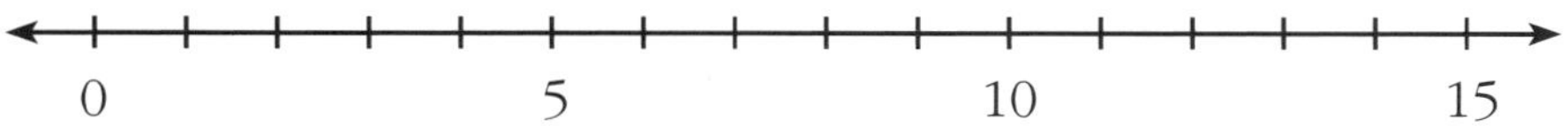

$7+4=\square$

(6) 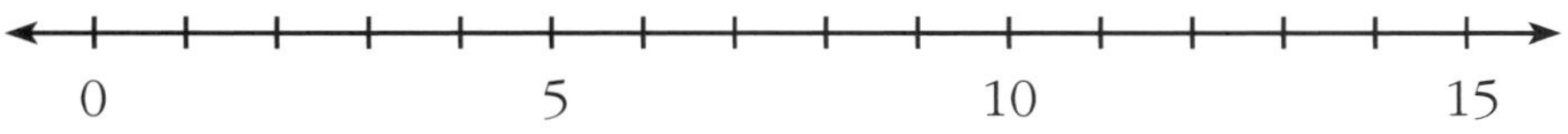

$6+6=\square$

(7) 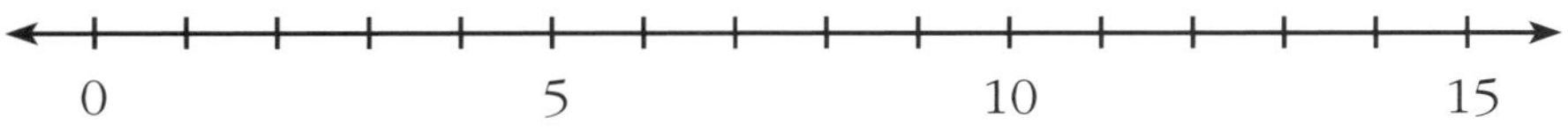

$4+9=\square$

(8) 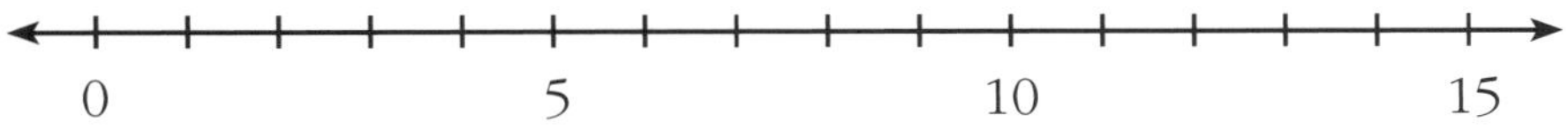

$3+8=\square$

문제 3 | 다음을 계산하시오.

(1) $8+7=\square$

(2) $8+3=\square$

(3) $8+8=\square$

(4) $7+5=\square$

(5) $5+6=\square$

(6) $5+8=\square$

(7) $4+8=\square$

(8) $2+9=\square$

(9) $9+9=\square$

(10) $3+9=\square$

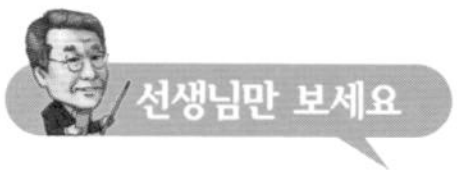

문제 3 수식으로만 제시된 '한 자리 수+한 자리 수'의 덧셈식이다. 앞에서 익힌 수 배열 또는 수직선 모델을 떠올리며 계산하기를 의도했다. 하지만 이미 덧셈 개념이 형성되었다면 암산으로 덧셈을 할 수 있기 때문에 어떤 방식을 사용해도 무방하다.

4 일차 (몇)+(몇)=(십몇) 수 배열표와 수직선(2)

공부한 날짜 월 일

문제 1 | 보기와 같이 표에 화살표를 그리고 □ 안에 알맞은 수를 넣으시오.

보기

1	2	3	4	5	6	7	8	9	10
11	12	13	14	15	16	17	18	19	20

8+5= 13

2 3

(1)

1	2	3	4	5	6	7	8	9	10
11	12	13	14	15	16	17	18	19	20

9+5= □

□ □

(2)

1	2	3	4	5	6	7	8	9	10
11	12	13	14	15	16	17	18	19	20

5+6= □

□ □

(3)

1	2	3	4	5	6	7	8	9	10
11	12	13	14	15	16	17	18	19	20

4+8= □

□ □

선생님만 보세요

문제 1 이제 한 자리 수 덧셈 개념이 어느 정도 형성되었다고 할 수 있다. 여기서는 덧셈의 답을 구하는 것보다 받아올림의 과정을 이해하는 것에 초점을 둔다. 수 배열표에서 익혔던 덧셈을 식으로 나타내며 더하는 수의 가르기를 '숫자'로 나타내는 것에 중점을 둔다.

(4)

1	2	3	4	5	6	7	8	9	10
11	12	13	14	15	16	17	18	19	20

$7+6=\square$

□ □

(5)

1	2	3	4	5	6	7	8	9	10
11	12	13	14	15	16	17	18	19	20

$6+8=\square$

□ □

(6)

1	2	3	4	5	6	7	8	9	10
11	12	13	14	15	16	17	18	19	20

$5+7=\square$

□ □

(7)

1	2	3	4	5	6	7	8	9	10
11	12	13	14	15	16	17	18	19	20

$6+9=\square$

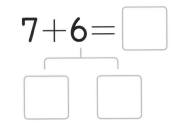

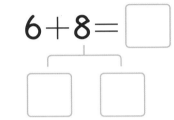

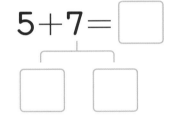

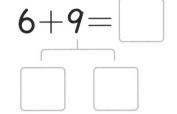

□ □

문제 2 | 보기와 같이 수직선에 표시를 하고 □ 안에 알맞은 수를 넣으시오.

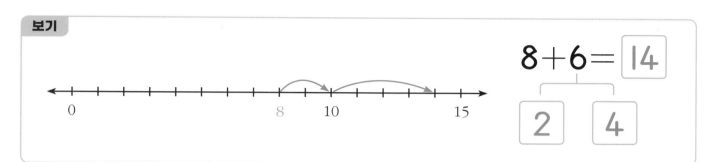

보기

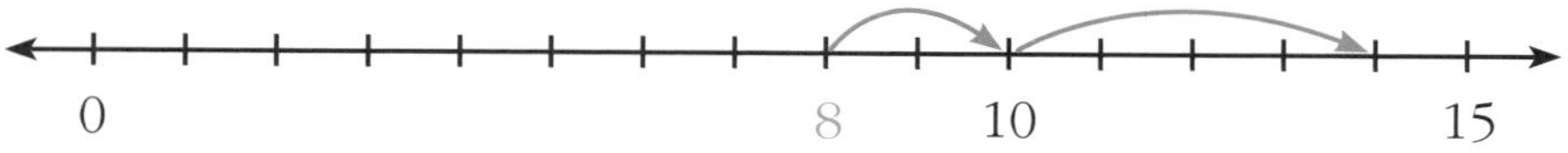

8 + 6 = [14]

[2] [4]

(1)

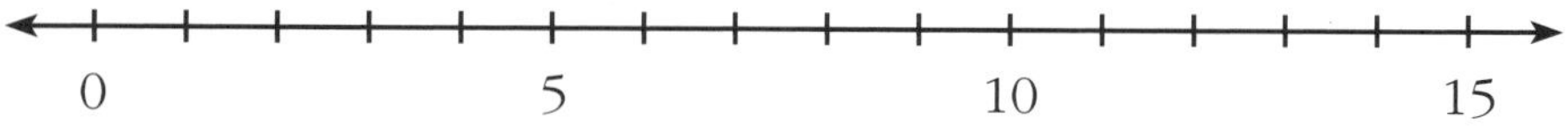

9 + 4 = □

□ □

(2)

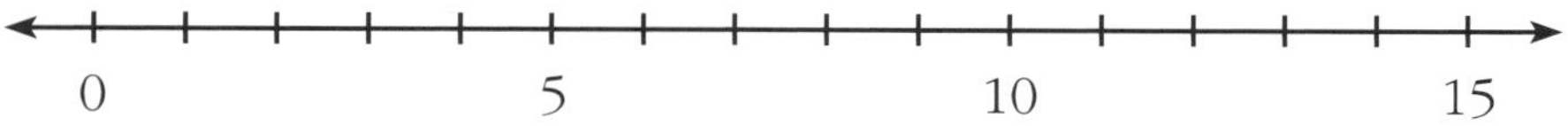

6 + 5 = □

□ □

(3)

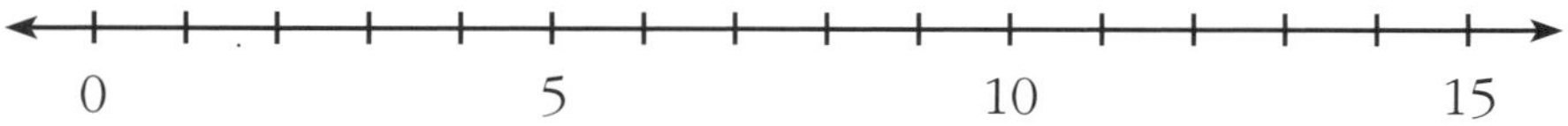

8 + 7 = □

□ □

선생님만 보세요

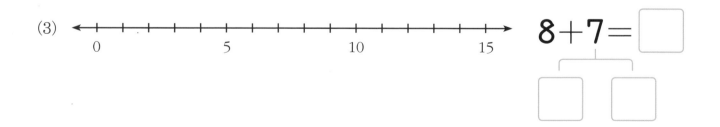

문제 2 역시 덧셈의 답을 구하는 것보다 받아올림 과정을 이해하는 것에 초점을 둔다. 수 배열표에서와 같이 수직선 위에서의 덧셈을 식으로 나타내며 더하는 수의 가르기를 숫자로 나타내는 것이 중요하다.

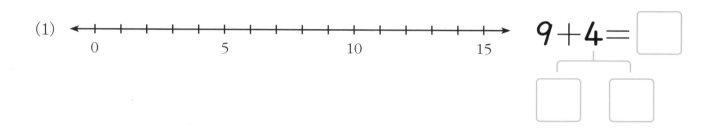

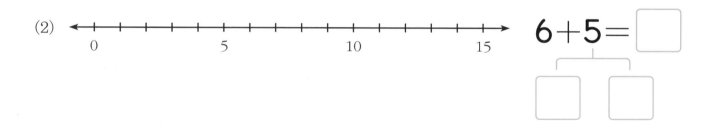

(4) 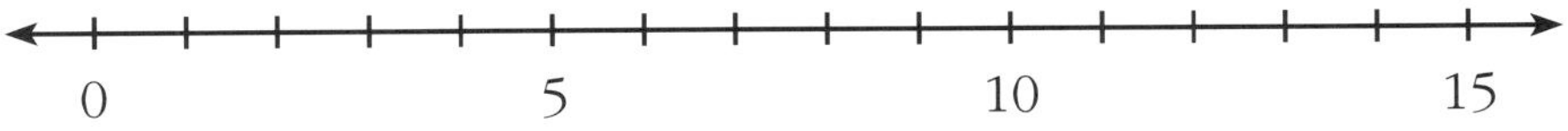

$9+7=\square$

$\square$ $\square$

(5) 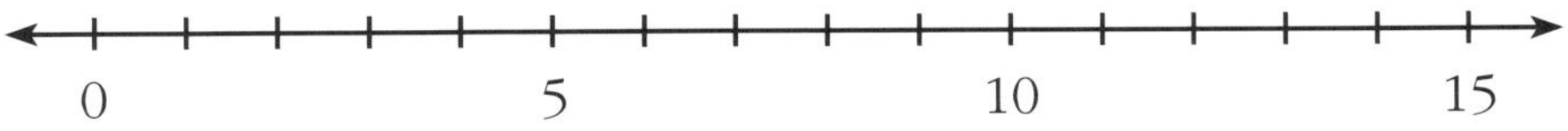

$7+7=\square$

$\square$ $\square$

(6) 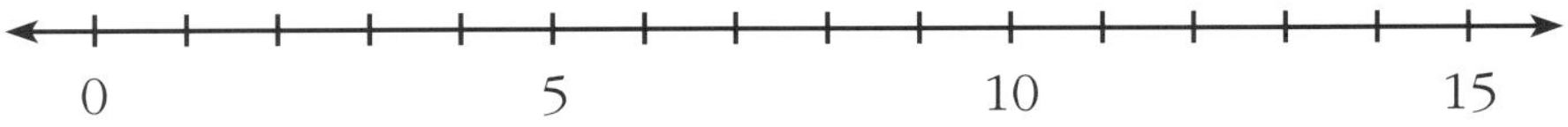

$5+9=\square$

$\square$ $\square$

(7) 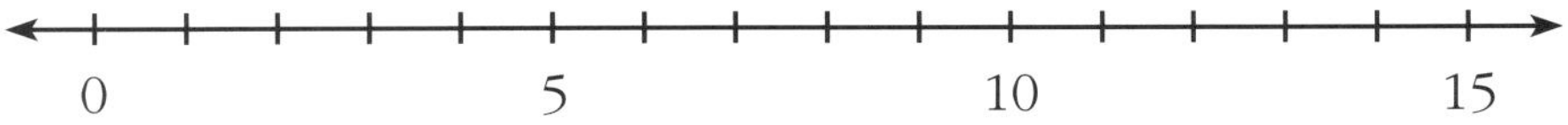

$4+8=\square$

$\square$ $\square$

(8) 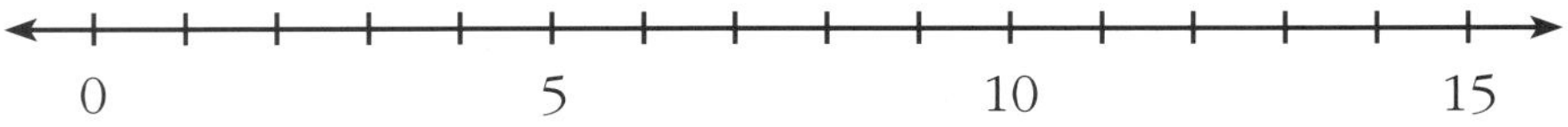

$7+4=\square$

$\square$ $\square$

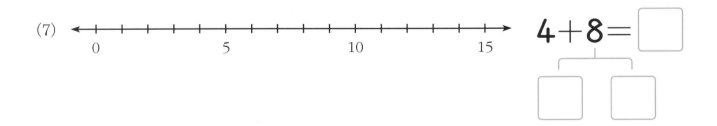

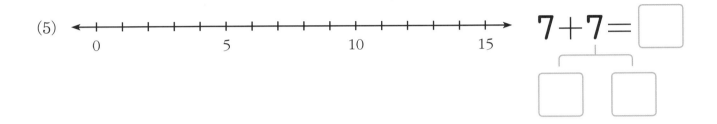

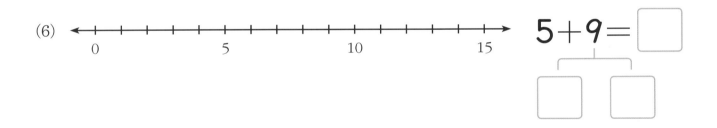

5일차 (몇)+(몇)=(십몇) 수직선과 가로셈(2)

공부한 날짜 월 일

문제 1 | 수직선을 이용하여 □ 안에 알맞은 수를 넣으시오.

(1)

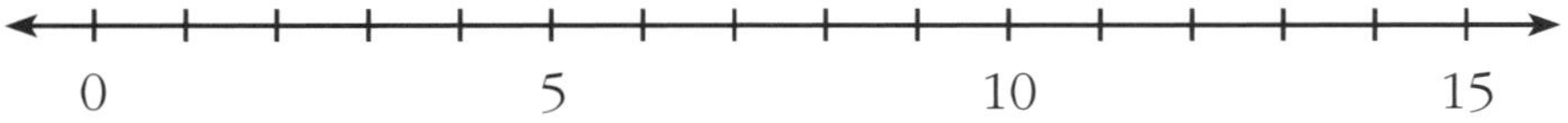

$8+4=\square$

□ □

(2)

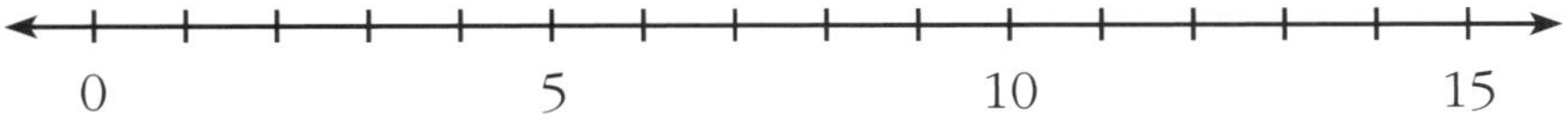

$9+5=\square$

□ □

(3)

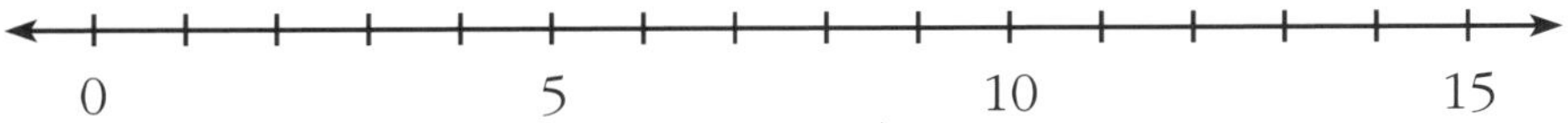

$7+6=\square$

□ □

(4)

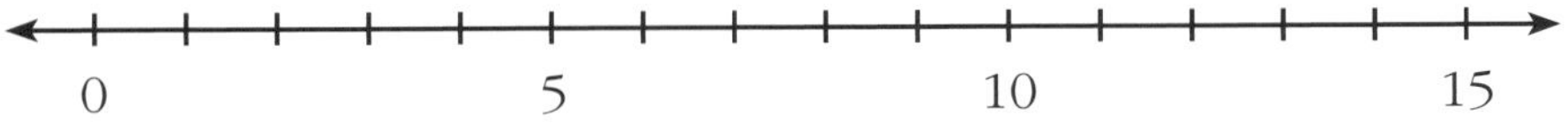

$6+6=\square$

□ □

선생님만 보세요

문제 1 수직선에서 받아올림 과정을 식으로 나타내는 앞의 차시 활동을 복습한다.

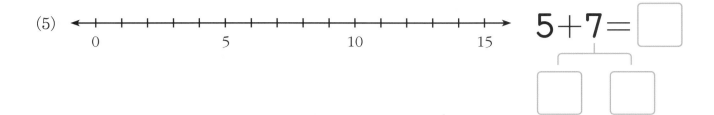

(5) 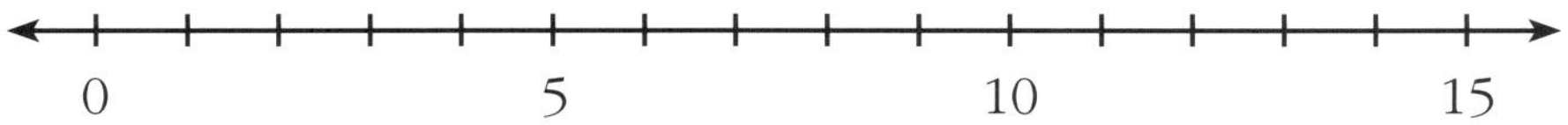

$5+7=\square$

(6) 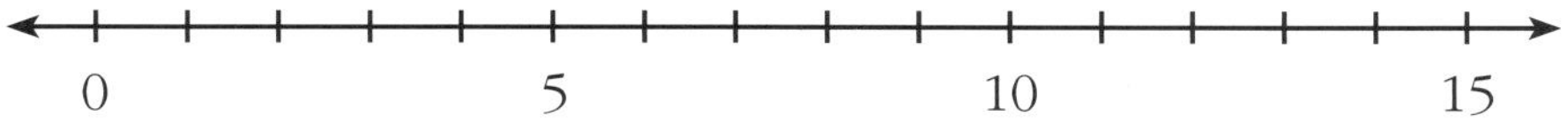

$4+9=\square$

문제 2 | 다음을 계산하시오.

(1) $7+7=\square$

(2) $5+6=\square$

(3) $5+8=\square$

(4) $8+6=\square$

(5) $7+9=\square$

(6) $2+9=\square$

선생님만 보세요

문제 2 가로셈으로 주어진 덧셈에서 더해지는 수가 10이 되도록 더하는 수의 가르기를 실행한다.

문제 3 가로셈으로 덧셈식 계산을 복습한다.

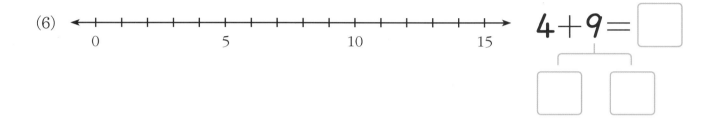

문제 3 | 다음을 계산하시오.

(1) $9+4=$ □

(2) $6+5=$ □

(3) $7+4=$ □

(4) $8+8=$ □

(5) $3+8=$ □

(6) $5+9=$ □

문제 4 | 두 수를 더해서 12이면 ○를, 13이면 △를, 14이면 □를 그리시오.

(1)

5+7	○
5+9	
9+3	
9+4	

(2)

5+8	△
3+9	
7+7	
6+8	

(3)

8+6	□
7+6	
8+4	
8+5	

(4)

9+5	
4+9	
6+7	
6+6	

선생님만 보세요

문제 4 덧셈 문제를 다른 형식으로 제시하였다. 이때 같은 답이 나오는 문제의 숫자에 주목하면 모종의 패턴을 발견할 수도 있다. 예를 들어 '5+7=12'를 풀었는데 다음 문제가 '5+8'인 경우 '10 만들기'를 통해 계산할 수도 있고, 앞의 문제와 비교하여 7이 8로 바뀌었으니 +1이라고 생각하여 풀게 할 수도 있다. 어느 정도의 수 감각이 형성되면 스스로 이런 전략을 구사할 수도 있지만, 굳이 강요할 필요는 없다.

교사용 해설

2권 덧셈과 뺄셈은 1권과 어떻게 다를까?

1권(1학년 1학기)의 〈덧셈과 뺄셈〉 단원에서는 기호가 들어 있는 덧셈식과 뺄셈식의 도입에 그칠 뿐이고, 덧셈과 뺄셈 연산을 본격적으로 실행하는 것은 아니다. 예를 들어 5+7=12와 같이 두 수의 합이 10 이상인 덧셈은 아예 도입조차 되지 않기 때문이다. 이때의 덧셈과 뺄셈은 '구체물의 개수 세기'라는 유치원에서의 수 세기와 같고, 단지 수학적 기호(+, −, =)로 표현하는 것만 다르다. 그럼에도 1권(1학년 1학기)의 덧셈과 뺄셈은 추상적인 수 개념과 기호를 결합한 수학의 세계로 첫발을 내디뎠다는 점에서 매우 중요하다.

덧셈과 뺄셈은 2권(1학년 2학기)에도 이어지는데, 1권(1학년 1학기)과는 사뭇 차이가 있어 이를 구별할 필요가 있다.

첫 번째 차이점은 두 수의 합이 10을 넘지 않는, 그래서 다소 불완전했던 3+4=7과 8−5=3에서 벗어나, 6+8=14 또는 12−7=5와 같이 더 큰 수들로 이루어진 연산을 통해 '한 자리 수의 덧셈과 뺄셈을 완성' 한다는 것이다. 그러나 크기가 커졌을 뿐, 1권(1학년 1학기)과 마찬가지로 여전히 수 세기를 토대로 한다는 점은 변함이 없다.

두 번째 차이점은, 45+3=48과 45−3=42와 같은 '두 자리 수와 한 자리 수'의 덧셈과 뺄셈을 다룬다는 것이다. 그렇지만 45+7=52와 45−7=38과 같은 소위 '받아올림과 받아내림이 있는 덧셈과 뺄셈'은 3권(2학년 1학기)에서 다룬다.

그런데 여기서 다음과 같은 의문이 제기될 수 있다. 6+8=14와 12−7=5와 같이 한 자리 수에서는 '받아올림과 받아내림이 적용되는 덧셈과 뺄셈'을 도입하고서는, 왜 두 자리 수에서는 이를 도입하지 않을까 하는 것이다. 이에 대해서는 잠시 후에 다시 생각해보기로 하자.

세 번째 차이점은 '두 자리 수'의 덧셈과 뺄셈이 도입된다는 것이다. 하지만 여기서도 45+13=58과 45−13=32와 같이 일의 자리 수 그리고 십의 자리 수 각각 서로 더하고 빼서 답을 얻을 뿐, 45+17=62와 45−17=28과 같이 '받아올림과 받아내림이 있는 두 자리 수의 덧셈과 뺄셈'은 3권으로 미룬다.

지금까지 살펴본 2권(1학년 2학기) 덧셈과 뺄셈의 주요 내용을 정리하면 오른쪽 표와 같다.

자연수 덧셈과 뺄셈의 핵심 개념인 '받아올림과 받아내림'을 본격적으로 도입하는 시기가 1학년이 아닌 2학년이라는 사실을 표에서 확인할 수 있다 그 이유는 무엇일까?

이 질문에 대한 탐색은 중요한데, 1학년 덧셈과 뺄셈의 핵심 내용이 무엇인지를 밝히는 데 필수적이기 때문이다. 이를 위해 먼저 알고리즘이 무엇인지에 대한 이해가 선행되어야 한다.

1학년과 2학년의 덧셈과 뺄셈		
(한 자리 수) ± (한 자리 수)	6+2=8, 9−4=5 (1권 : 1학년 1학기)	8+6=14, 12−9=3 (2권 : 1학년 2학기) * 받아올림과 받아내림이 있는 덧셈과 뺄셈이지만, 이어 세기로 계산한다.
(두 자리 수) ± (한 자리 수)	45+3=48, 45−3=42 (2권 : 1학년 2학기)	45+7=52, 45−7=38 (3권 : 2학년 1학기) * 받아올림과 받아내림이 있는 덧셈과 뺄셈
(두 자리 수) ± (두 자리 수)	12+13=25, 78−32=46 (2권 : 1학년 2학기)	13+28=42, 71−34=37 (3권 : 2학년 1학기) * 받아올림과 받아내림이 있는 덧셈과 뺄셈

덧셈과 뺄셈의 '알고리즘'이란 무엇인가?

초등학교에서 자연수의 덧셈과 뺄셈은 궁극적으로 오른쪽 표와 같은 계산 절차의 원리를 이해하고 이를 능숙하게 실행하는 것을 목표로 한다.

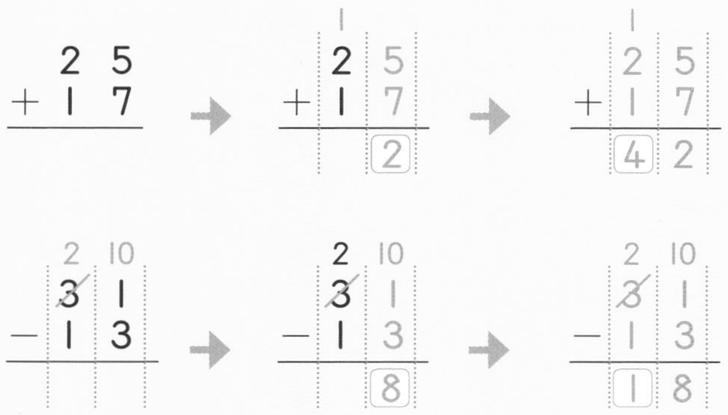

덧셈에서의 받아올림과 뺄셈에서의 받아내림을 포함하는 이와 같은 계산 절차를 '알고리즘(algorithm)'이라고 한다. 원래 '알고리즘'은 몇 개의 단계를 거쳐

받아올림

$$\begin{array}{rcc} & 1 & \\ & 2 & 8 \\ + & 3 & 5 \\ \hline & 6 & 3 \end{array}$$

① 일의 자리에 있는 8과 5를 더하여 13
② 십의 자리에 1을 올려주고 일의 자리에는 3만 쓴다.(받아올림)
③ 십의 자리에 올린 1과 더해지는 수의 십의 자리 수 2, 그리고 더하는 수의 십의 자리 수 3을 더하여 아래로 내려쓰면 답은 63이다.

받아내림

$$\begin{array}{rcc} & 4 & 10 \\ & \not{5} & 2 \\ - & 3 & 7 \\ \hline & 1 & 5 \end{array}$$

① 일의 자리 2에서 7을 뺄 수 없으므로 십의 자리에서 10을 가져온다.
② 12에서 7을 뺀 5를 일의 자리에 쓴다.(받아내림)
③ 빼어지는 수의 십의 자리 수 5에서 1을 내주었으므로 남은 4에서 빼는 수의 십의 자리 수 3을 뺀 1을 아래로 내려쓰면 답은 15다.

교사용 해설

정답에 이르는 절차나 방법을 뜻하는 수학의 용어다. 오늘날에는 컴퓨터를 비롯한 다양한 분야에서 알고리즘 용어를 사용한다. 자동차를 운전할 때 목표 지점까지 가장 빠르게 갈 수 있는 길도 GPS로부터 정보를 받아 네비게이션 소프트웨어의 알고리즘이 작동하여 찾아준다. 따라서 내비게이션이 다르면 알고리즘도 다르게 작동되며, 그 결과 내비게이션마다 추천하는 길이 다를 수밖에 없다. 어쨌든 알고리즘은 바둑의 정석처럼 수학적 문제 해결을 위해 반드시 따라야 하는 일련의 절차를 말한다.

위의 표에서 받아올림과 받아내림을 포함하는 덧셈과 뺄셈의 알고리즘을 배우는 본격적인 학습은 1학년이 아닌 2학년에서 진행된다는 사실이 분명해졌다.

그렇다면 1학년의 덧셈과 뺄셈은 2학년에서 알고리즘을 배울 준비를 하는 단계라는 것을 알 수 있다. 이를 위해서는 앞에서 익힌 '수 세기'를 토대로 5+7=12와 같은 덧셈을 실행하며 두 수의 합이 십을 넘는 과정을 충분히 체험하도록 기회가 제공되어야 한다. 뺄셈도 다르지 않다. 14−9=5와 같은 뺄셈도 앞에서 익힌 '수 세기'를 토대로 십의 자리 수로부터의 뺄셈이 필요하다는 것을 깨달을 수 있는 충분한 기회가 제공되어야 한다.

1학년 아이들에게 갑자기 받아올림과 받아내림이라는 덧셈과 뺄셈의 표준 절차를 제시하고 무조건 따르도록 강요하는 것은 어리석은 일이다. 이는 순전히 어른들의 조급함에서 비롯된 것이다. 우리는 교수자 중심의 사고가 빚어낸 교과서 및 초등 연산 교재들의 조급함에서 탈피하고 학습자 중심의 활동을 제공한다. 느닷없이 알고리즘을 제시하기에 앞서, 아이가 이미 충분히 익혀 익숙해진 수 세기 활동이 자연스럽게 덧셈과 뺄셈의 알고리즘 학습으로 연결되도록 초점을 두었다. 따라서 이 책에서 제공하는 활동들을 차례로 따라가다 보면 아이들의 사고가 천천히 점진적으로 확장되는 것을 확인할 수 있다. 그러므로 내용이 전개되는 순서가 매우 중요하다는 것을 강조하고자 한다.

결론적으로, 몇 개의 절차를 따르면 답을 얻는 알고리즘은 1학년이 아닌 2학년에서 학습해야 한다. 1학년 덧셈과 뺄셈의 핵심은 2학년 연산 학습에서 아이가 스스로 알고리즘을 만들어낼 수 있도록 그 필요성을 체험하는 준비과정이라는 사실은 아무리 강조해도 지나치지 않다.

두 수의 합이 10을 넘는 한 자리 수 덧셈

1권(1학년 1학기)의 3+2=5와 같은 덧셈처럼, 2권(1학년 2학기)에서 배우는 8+6=14와 같은 '십이 넘는 한 자리 수 덧셈' 역시 수 세기를 토대로 이루어져야 한다. 그렇다고 "사과 8개와 사과 6개를 합하면 모두

몇 개인가?"와 같은 유치원 아이들의 개수 세기를 2학기에 도입하라는 것은 아니다. 같은 수 세기이더라도 다음과 같은 수학적 모델을 이용하면서 덧셈의 원리를 이해하도록 해야 한다.

문제 1 수 모형을 이용하여 덧셈 8+5를 계산하면?

보기

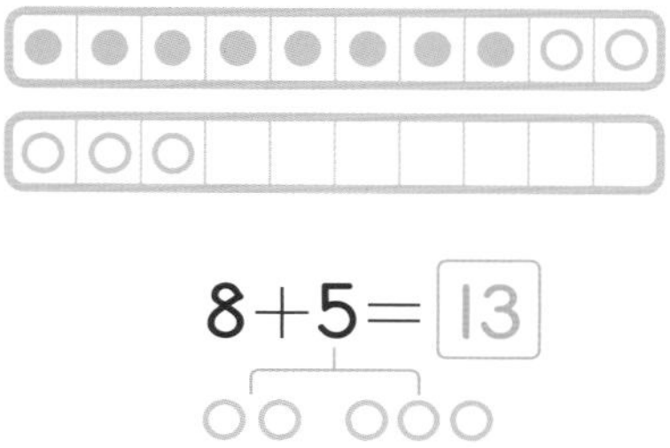

십 모형에 2칸이 비었으므로 2를 먼저 채운 후, 나머지 3을 다른 십 막대 모형에 채운다.

'수 모형'을 이용해 덧셈 8+5를 계산하면 8에서 시작하여 10까지 세고, 이어서 3을 더 세어서 13에 이르게 된다. 이때 답을 얻는 과정이 수 세기를 토대로 진행되는데, 여기서 중요한 것은 '10 만들기'다. 8에서 시작하여 이어 세기로 10까지 세어 수 모형 하나를 채우고, 이어서 다음 수 모형으로 이동한다. 이렇게 10을 채우고 나서 나머지를 이어 세는 과정은 자신도 모르게 2학년에서 도입되는 '받아올림에 의한 덧셈 알고리즘'을 미리 체험하는 것이다.

8+5라는 덧셈은 손가락을 비롯해 다른 도구를 이용하여 13이라는 답을 쉽게 얻을 수 있지만, 이 활동의 핵심은 단순히 덧셈 결과를 얻는 것이 아니라 덧셈 알고리즘의 체득을 위한 전 단계로서의 학습에 있다.

똑같은 수 세기가 '수 구슬 모델'에서도 진행된다. 수 구슬 역시 '10 만들기'를 학습하는 재밌는 도구다.

문제 2 보기와 같이 화살표를 그리고 □ 안에 알맞은 수를 넣으시오.

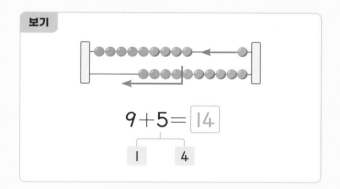

보기

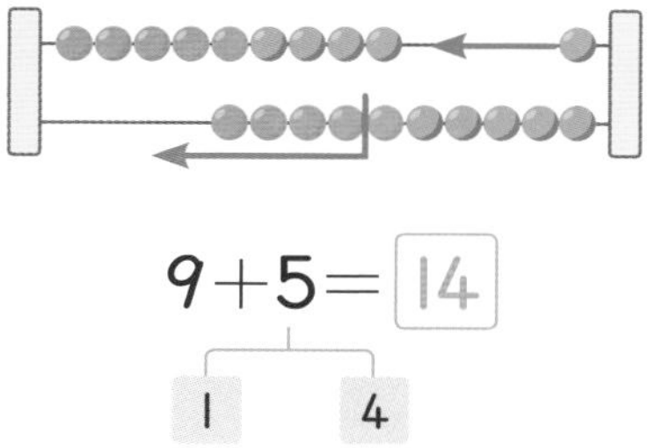

이외에도, 십이 넘는 한 자리 수의 덧셈 활동을 위한 모델은 '수 배열표'와 '수직선'이 있다.

문제 3 보기와 같이 계산하시오.

보기

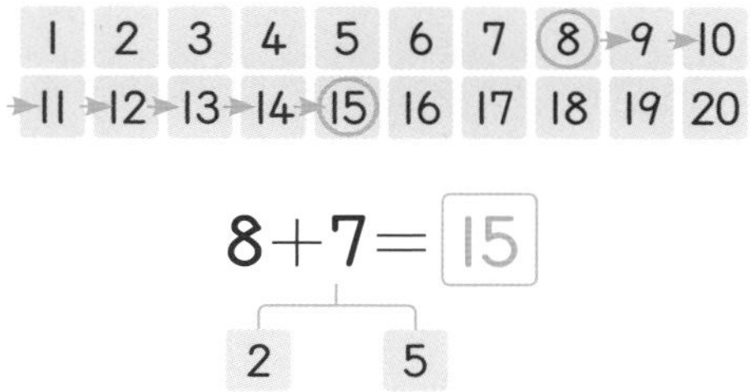

1 2 3 4 5 6 7 8 9 10
11 12 13 14 15 16 17 18 19 20
8+7=15
2
5

8+7=15와 같이 수식으로 이루어진 덧셈을 도입하기 직전에 '수 배열표'를 도입하여 앞에서 다루었던 막대 모형과 수 구슬 모델과의 연계를 도모한다. 수 모형에서 익혔던 '10 만들기'를 수 배열표에서 다시 실행하며 숫자까지 눈으로 확인하는 것이다. 이 과정에서 더하는 수 7을 2와 5로 가르기하여 더해지는 수 8을 10으로 만든다. 그리고 이어 세기에 의해 15가 되는 과정을 눈으로 확인할 수 있는데, 이때 십의 자리 숫자가 1이 되는 것을 자연스럽게 확인하게 된다.

수 배열표는 가장 중요한 모델의 하나인 '수직선' 도입으로 이어진다. 20까지의 수 배열표에서 윗줄의 10 옆에 아랫줄의 수(11부터 20)를 이어서 배열한 것을 수직선이라 할 수 있다.(아래 그림 참조)

수직선 모델에서는 더하는 수의 가르기 활동에 초점을 둔다. 즉, 덧셈식의 더해지는 수가 '10'이 되도록 더하는 수의 가르기가 중요하다. 이를 다음과 같이 수직선에서 직접 확인할 수 있도록 한다.

문제 4 보기와 같이 계산하시오.

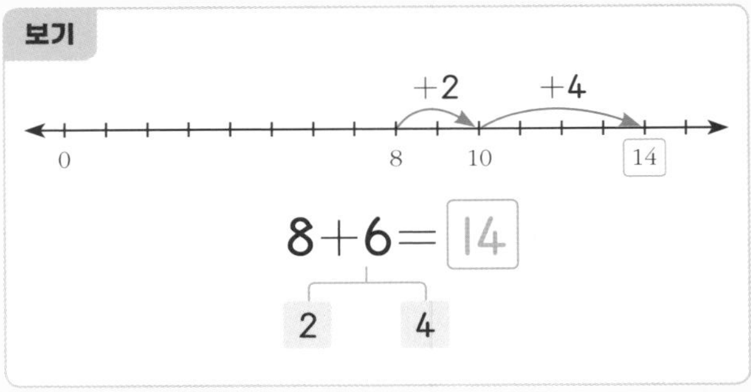

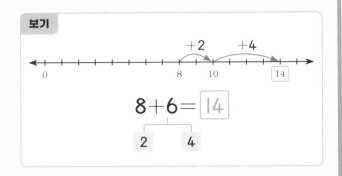

지금까지 설명을 요약하면 다음과 같다.

2권(1학년 2학기)의 덧셈도 수 세기를 토대로 한다는 점은 1권(1학년 1학기)의 덧셈과 공통이다. 이때 이어 세기가 실행된다는 것도 다르지 않다. 그러나 2권(2학기) 덧셈에서는 더해지는 수가 10이 되도록 '더하는 수의 가르기'에 학습의 초점을 두어야 한다. 이는 '받아올림을 포함하는 덧셈 알고리즘'을 미리 체험하게 하는 의도를 반영한 것이다. 이 과정에서 아이들은 십의 자리 수와 일의 자리 수라는 자릿값 개념을 눈으로 직접 확인하며 이를 자연스럽게 내면화하게 된다. 따라서 2권(1학년 2학기) 덧셈을 충분히 익히게 되면, 3권(2학년) 덧셈의 알고리즘도 쉽게 받아들 수 있다.

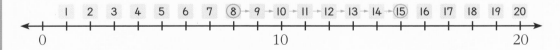

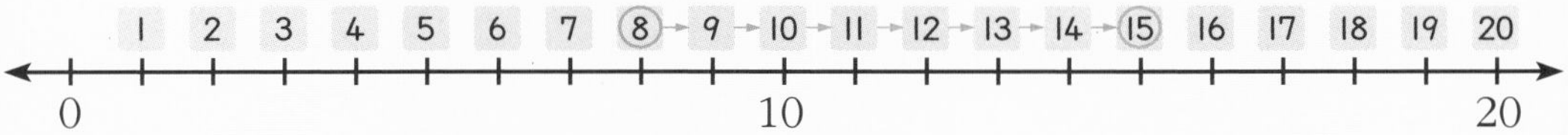

△ 20까지의 수 배열표에서 윗줄의 10 옆에 아랫줄의 수(11부터 20)를 이어서 배열한 것을 수직선이라 할 수 있다.

✎ 공부한 날짜 　　월 　　일

문제 1 | 보기와 같이 □ 안에 알맞은 기호를 넣으시오.

6은 2보다 크다.
4와 4는 같다.
3은 9보다 작다.

6>2 　　　 4=4 　　　 3<9

보기

5+8 [>] 4+8 　　　 4+7 [=] 7+4

5+8 [<] 6+9

(1) 2+9 □ 9+2 　　　 (2) 9+5 □ 6+8

선생님만 보세요

문제 1 덧셈을 연습하는 활동에서 1학기에 도입했던 등호와 부등호가 다시 등장한다. 악어의 입 모양과 부등호의 모양을 비교하여 부등호가 들어 있는 식의 의미를 다시 한번 확인하도록 하였다. 이는 등식의 양변이 같음을 나타내는 등호의 의미를 되새길 수 있는 기회다.

(3) $4+7$ ☐ $5+8$

(4) $6+6$ ☐ $7+5$

(5) $3+9$ ☐ $2+9$

(6) $9+4$ ☐ $8+3$

(7) $8+4$ ☐ $5+8$

(8) $8+5$ ☐ $7+6$

(9) $5+6$ ☐ $6+5$

(10) $9+3$ ☐ $7+7$

문제 2 | 직접 채점을 해보고, 틀린 답을 바르게 고치시오.

(1) $7+4=$ ~~13~~ 11

(2) $6+8=14$

(3) $5+9=11$

(4) $8+3=12$

(5) $9+4=13$

(6) $9+3=12$

(7) $6+9=16$

(8) $5+8=14$

(9) $9+2=11$

(10) $4+7=14$

(11) $3+9=12$

(12) $8+8=18$

(13) $9+7=16$

(14) $9+9=18$

(15) $7+7=17$

(16) $7+6=13$

(17) $8+6=12$

(18) $4+8=12$

선생님만 보세요

문제 2 누군가가 이미 풀어 놓은 덧셈식을 제시하여 채점해 보는 기회를 제공한다. 지금까지는 늘 채점을 당하는 입장이었지만, 역할을 바꿔 채점자의 역할을 담당하게 한다. 이 과정에서 어떤 오류가 나오는지도 확인할 수 있어 오답이 반면교사가 될 수 있다.

문제 3 | 보기와 같이 □ 안에 알맞은 수를 넣으시오.

보기

$4+6+3=$ [13]

[10] $+3$

(1) $5+2+8=$ □

□ $+5$

(2) $9+3+1=$ □

□ $+3$

(3) $7+6+4=$ □

□ $+7$

(4) $3+1+7=$ □

□ $+1$

(5) $6+5+5=$ □

□ $+6$

(6) $5+7+3=$ □

□ $+5$

(7) $8+5+2=$ □

□ $+5$

선생님만 보세요

문제 3 두 수의 모으기로 '10 만들기'를 나타내는 활동이다. 두 수의 덧셈식이 아닌 세 수의 덧셈식으로, 조금 복잡하게 느낄 수 있다. 그러나 '10 만들기'에 해당하는 두 수를 화살표로 제시해주어 어렵지 않게 접근할 수 있다. 세 수의 덧셈을 할 때 무조건 앞에서부터 계산하는 것이 아니라, 먼저 '10 만들기'가 가능한 두 수가 있는지 관찰하는 것이 더 중요함을 깨닫게 하려는 의도를 담았다.

(몇) + (몇) = (십몇) 한 자리 수의 덧셈 복습(1)

공부한 날짜 월 일

문제 1 | 다음을 계산하시오.

(1) $7+6=\square$

(2) $6+5=\square$

(3) $6+6=\square$

(4) $9+7=\square$

(5) $3+9=\square$

(6) $9+9=\square$

문제 2 | 보기와 같이 두 수의 합이 같으면 =, 다르면 < 또는 >를 넣으시오.

보기

$3+9 \; (>) \; 5+6$

(1) $7+9 \; \bigcirc \; 8+4$

(2) $4+9 \; \bigcirc \; 7+5$

(3) $7+7 \; \bigcirc \; 9+3$

(4) $6+7 \; \bigcirc \; 8+5$

(5) $5+9 \; \bigcirc \; 8+8$

선생님만 보세요

문제 1 두 수의 덧셈을 반복 연습하는 복습 활동이다.

문제 2 두 수의 덧셈 결과를 등호 또는 부등호로 비교하는 활동이다. 덧셈의 반복 연습이다.

문제 3 | □ 안에 알맞은 수를 넣으시오.

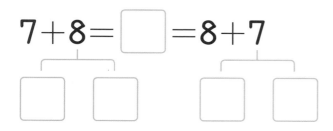

(1) $7+8=\square=8+7$

□ □ □ □

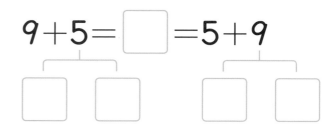

(2) $9+5=\square=5+9$

□ □ □ □

(3) $9+2=\square=2+9$

□ □ □ □

(4) $4+8=\square=8+4$

□ □ □ □

문제 4 | 채점하고, 틀린 답을 바르게 고치시오.

(1) $3+8=$ ~~10~~ 11

(2) $9+4=13$

(3) $6+7=13$

(4) $5+9=13$

(5) $6+9=15$

(6) $9+3=12$

(7) $2+9=11$

(8) $8+8=18$

(9) $8+5=14$

선생님만 보세요

문제 3 '10 만들기'를 위한 가르기 활동을 통해 두 수의 덧셈에 대한 교환법칙을 익힌다. 수 감각의 향상을 위한 복습이다.

문제 4 누군가의 덧셈을 채점하며 오류를 정정해주는 복습 문제다. 앞에서 언급한 것과 같이 피채점자에서 벗어나 채점자가 되어 봄으로써 지적 흥미를 고양할 수 있다.

(10) $5+7=12$　　(11) $4+7=11$　　(12) $9+9=18$

(13) $6+6=16$　　(14) $7+7=14$　　(15) $8+4=12$

문제 5 | 보기와 같이 □ 안에 알맞은 수를 넣으시오.

보기

$1+5+9=\boxed{15}$

(1) $8+2+4=\square$

(2) $3+4+6=\square$

(3) $6+5+4=\square$

(4) $5+2+5=\square$

(5) $7+1+9=\square$

선생님만 보세요

문제 5 세 수 더하기의 반복 연습이다. 순서대로 차례로 덧셈을 할 수도 있으나, 먼저 10이 되는 두 수의 합을 발견하여 계산하는 것을 권한다.

8 일차 (몇)+(몇)=(십몇) 한 자리 수의 덧셈 복습(2)

공부한 날짜 월 일

문제 1 | 다음을 계산하시오.

(1) $9+4=\square$ (2) $7+6=\square$ (3) $7+4=\square$

(4) $3+8=\square$ (5) $2+9=\square$ (6) $6+5=\square$

(7) $8+4=\square$ (8) $6+6=\square$ (9) $8+7=\square$

(10) $5+9=\square$ (11) $9+6=\square$ (12) $8+6=\square$

(13) $7+7=\square$ (14) $3+9=\square$ (15) $9+7=\square$

(16) $8+9=\square$ (17) $8+8=\square$ (18) $5+6=\square$

선생님만 보세요

문제 1 두 수의 덧셈을 반복 연습하는 복습 활동이다. **주의** 시간을 측정하거나 빨리 계산할 것을 강요하지 말자. 덧셈을 배우는 단계에서 빠른 속도를 강요하는 어른들의 욕심은 자칫 학습자가 올바른 연산 능력을 완성하는 데 지장을 초래할 수 있다. 계산 속도는 원리를 터득하면 저절로 향상되므로 가르치는 사람의 인내심이 요구된다.

(19) $7+8=\square$ (20) $6+8=\square$ (21) $9+2=\square$

(22) $4+8=\square$ (23) $5+8=\square$ (24) $6+7=\square$

(25) $9+5=\square$ (26) $9+3=\square$ (27) $6+9=\square$

(28) $9+8=\square$ (29) $7+9=\square$ (30) $8+5=\square$

문제 2 | 보기와 같이 빈 칸을 채우시오.

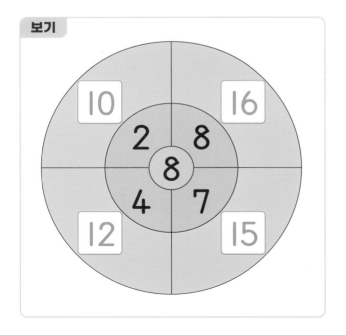

보기

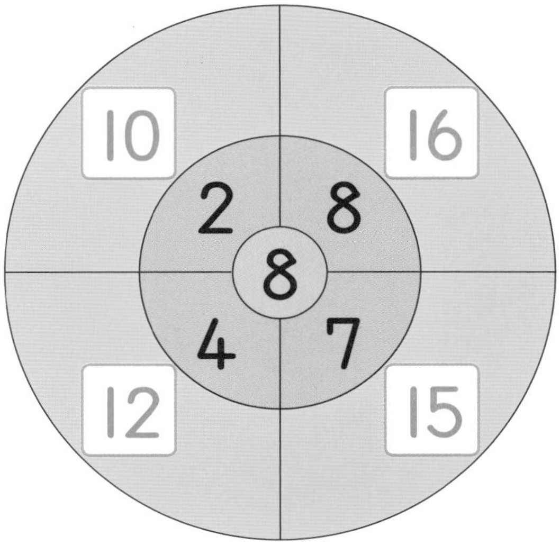

(1)

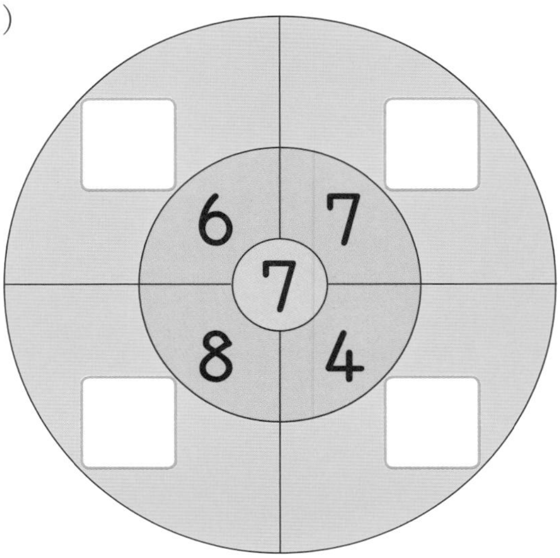

선생님만 보세요

문제 2 중심원 수에 바깥 원의 수를 더해서 해당 방향에 답을 쓰는 새로운 형태의 문제다.
주의 덧셈 기호 +를 제시하지 않았으므로, 보기를 통해 덧셈 문제임을 먼저 확인해야 한다.

(2)

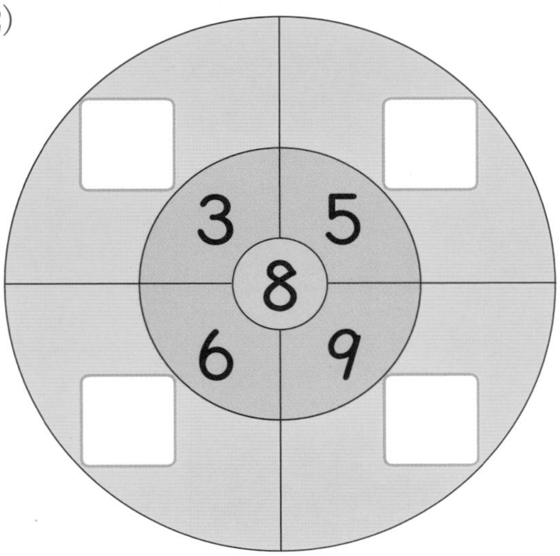

(3)

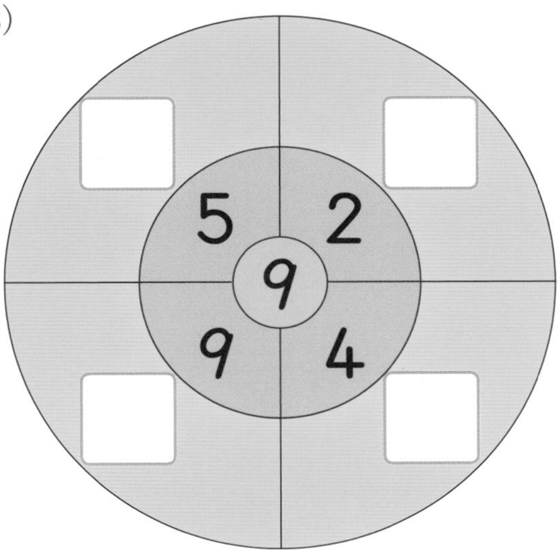

(4)

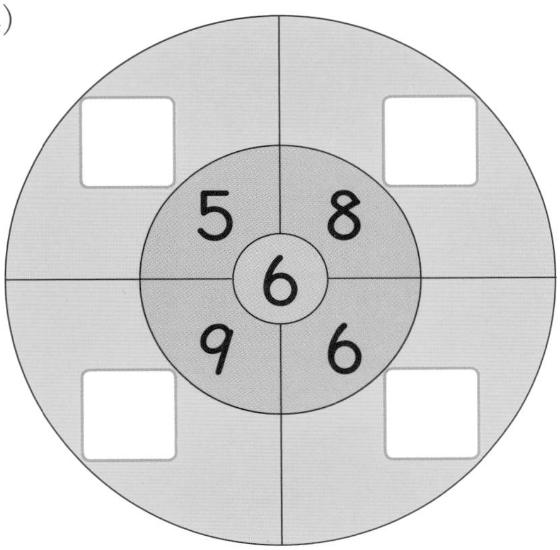

(5)

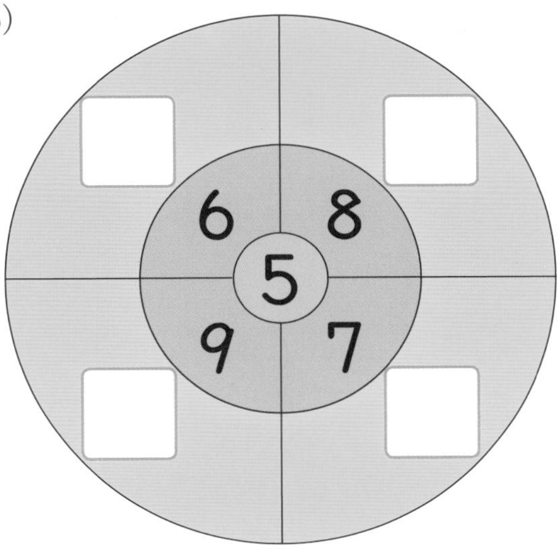

(6)

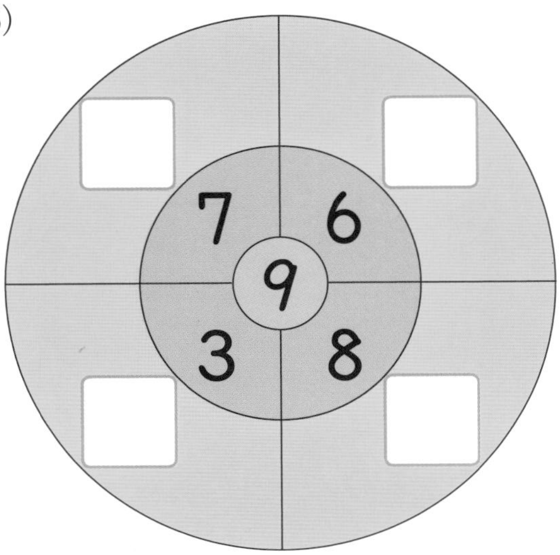

보충문제

문제 1 | 동그라미를 그리고 □ 안에 알맞은 수를 쓰시오.

(1)

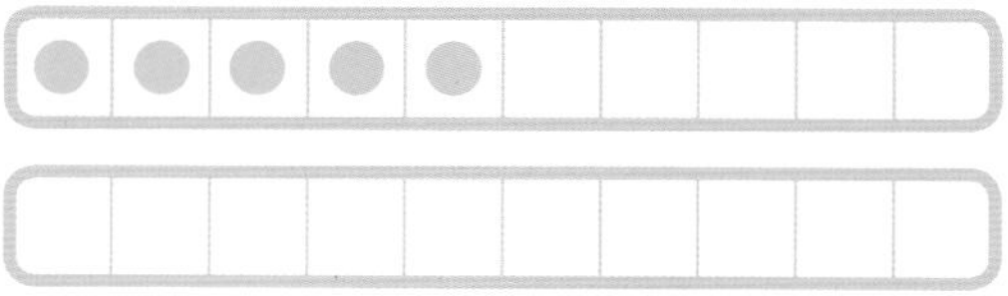

$5+9=\square$

(2)

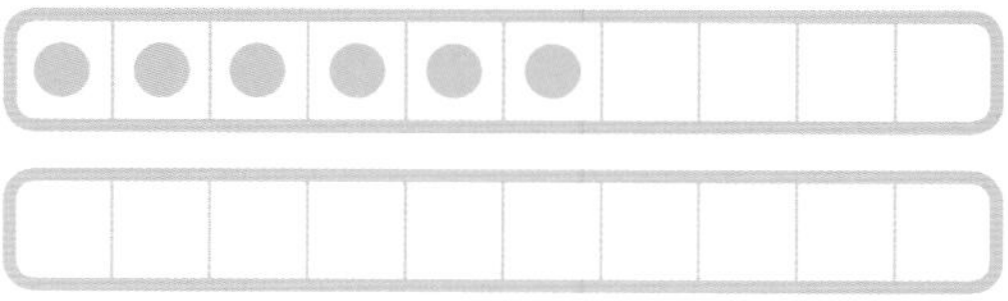

$6+7=\square$

(3)

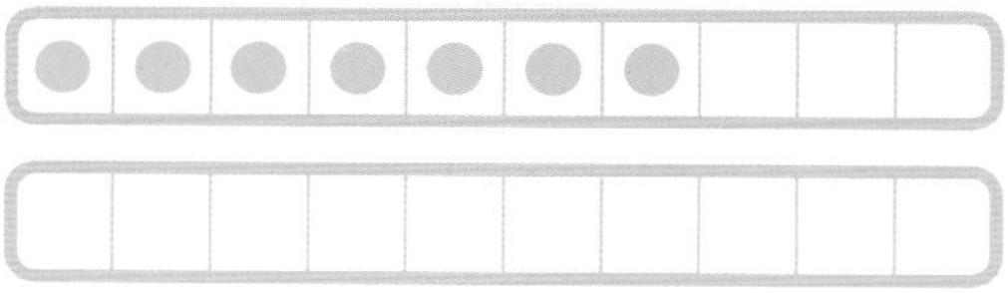

$7+4=\square$

(4)

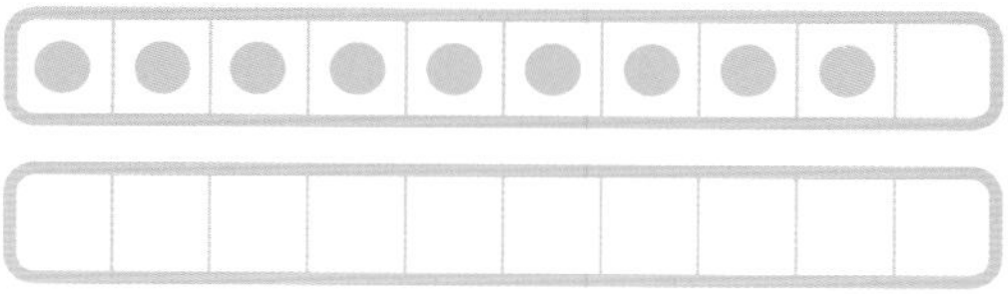

$9+4=\square$

(5)

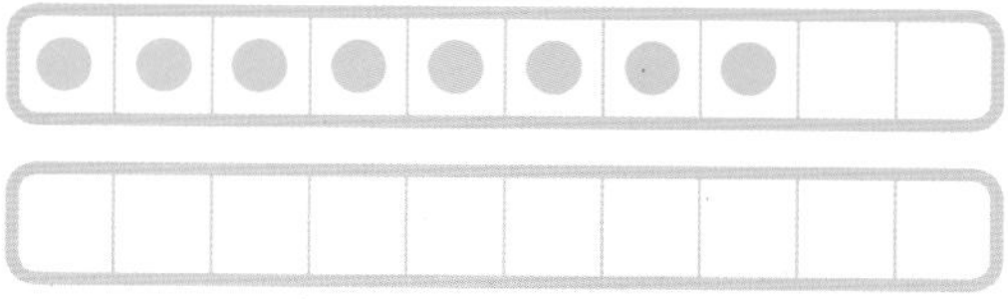

$8+6=\square$

(6)

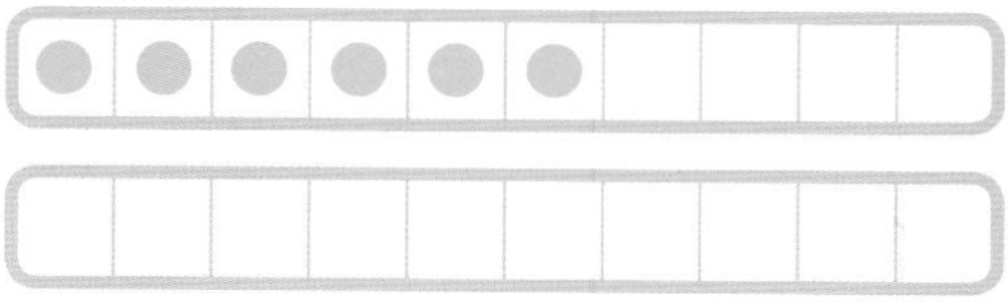

$6+9=\square$

유사한 문제를 지나치게 많이 반복하는 것은 오히려 흥미를 떨어뜨리고 학습 효과를 저해하게 하는 역효과를 초래할 수 있습니다. 본문 문제를 충분히 이해했다면 보충문제까지 풀이할 필요는 없습니다. 필요한 경우에만 보충문제를 적절하게 활용하는 것을 권장합니다.

문제 2 | 화살표를 그리고 □ 안에 알맞은 수를 쓰시오.

(1)

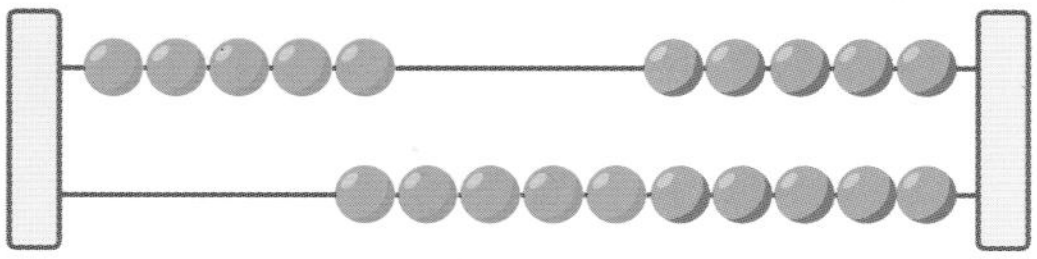

$5+8=\square$

(2)

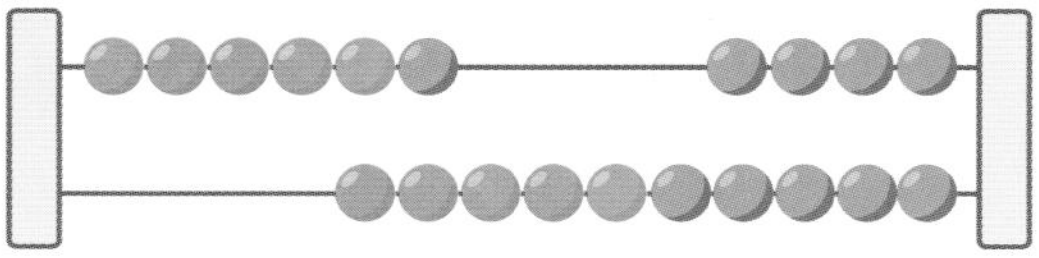

$6+5=\square$

(3)

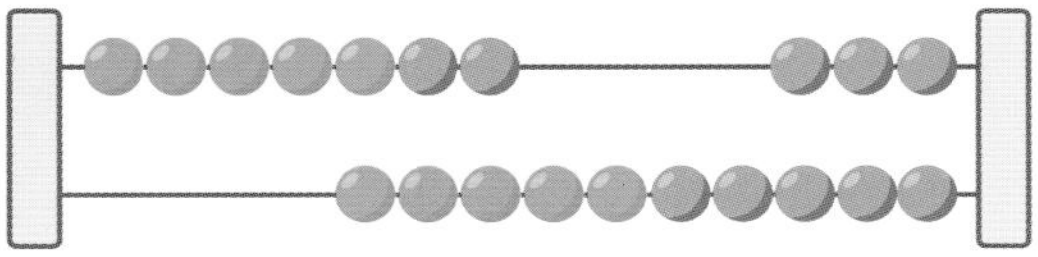

$7+9=\square$

(4)

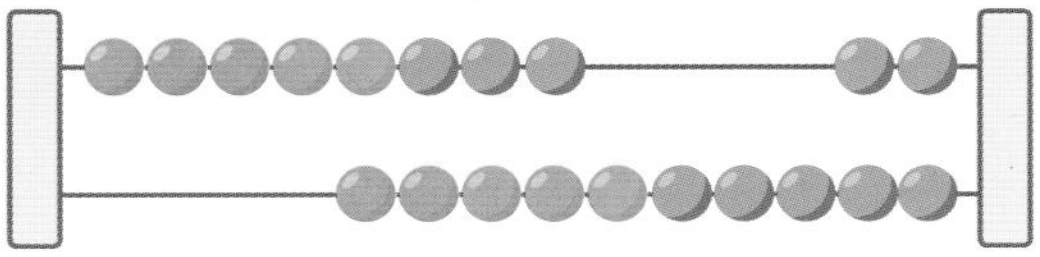

$8+4=\square$

(5)

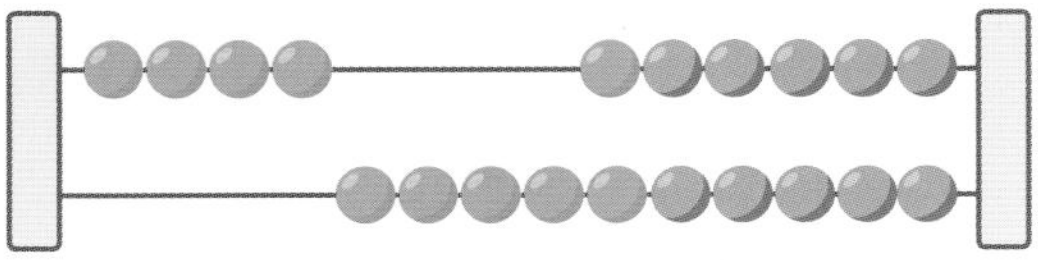

$4+7=\square$

(6)

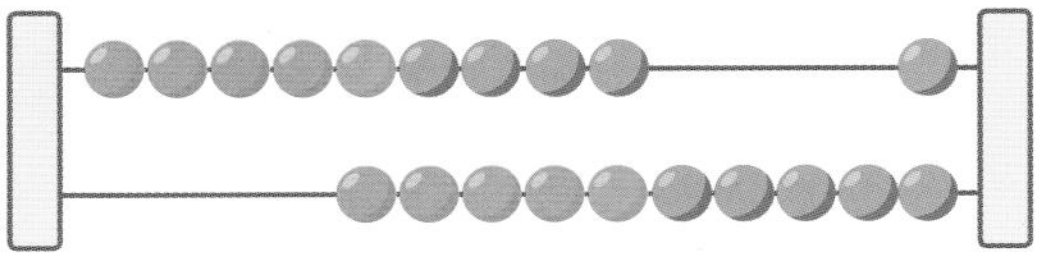

$9+6=\square$

보충문제

문제 3 | 화살표를 그리고 □ 안에 알맞은 수를 쓰시오.

(1)

1	2	3	4	5	6	7	8	9	10
11	12	13	14	15	16	17	18	19	20

$8+7=$ □

(2)

1	2	3	4	5	6	7	8	9	10
11	12	13	14	15	16	17	18	19	20

$5+6=$ □

(3)

1	2	3	4	5	6	7	8	9	10
11	12	13	14	15	16	17	18	19	20

$7+9=$ □

(4)

1	2	3	4	5	6	7	8	9	10
11	12	13	14	15	16	17	18	19	20

$6+8=$ □

문제 4 | □ 안에 알맞은 수를 쓰시오.

(1)

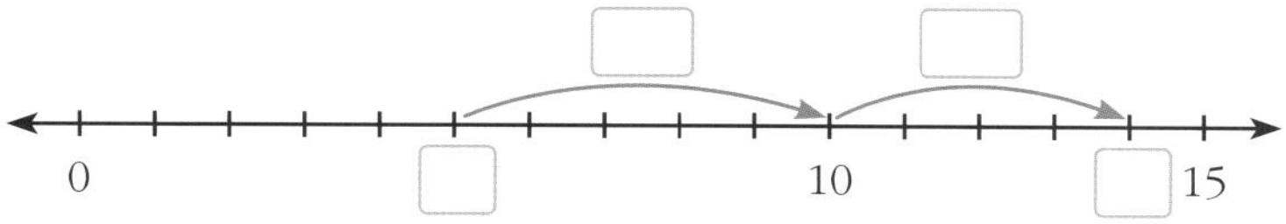

$5+9=$ □

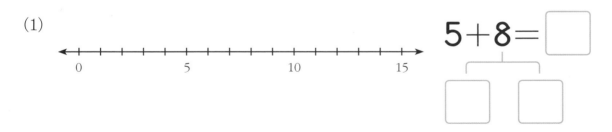

(2) 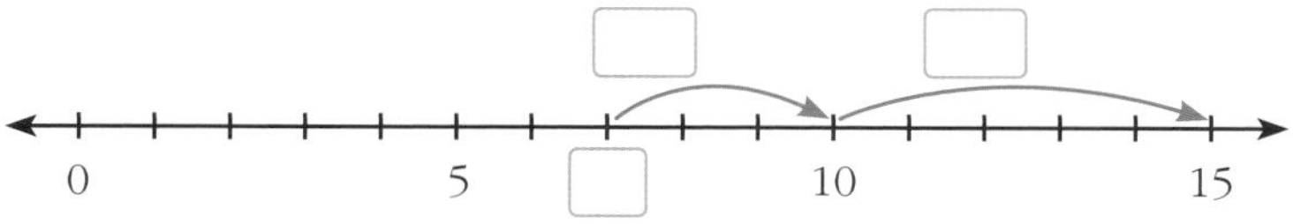

$7+8=\square$

(3) 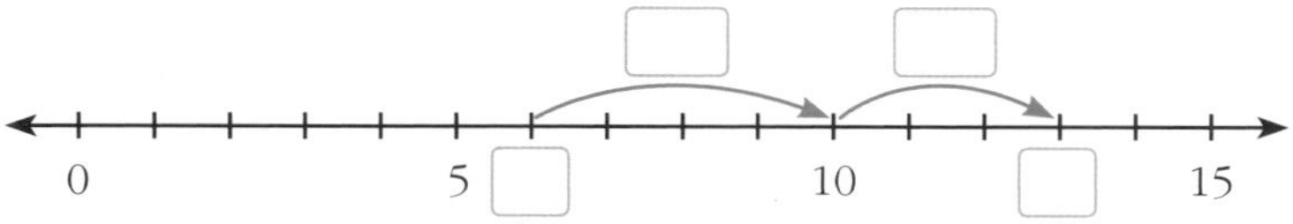

$6+7=\square$

(4) 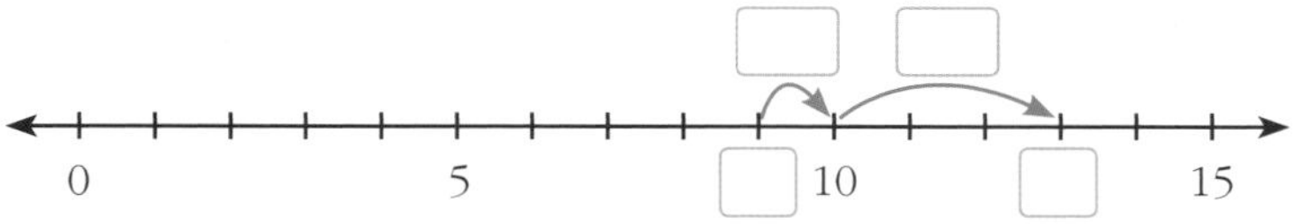

$9+4=\square$

문제 5 | 수직선에 표시하고 □ 안에 알맞은 수를 쓰시오.

(1) 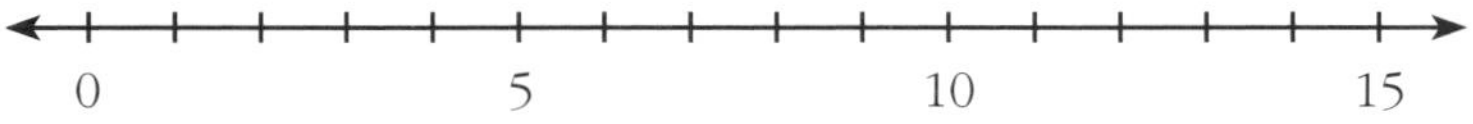

$5+8=\square$

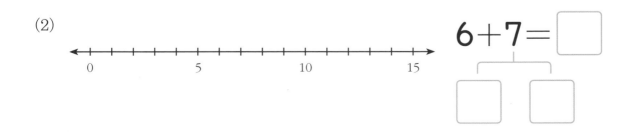

□ □

(2) 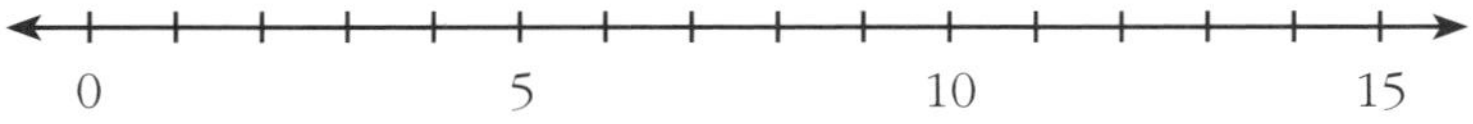

$6+7=\square$

□ □

보충문제

(3)

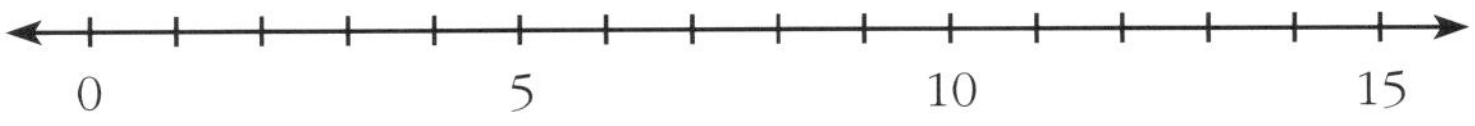

$7+5=\square$

(4)

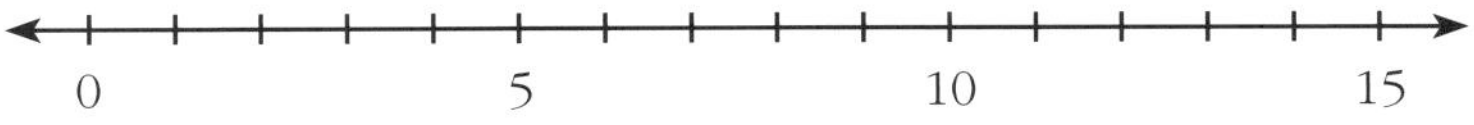

$9+6=\square$

문제 6 | 다음을 계산하시오.

(1) $7+6=\square$

(2) $6+6=\square$

(3) $8+7=\square$

(4) $9+9=\square$

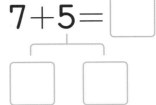

문제 7 | 수직선을 이용하여 □ 안에 알맞은 수를 넣고 비교하시오.

(1)

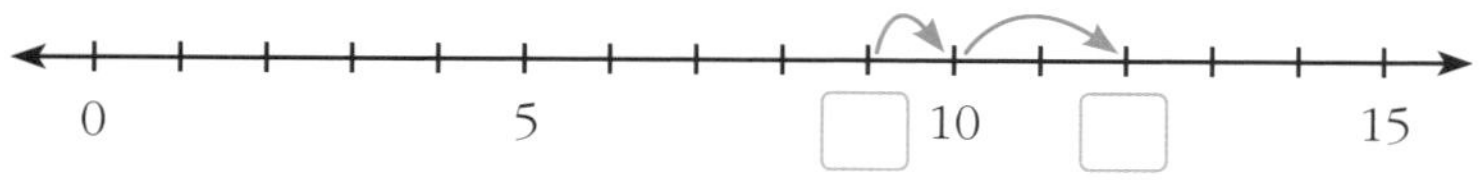

$9+3=\square$

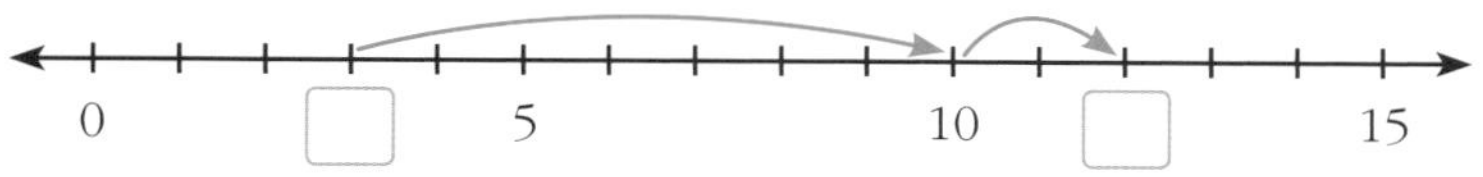

$3+9=\square$

(2)

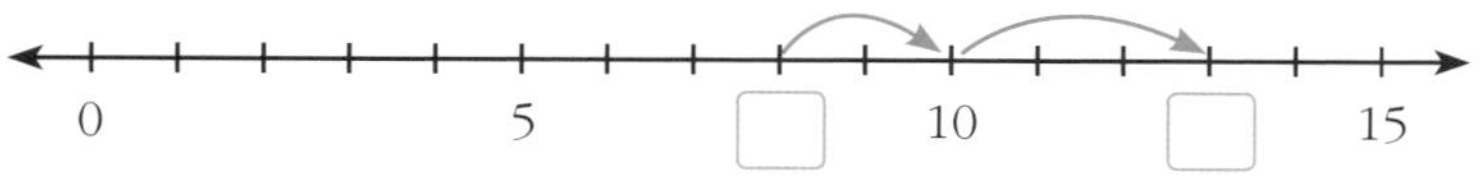

$8+5=\square$

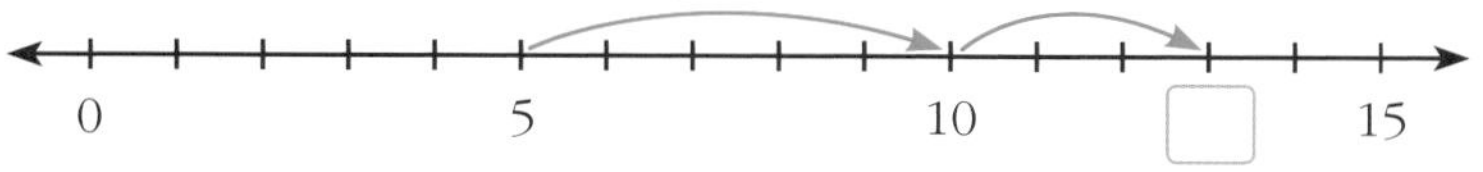

$5+8=\square$

(3)

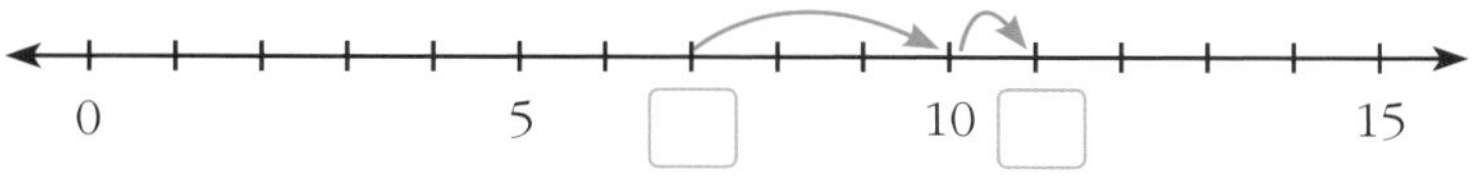

$7+4=\square$

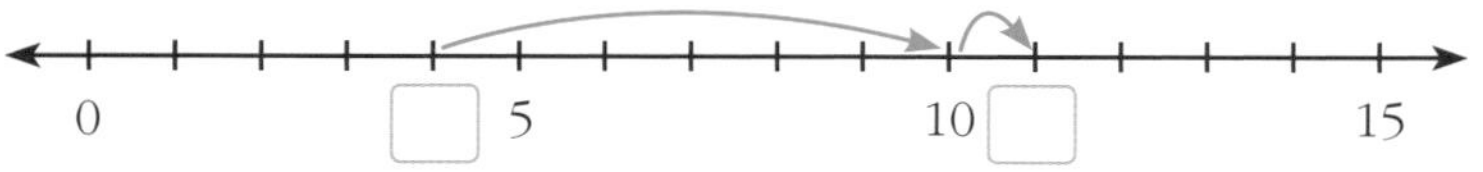

$4+7=\square$

(4)

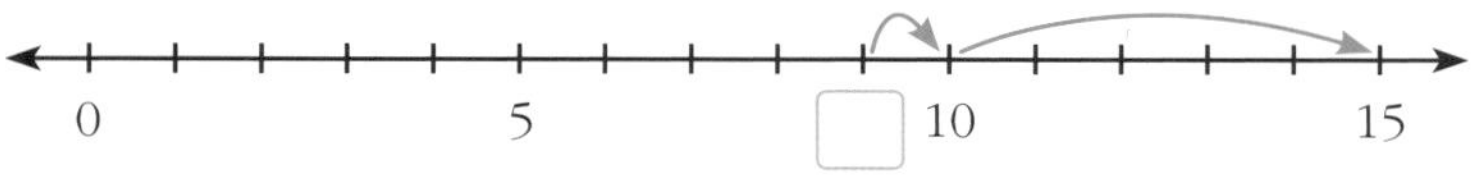

$9+6=\square$

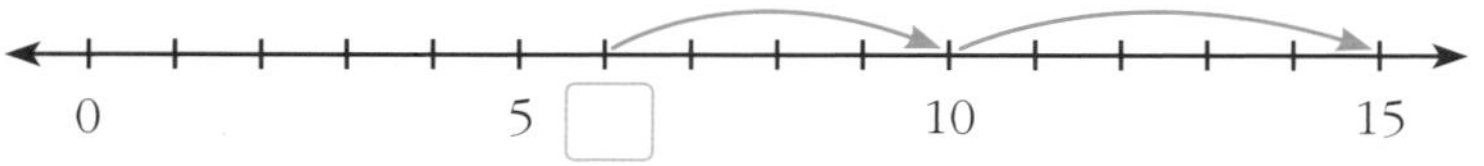

$6+9=\square$

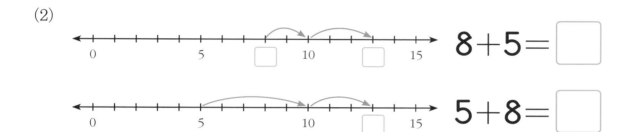

보충문제

문제 8 | □ 안에 알맞은 수를 쓰시오.

(1)

5+6= □ =6+5

(2)

7+8= □ =8+7

(3)

7+9= □ =9+7

(4)

8+9= □ =9+8

문제 9 | □ 안에 알맞은 수를 넣고 덧셈식을 완성하시오.

(1)

11

9+□ → 11=9+2

8+□ → ______

7+□ → ______

6+□ → ______

5+□ → ______

4+□ → ______

3+□ → ______

2+□ → ______

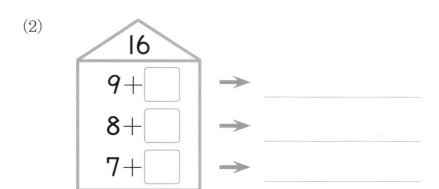

(2)

16

9+□ → ________

8+□ → ________

7+□ → ________

(3)

17

9+□ → ________

8+□ → ________

문제 10 | □ 안에 알맞은 기호를 적으시오.

(1) 2+6 □ 3+8

(2) 5+9 □ 5+7

(3) 4+7 □ 7+4

(4) 7+9 □ 8+6

(5) 8+4 □ 9+3

(6) 9+5 □ 7+6

(7) $6+7$ □ $7+6$

(8) $5+8$ □ $8+4$

(9) $6+5$ □ $5+9$

문제 11 | □ 안에 알맞은 수를 쓰시오.

(1) $4+2+6=$ □

□ $+2$

(2) $6+3+7=$ □

□ $+6$

(3) $2+4+8=$ □

□ $+4$

(4) $9+5+5=$ □

□ $+9$

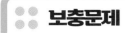

문제 12 | □ 안에 알맞은 수를 쓰시오.

(1) 1+7+9=□

10+□

(2) 8+1+2=□

10+□

(3) 9+6+4=□

10+□

(4) 5+7+3=□

10+□

문제 13 | 채점하고, 틀린 답을 바르게 고치시오.

(1) 5+6=~~10~~ 11

(2) 4+9=13

(3) 7+8=16

(4) 6+7=15

(5) 8+9=17

(6) 4+6=12

(7) 8+4=11

(8) 9+9=18

(9) 7+8=14

2 뺄셈 (십몇)-(몇), 그리고 **덧셈과 뺄셈의 관계**

공부한 날짜 월 일

문제 1 | 보기와 같이 동그라미를 지우고 □ 안에 알맞은 수를 넣으시오.

보기

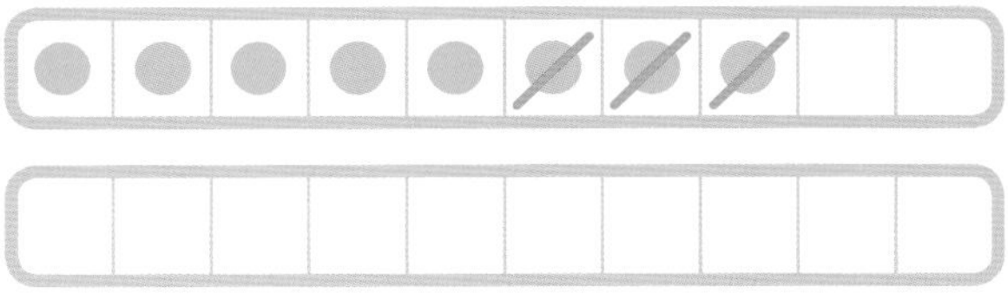

$8-3=$ 5

(1)

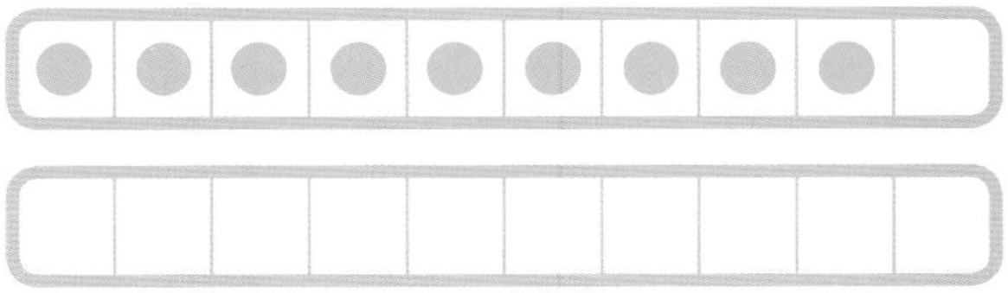

$9-5=$ □

(2)

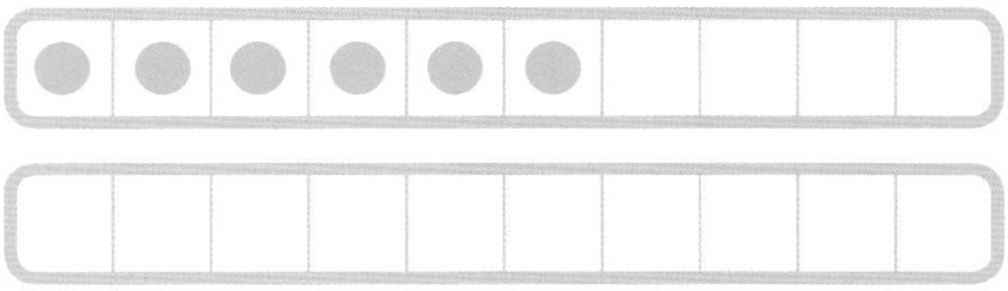

$6-3=$ □

(3)

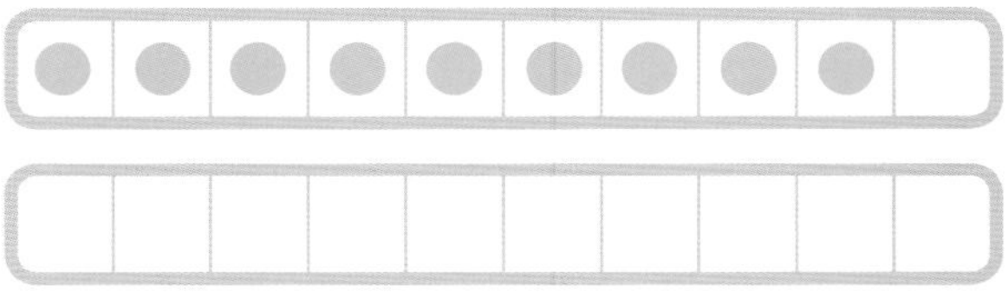

$9-4=$ □

문제 2 | 다음을 계산하시오.

(1) $9-2=$ □

(2) $7-5=$ □

(3) $4-3=$ □

(4) $5-2=$ □

선생님만 보세요

문제 1 한 자리 수 뺄셈을 복습한다. 한 줄이 열 칸으로 이루어진 수 모형에서 동그라미를 지워가며 문제를 푼다. 덧셈에서는 이어 세기를 하며 동그라미를 채워 넣었고, 뺄셈에서는 거꾸로 세기를 하며 동그라미를 지운 후 남은 개수를 세어 답을 구한다. 순서를 바꿔 계산을 먼저 한 다음 동그라미를 지우지 않도록 지도한다. **문제 2** 수식으로만 이루어진 한 자리 수의 뺄셈을 복습한다.

문제 3 | 보기와 같이 윗줄에서 동그라미를 지우고 □ 안에 알맞은 수를 넣으시오.

보기

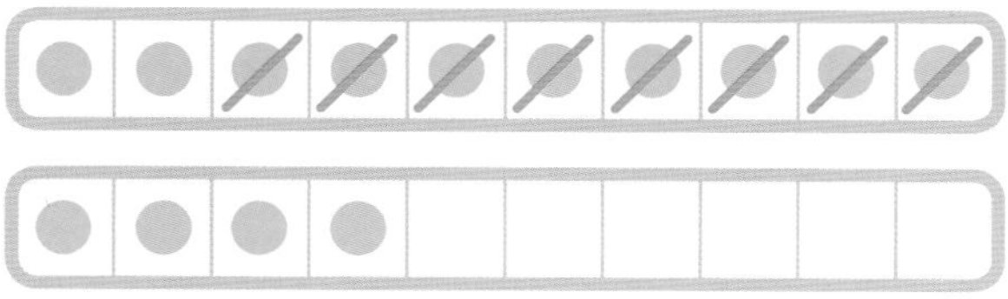

14 − 8 = 6

(1)

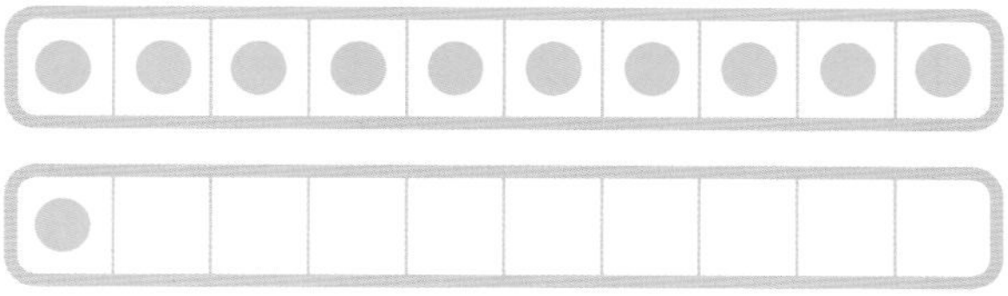

11 − 4 = □

(2)

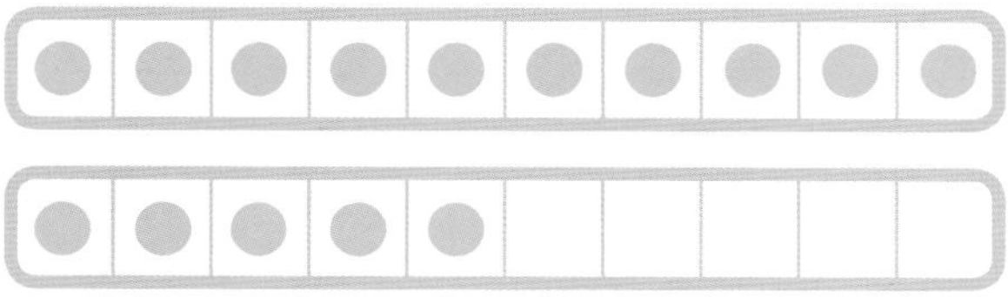

15 − 6 = □

(3)

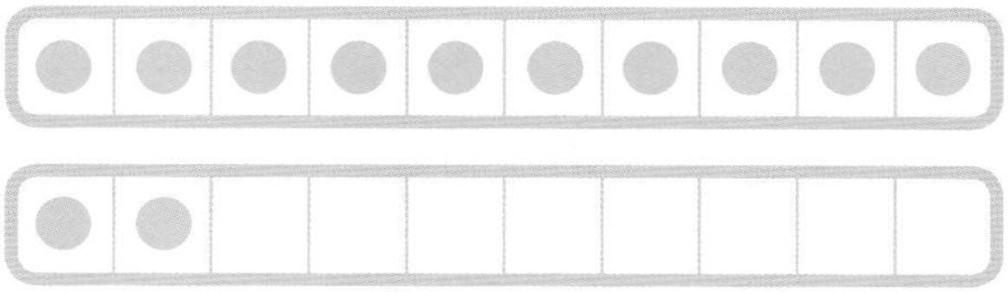

12 − 5 = □

(4)

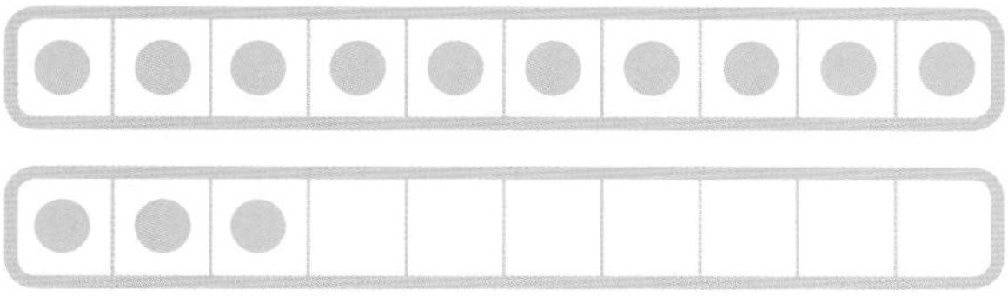

13 − 6 = □

(5)

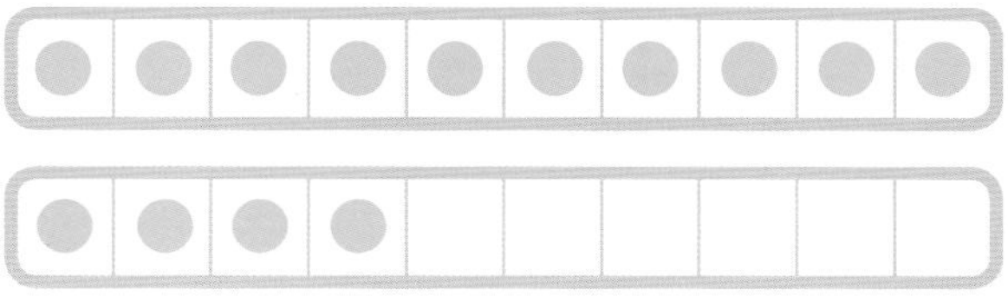

14 − 6 = □

(6)

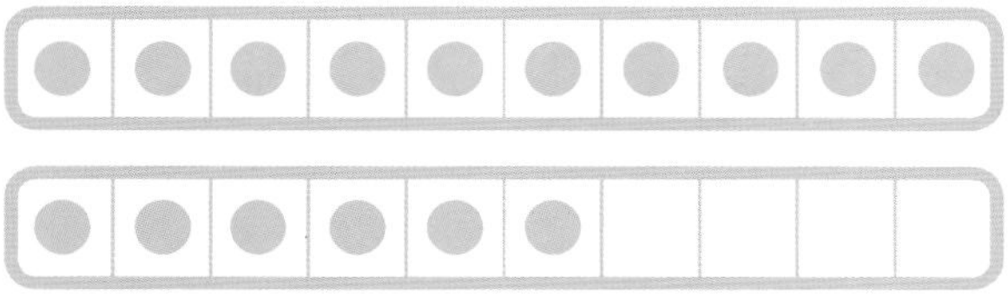

16 − 7 = □

(7)

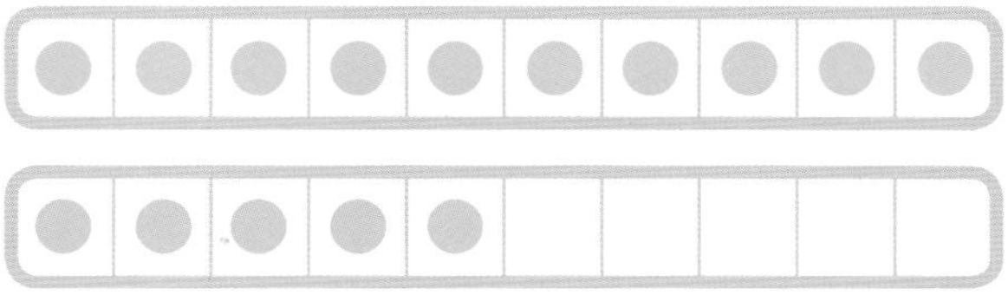

15 − 9 = □

선생님만 보세요

문제 3 '두 자리 수'에서 '한 자리 수'를 빼는 문제를 한 줄이 열 개의 칸으로 이루어진 두 줄짜리 수 모형에서 실행한다. 보기에 제시된 것처럼, 십에 해당하는 윗줄에서 먼저 뺄셈을 하고 나서 남은 개수를 세어 답을 구한다.

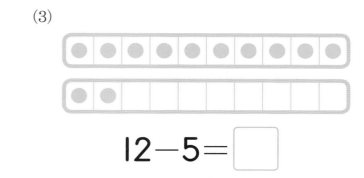

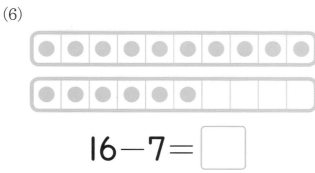

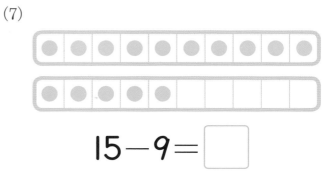

문제 4 | 보기와 같이 빼는 수를 윗줄에서 묶고 □ 안에 알맞은 수를 넣으시오.

보기

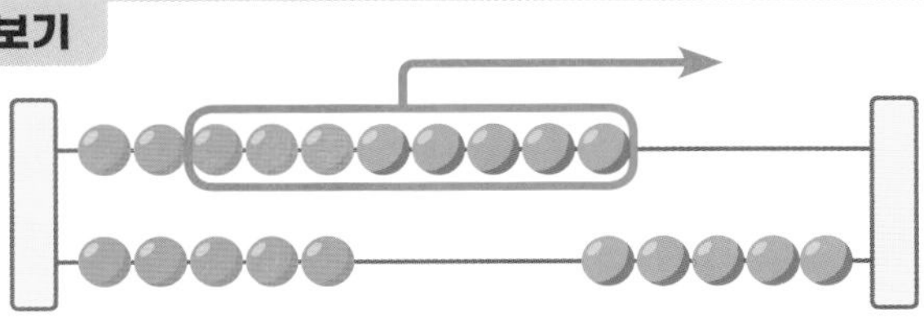

15－8＝ 7

(1)

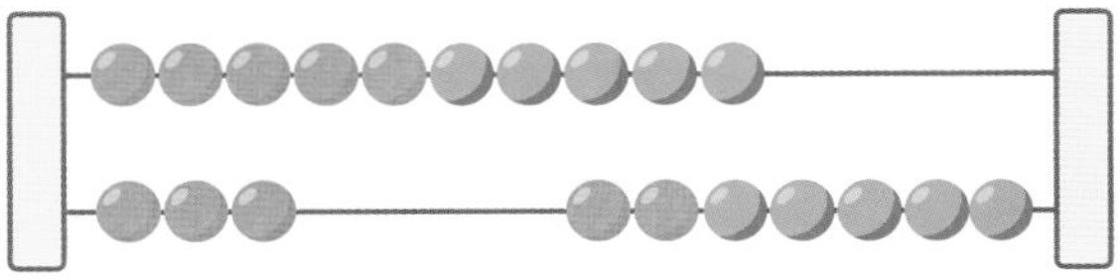

13－5＝ □

(2)

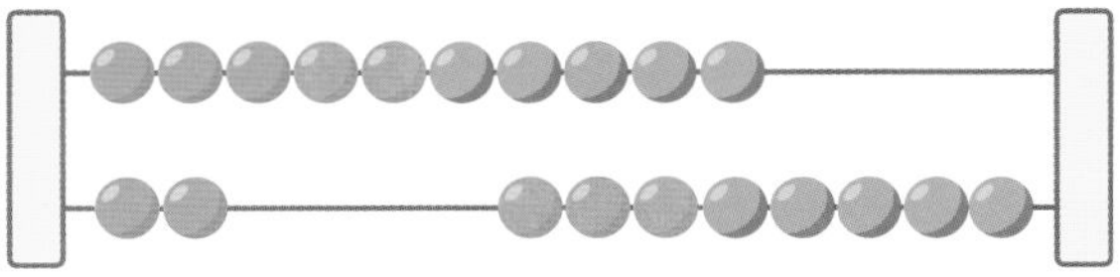

12－9＝ □

(3)

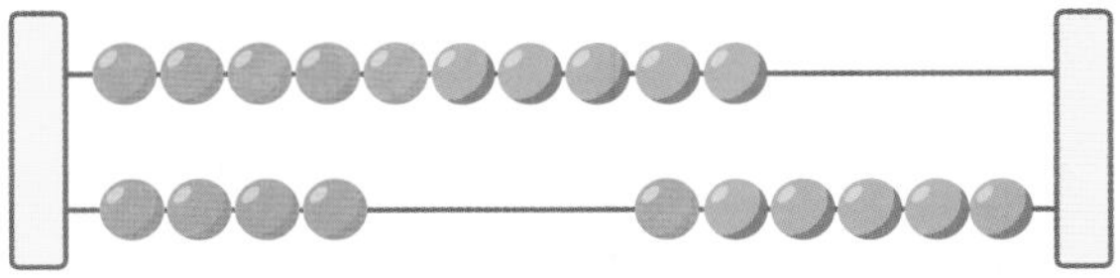

14－9＝ □

(4)

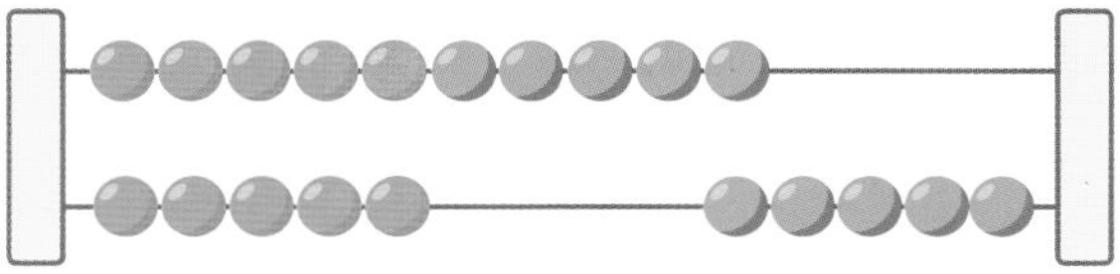

15－7＝ □

(5)

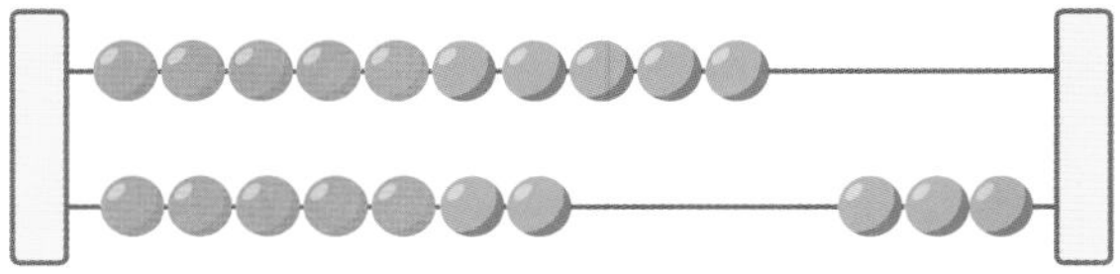

17－9＝ □

(6)

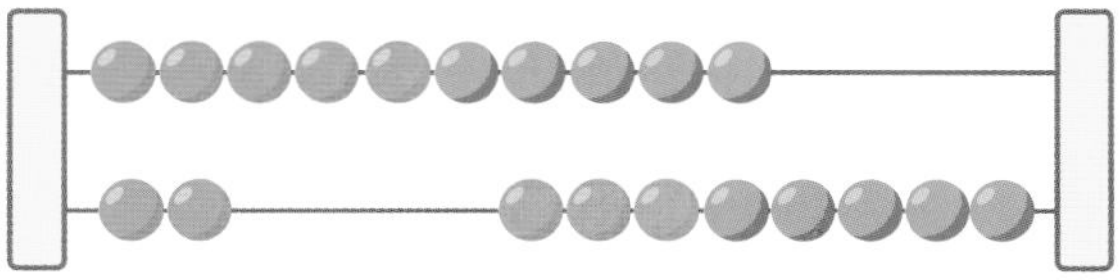

12－7＝ □

(7)

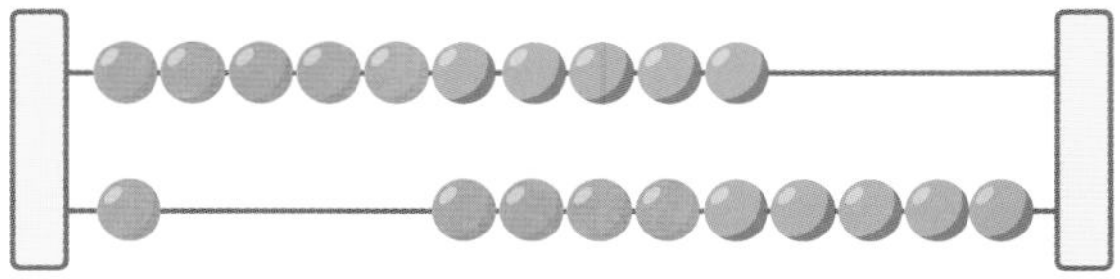

11－5＝ □

선생님만 보세요

문제 4 '두 자리 수'에서 '한 자리 수'의 뺄셈을 수 구슬 모델에서 해결한다. 역시 보기와 같이 윗줄에 있는 열 개의 구슬에서 먼저 뺄셈을 한 다음 남은 구슬의 개수를 세도록 지도한다.

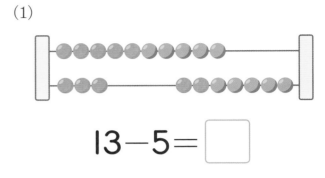

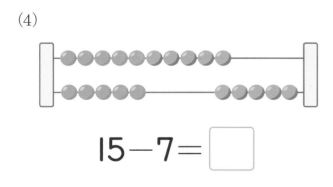

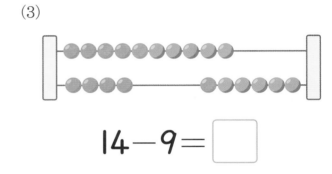

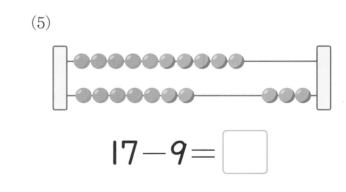

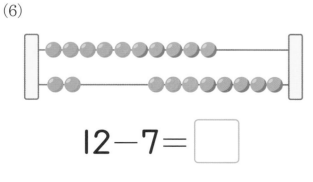

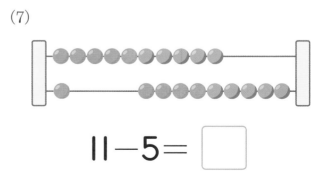

2일차 (십몇)-(몇)=(몇) 일의 자리 수에서 먼저 빼기 (수 모형과 수 구슬)

공부한 날짜 월 일

문제 1 | 빼는 수를 윗줄에서 지우고 □ 안에 알맞은 수를 넣으시오.

(1)

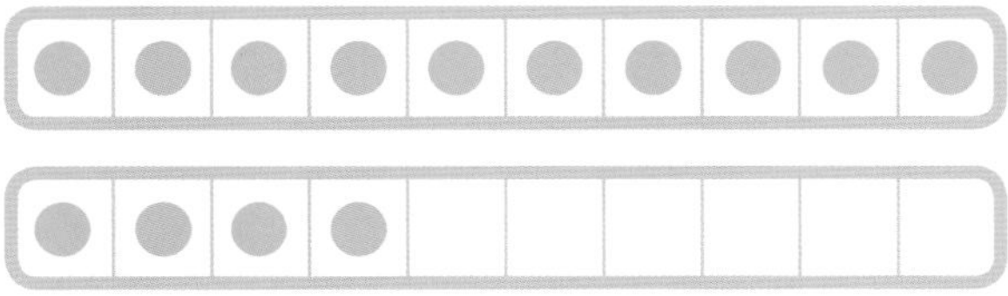

14−9= □

(2)

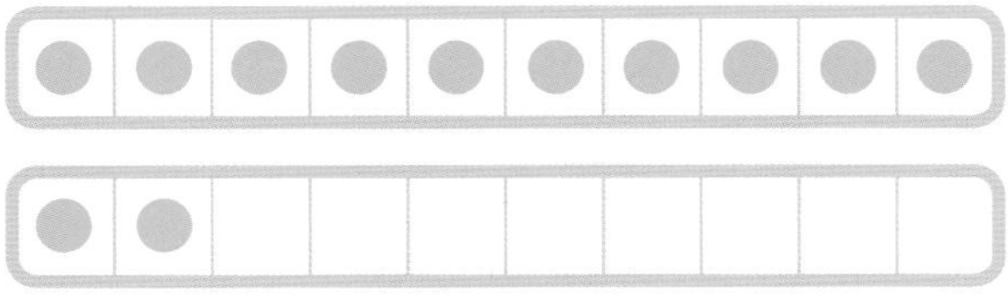

12−8= □

(3)

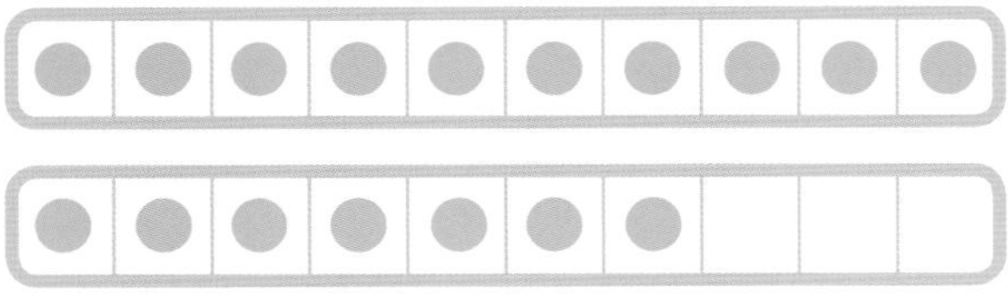

17−8= □

(4)

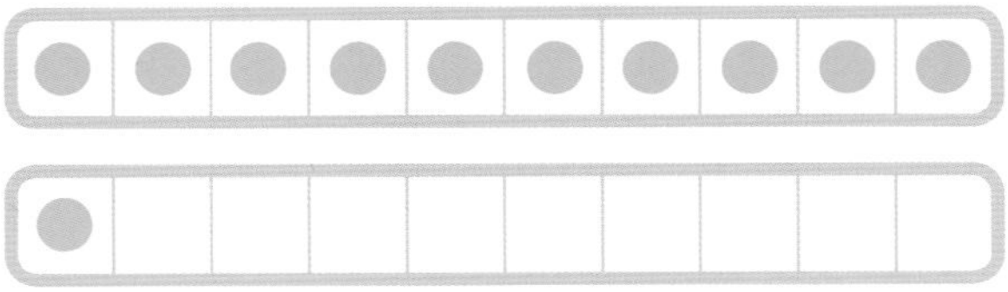

11−5= □

(5)

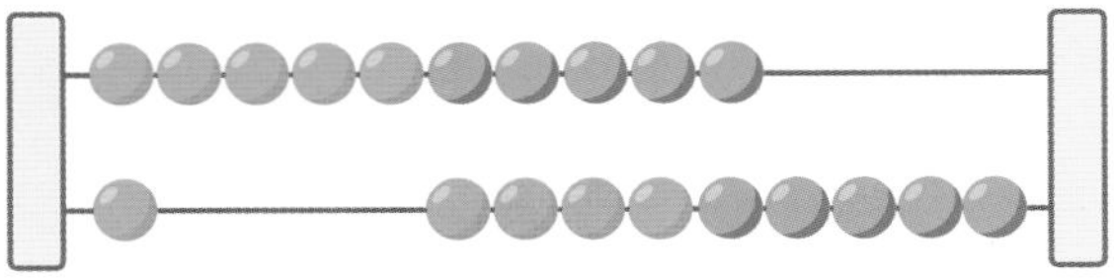

11−6= □

(6)

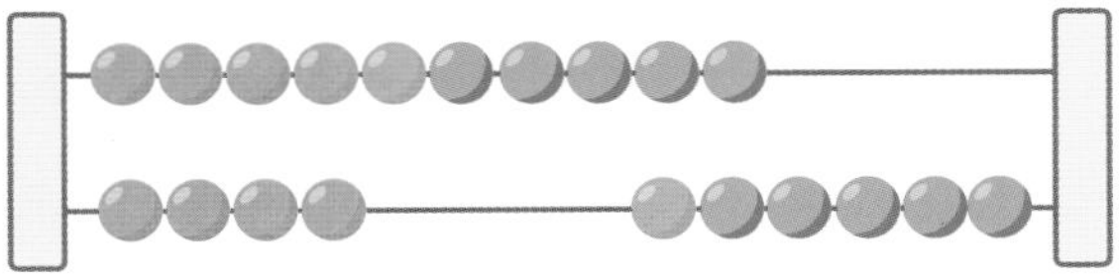

14−5= □

선생님만 보세요

문제 1 수 모형과 수 구슬 모델에서 (두 자리 수)−(한 자리 수)를 실행하는 이전 차시의 복습이다.

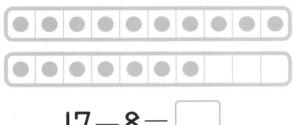

(7)

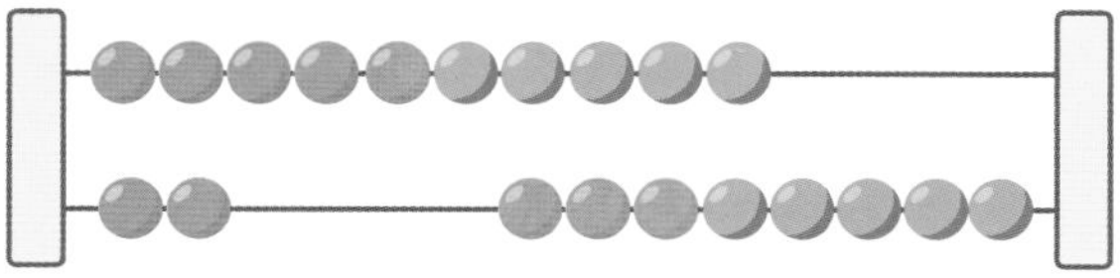

$12-8=\square$

(8)

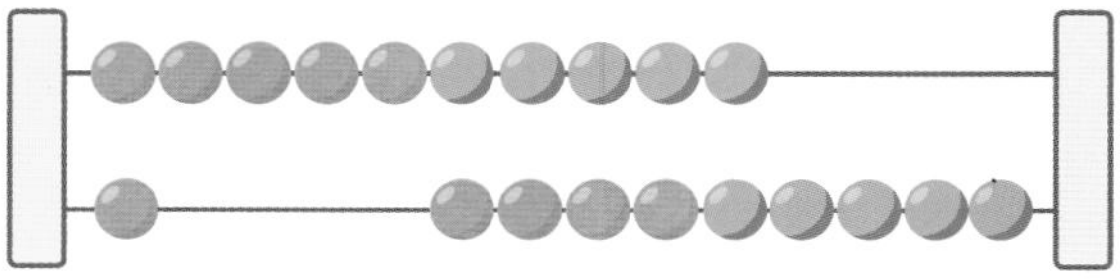

$11-9=\square$

문제 2 | 보기와 같이 아랫줄부터 동그라미를 지우고 □ 안에 알맞은 수를 넣으시오.

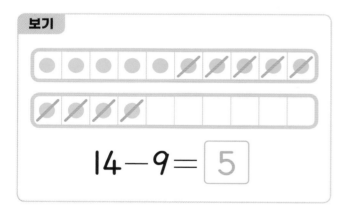

보기

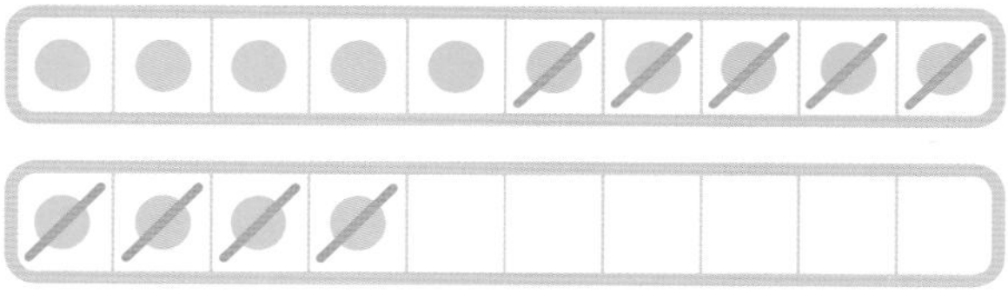

$14-9=\boxed{5}$

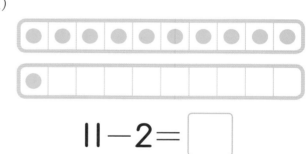

(1)

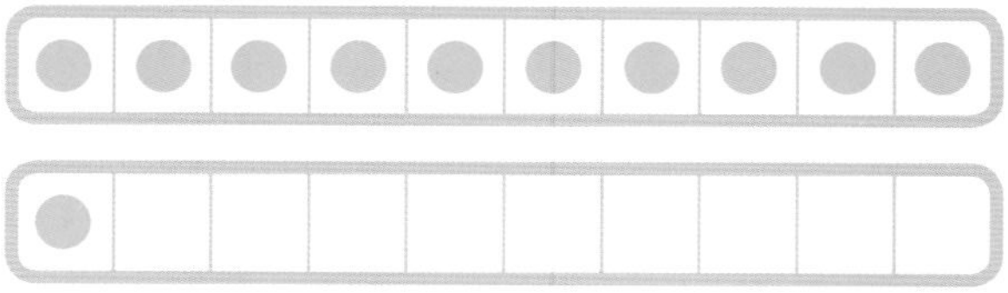

$11-2=\square$

(2)

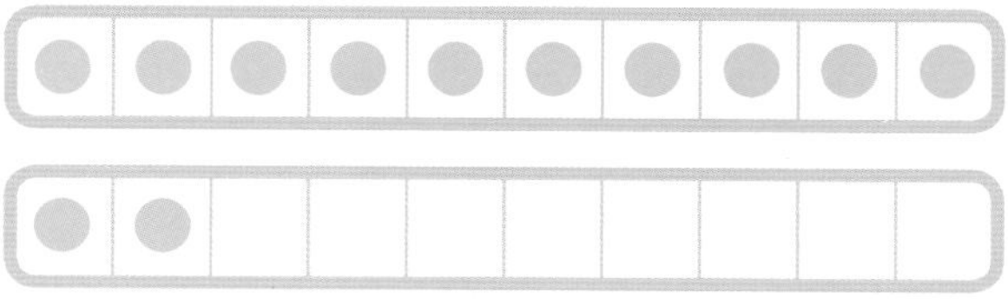

$12-6=\square$

(3)

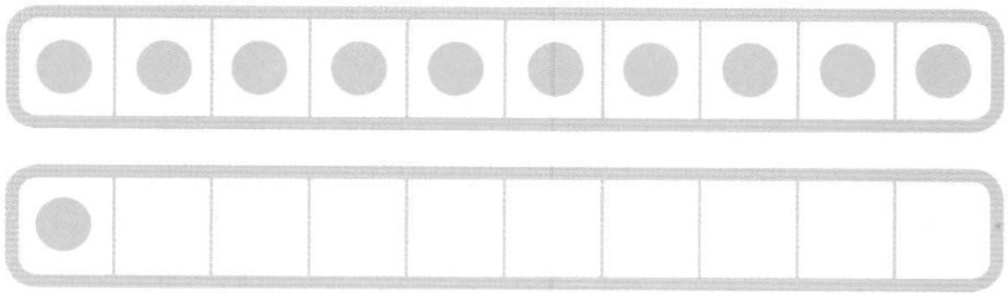

$11-4=\square$

선생님만 보세요

문제 2 보기에서와 같이 일의 자리에 해당하는 아랫줄의 동그라미부터 지운 후 남은 동그라미의 개수를 세어 답을 얻는다. 즉, 수 세기의 거꾸로 세기다.

주의 앞 차시 (3)의 보기와 비교하여 차이점을 먼저 파악하도록 지도한다.

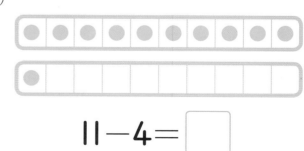

(4)

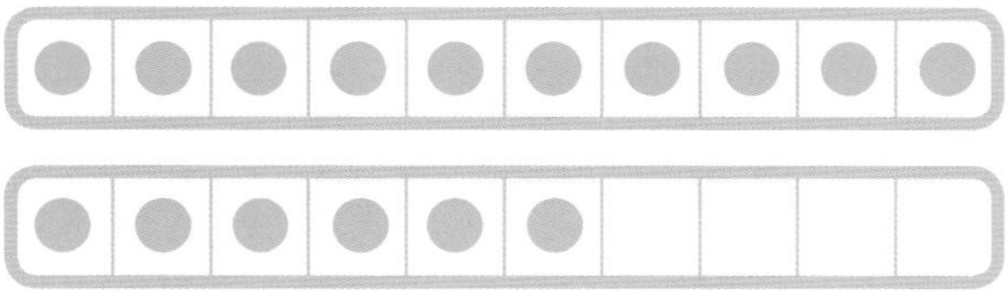

16 − 8 = □

(5)

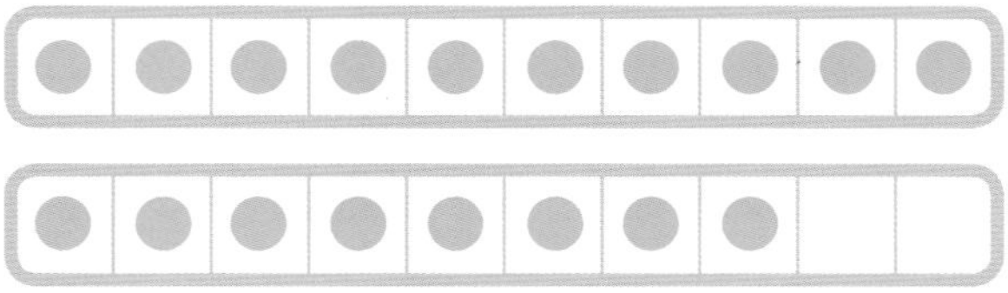

18 − 9 = □

(6)

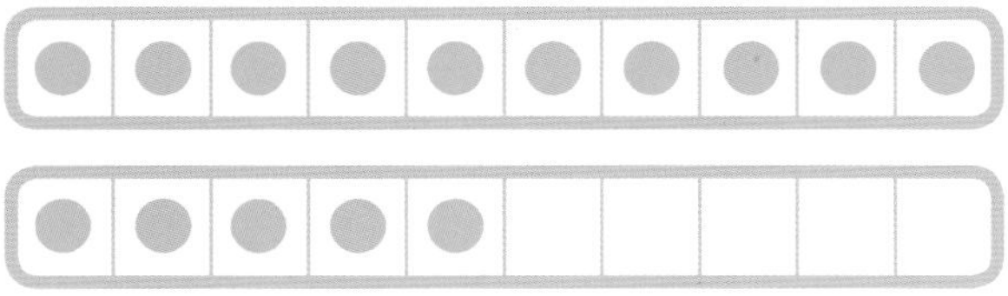

15 − 8 = □

(7)

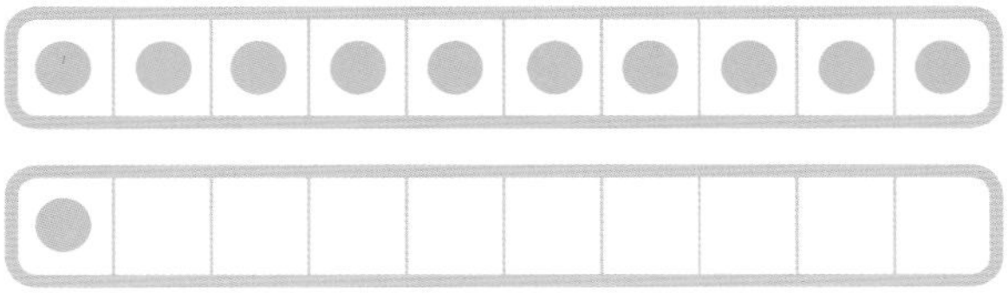

11 − 7 = □

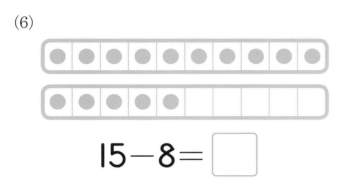

문제 3 | 보기와 같이 빼는 수를 아랫줄부터 지우고 계산하시오.

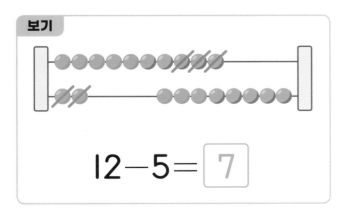

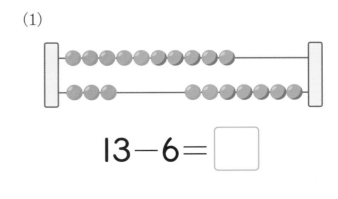

보기

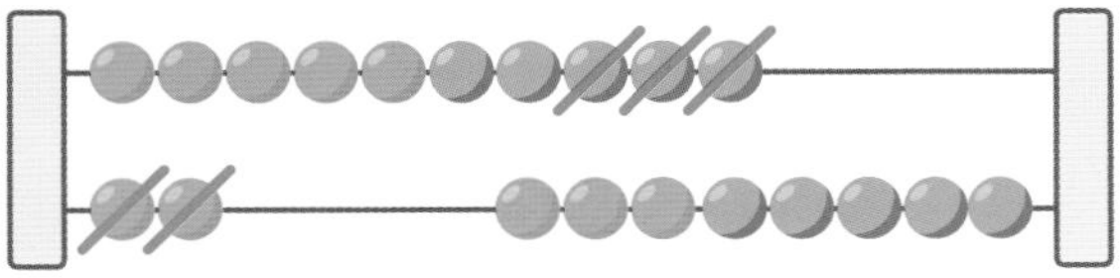

12 − 5 = 7

(1)

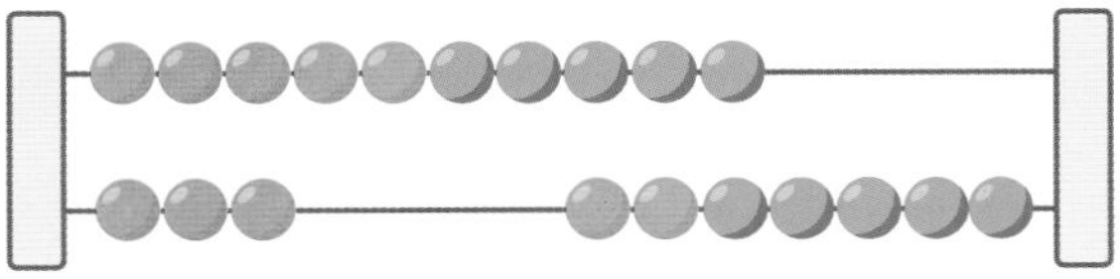

13 − 6 = □

선생님만 보세요

문제 3 보기에서와 같이 일의 자리에 해당하는 아랫줄의 구슬을 먼저 제거하고 남은 구슬의 개수를 세어 답을 얻는다. 앞의 활동과 같이 자연스럽게 빼는 수(감수)의 가르기 과정을 눈으로 확인할 수 있다.

주의 앞 차시 (4)의 보기와 비교하여 차이점을 먼저 파악하도록 지도한다.

(2)

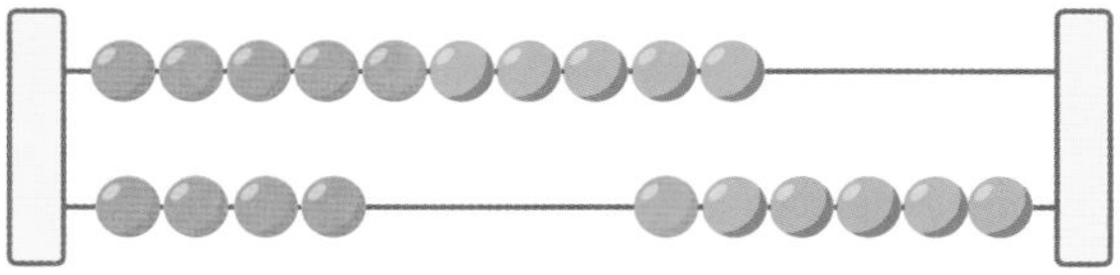

$14-6=\square$

(3)

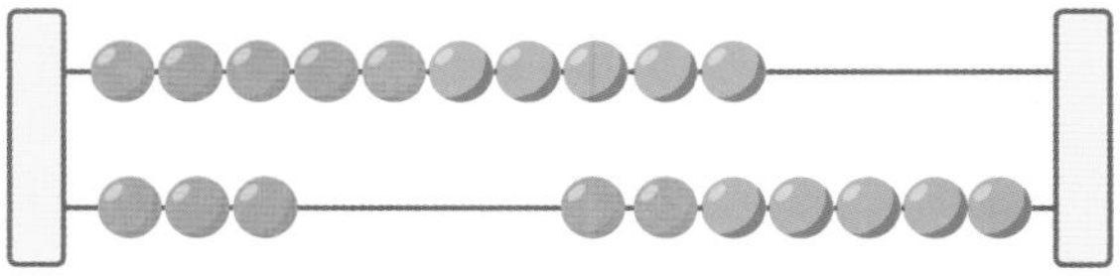

$13-4=\square$

(4)

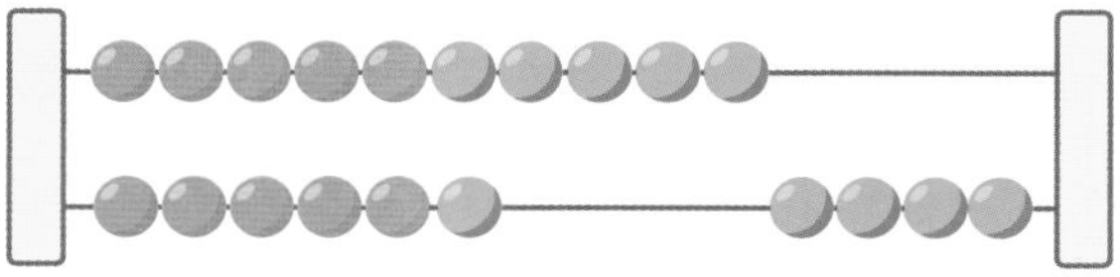

$16-7=\square$

(5)

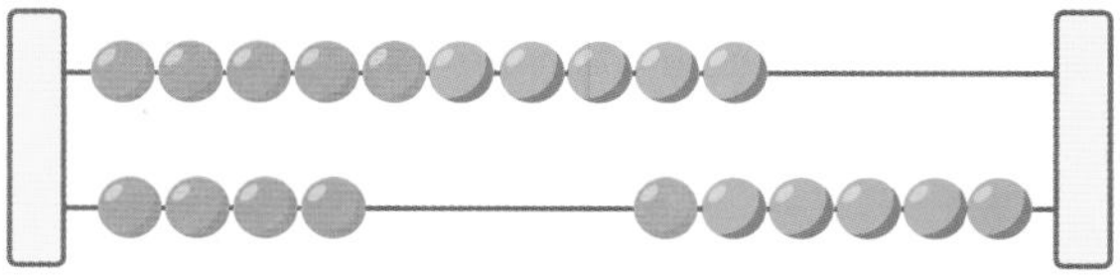

$14-7=\square$

(6)

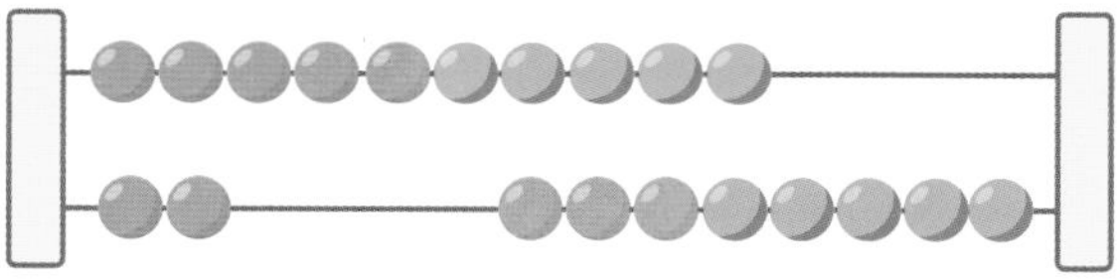

$12-3=\square$

(7)

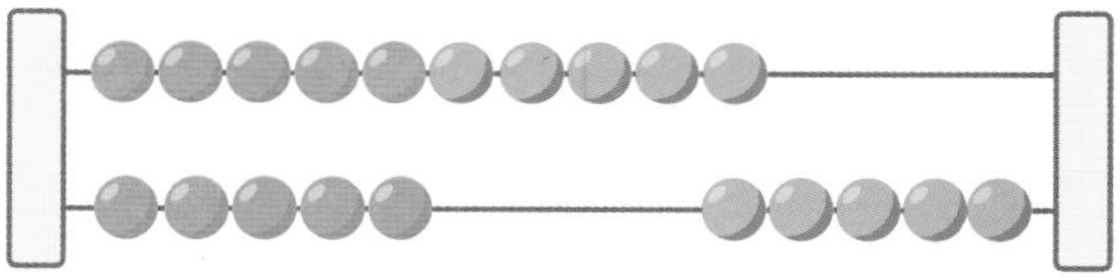

$15-9=\square$

(십몇)-(몇)=(몇) 일의 자리 수에서 먼저 빼기 (수 배열표와 수직선)

공부한 날짜 월 일

문제 1 | 빼는 수만큼 지우거나 묶고 □ 안에 알맞은 수를 넣으시오.

(1)

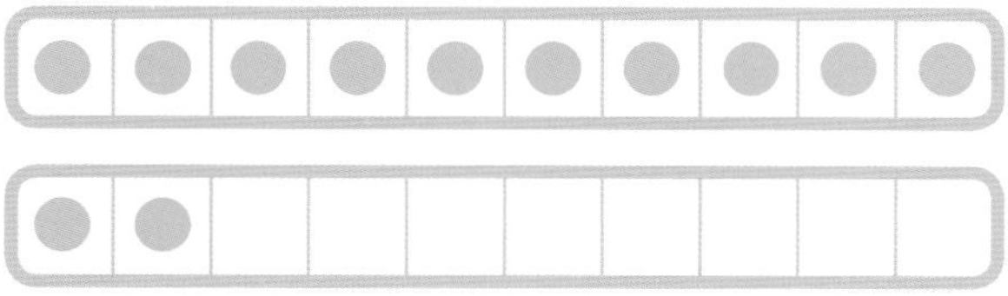

12−5=□

(2)

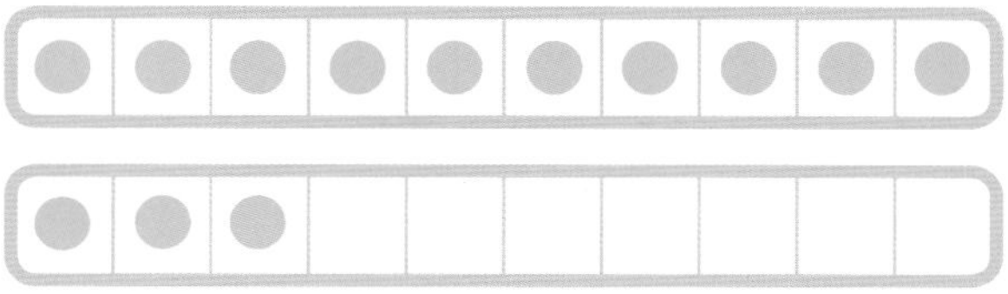

13−7=□

(3)

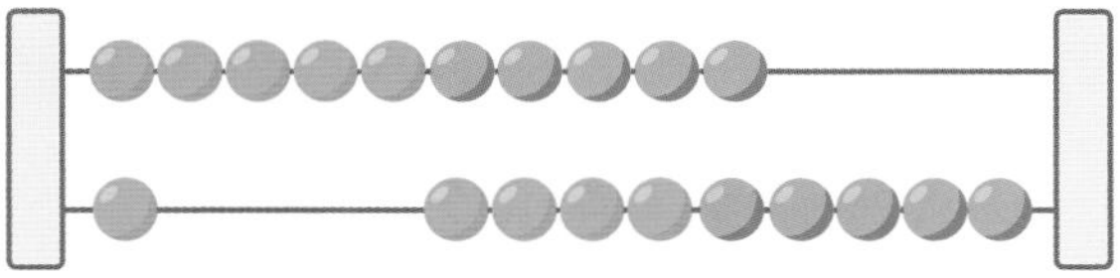

11−4=□

(4)

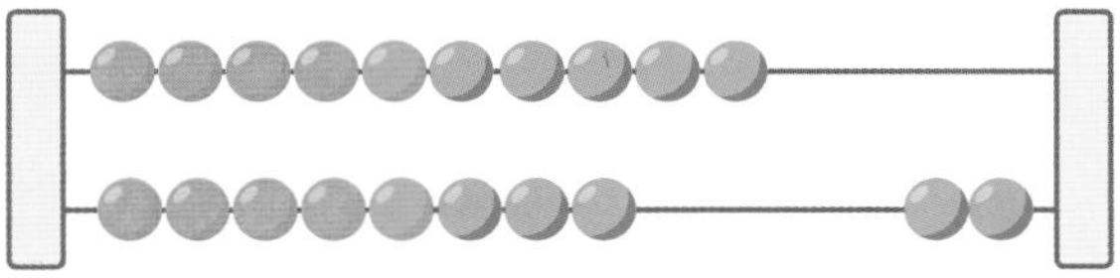

18−9=□

선생님만 보세요

문제 1 이전 차시의 복습인데, 윗줄의 동그라미와 수구슬부터 지워나갈 수도 있고, 아랫줄의 동그라미와 수구슬부터 지워나갈 수도 있다. 즉, 빼는 수(감수)를 십에서 먼저 뺄 수도 있고 일의 자리 수에서 먼저 뺄수도 있다. 그러나 바로 앞의 차시에서 익혔던 거꾸로 세기, 즉 아랫줄에서부터 차례로 지운 뒤 남은 동그라미나 구슬의 개수를 세어 문제를 풀 것을 권장한다.

문제 2 | 보기와 같이 화살표를 그리고 □ 안에 알맞은 수를 넣으시오.

보기

1	2	3	4	5	6	7	8	9	10
11	12	13	14	15	16	17	18	19	20

$12-5=12-\boxed{2}-\boxed{3}$

$=10-\boxed{3}$

$=\boxed{7}$

(1)

1	2	3	4	5	6	7	8	9	10
11	12	13	14	15	16	17	18	19	20

$14-6=14-\square-\square$

$=10-\square$

$=\square$

(2)

1	2	3	4	5	6	7	8	9	10
11	12	13	14	15	16	17	18	19	20

$13-8=13-\square-\square$

$=10-\square$

$=\square$

(3)

1	2	3	4	5	6	7	8	9	10
11	12	13	14	15	16	17	18	19	20

$12-6=12-\square-\square$

$=10-\square$

$=\square$

선생님만 보세요

문제 2 수 배열표를 이용하여 거꾸로 세기로 뺄셈을 한다. 수 배열표를 활용하면 피감수의 십의 자리가 어떻게 변화하는지 눈으로 파악할 수 있다. 수 배열표에 화살표로 뺄셈 과정을 직접 나타내는 과정을 통해 이후 받아내림이라는 뺄셈의 알고리즘을 자연스럽게 습득하게 된다. **주의** 숫자와 숫자 사이에 화살표를 그리도록 해야 한다. 감수의 가르기를 수형도가 아닌 두 개의 네모 안을 채우는 것으로 제시한 것에 주목하라. 뺄셈 지도에 수형도 제시는 삼갈 것을 강조한다.

(4)

1	2	3	4	5	6	7	8	9	(10)
11	12	13	14	(15)	16	17	18	19	20

$15-6=15-\square-\square$

$=10-\square$

$=\square$

(5)

1	2	3	4	5	6	7	8	9	(10)
11	12	13	(14)	15	16	17	18	19	20

$14-9=14-\square-\square$

$=10-\square$

$=\square$

문제 3 | 보기와 같이 수직선에 표시를 하고 □ 안에 알맞은 수를 넣으시오.

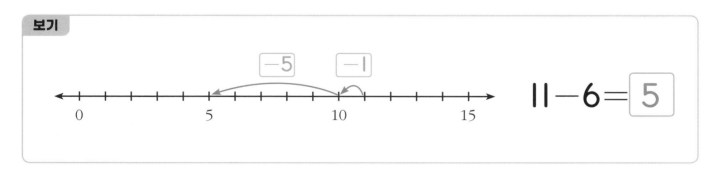

보기

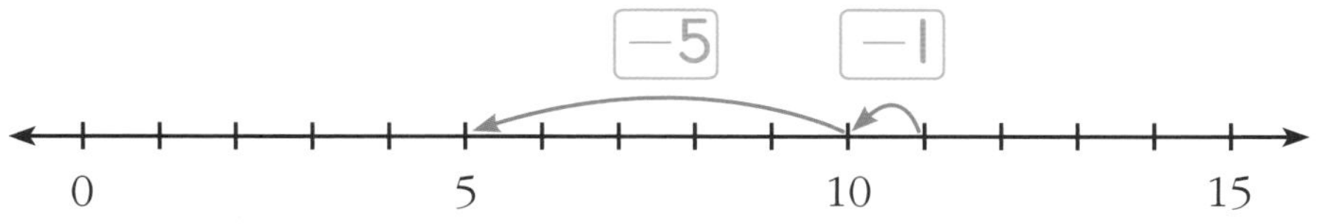

$11-6=5$

(1)

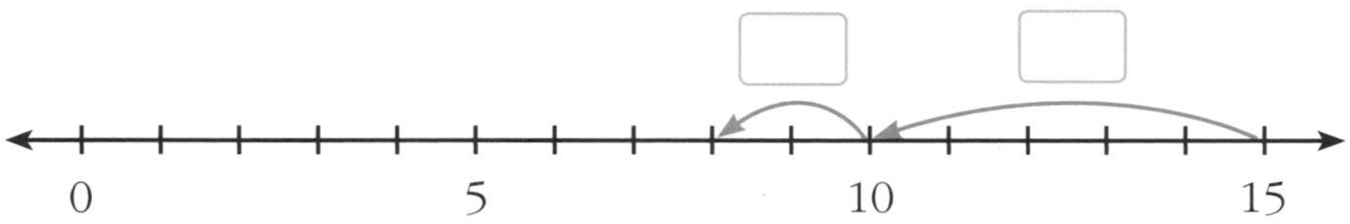

$15-7=\square$

선생님만 보세요

문제 3 수직선을 이용하여, 먼저 빼어지는 수(피감수)가 10이 되도록 하고 나서 나머지 빼는 수(감수)를 10에서 빼는, 즉 받아내림을 익힌다. 이때 이루어지는 거꾸로 세기를 눈으로 확인할 수 있다. **주의** 반드시 수직선을 먼저 그리고 뺄셈식을 나중에 채우도록 해야 한다. 수직선에서 받아내림 과정을 익힌 후에 이를 뺄셈식에 적용하기 위함이다.

(2)

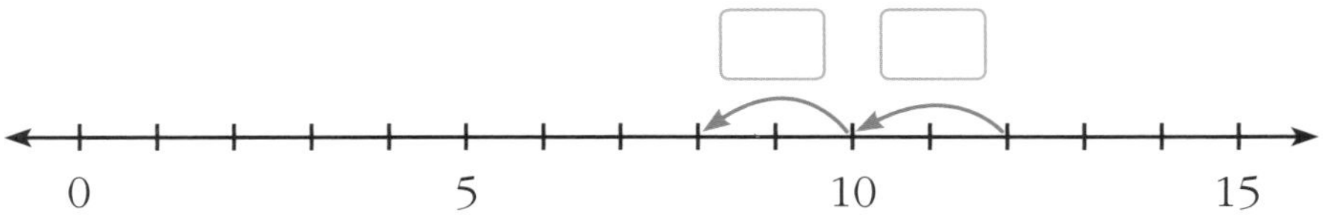

$12-4=\square$

(3)

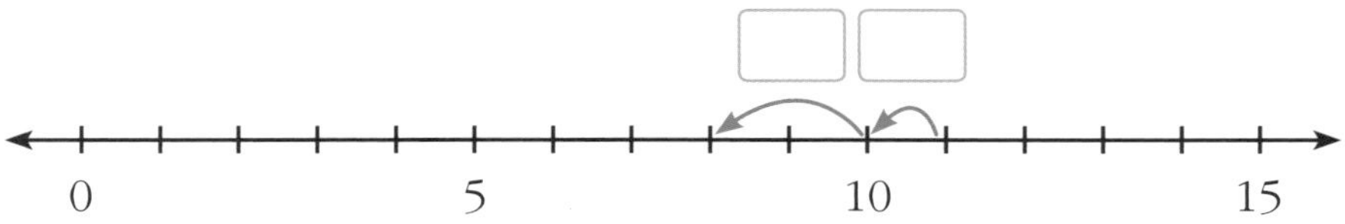

$11-3=\square$

(4)

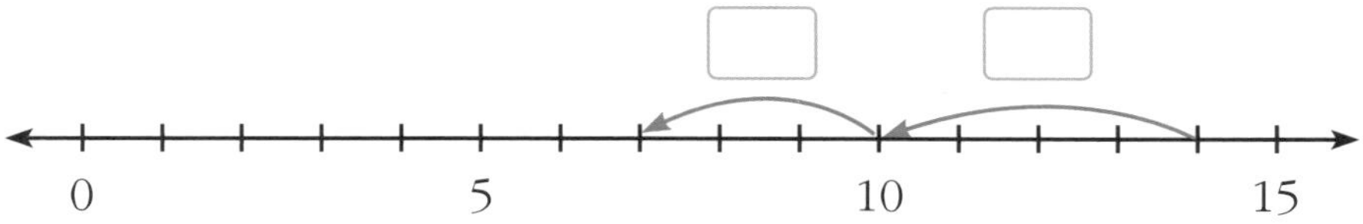

$14-7=\square$

(5)

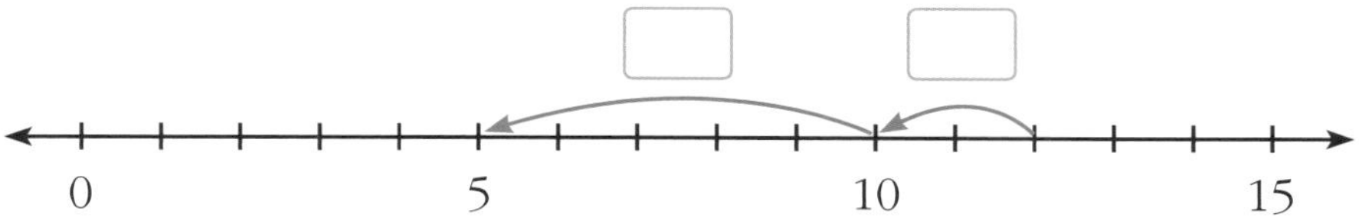

$12-7=\square$

(6)

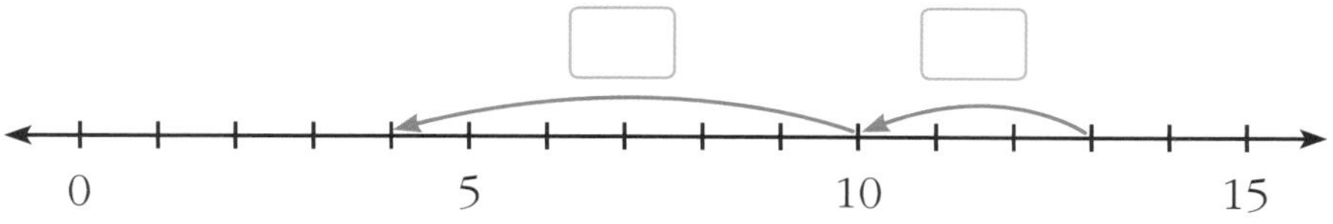

$13-9=\square$

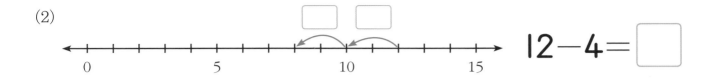

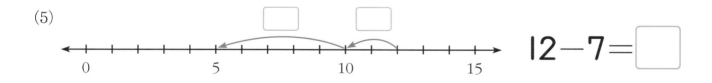

4일차 (십몇)-(몇)=(몇) 수직선과 가로셈에서의 뺄셈

공부한 날짜 월 일

문제 1 | 표에 화살표를 그리거나 수직선에 표시하고 □ 안에 알맞은 수를 넣으시오.

(1)

1	2	3	4	5	6	7	8	9	10
11	12	13	14	(15)	16	17	18	19	20

$15-9=15-\square-\square$

$=10-\square$

$=\square$

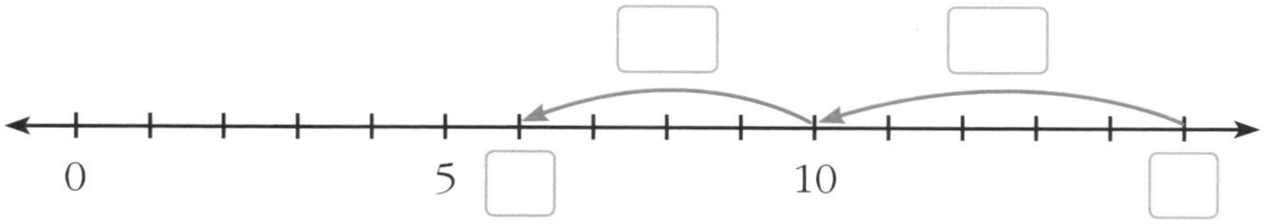

$15-9=\square$

(2)

1	2	3	4	5	6	7	8	9	10
11	12	13	(14)	15	16	17	18	19	20

$14-8=14-\square-\square$

$=10-\square$

$=\square$

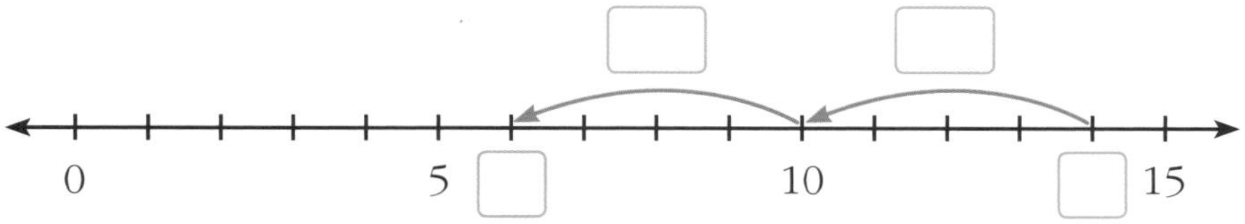

$14-8=\square$

선생님만 보세요

문제 1 수 배열표와 수직선을 이용, 수 가르기를 통해 (십몇)-(몇)을 복습하는 문제다.

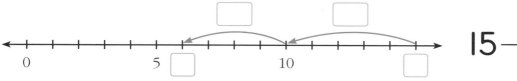

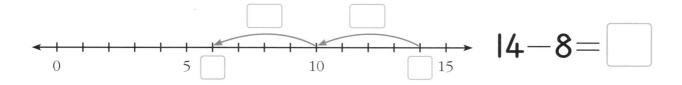

문제 2 | 보기와 같이 수직선에 표시를 하고 □ 안에 알맞은 수를 넣으시오.

보기

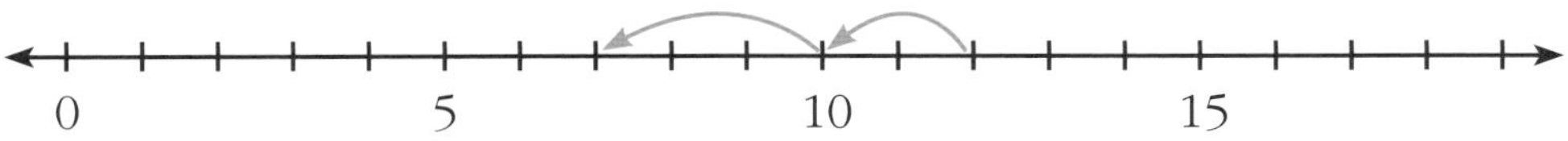

12−5= 7

(1)

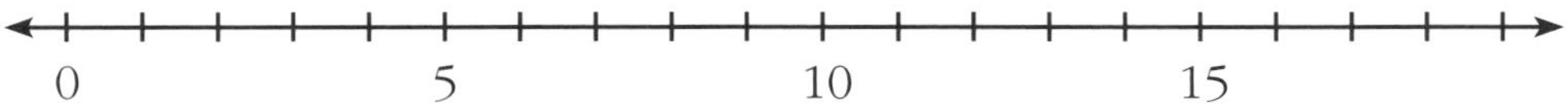

13−6= □

(2)

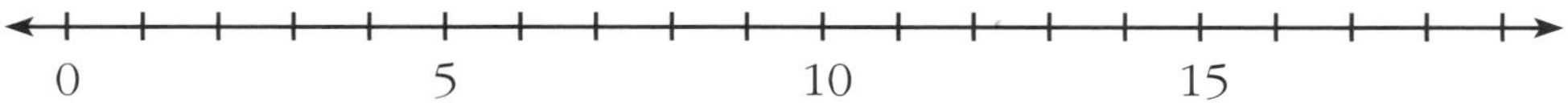

15−8= □

(3)

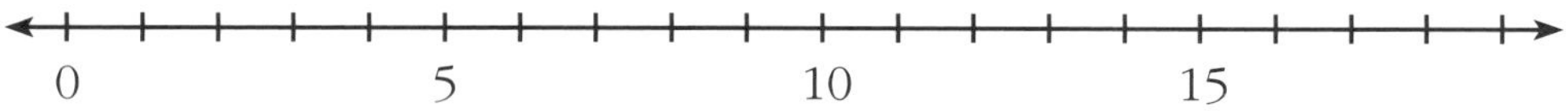

14−5= □

(4)

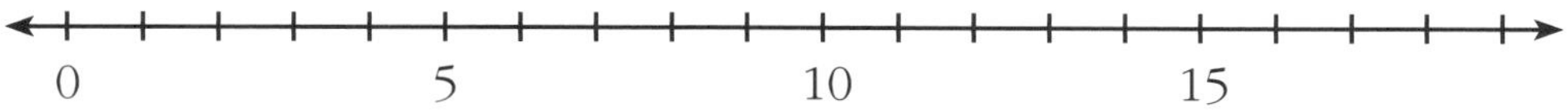

16−8= □

선생님만 보세요

문제 2 앞 차시 (3)과 같은 문제이지만, 수직선 위에 뺄셈 과정을 직접 화살표를 사용해 나타내야 한다.

(5)

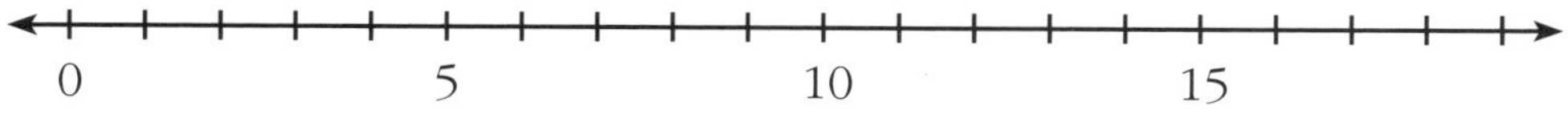

$11-8=\square$

(6)

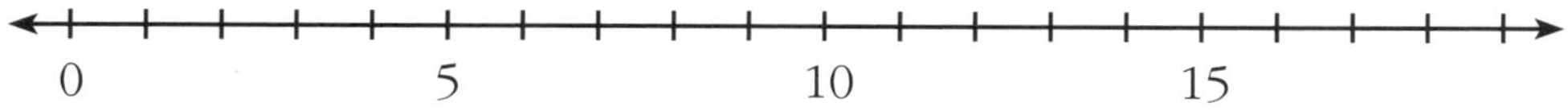

$12-6=\square$

(7)

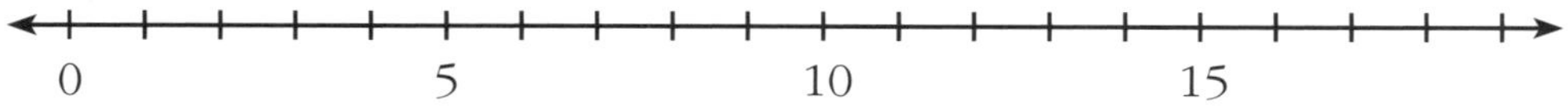

$13-5=\square$

(8)

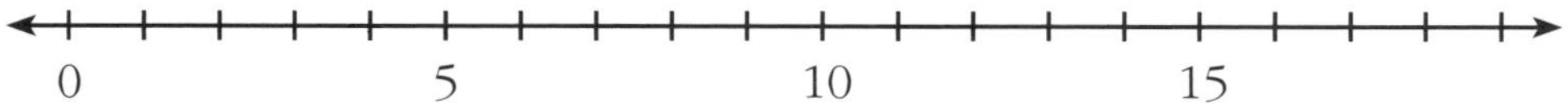

$14-7=\square$

(9)

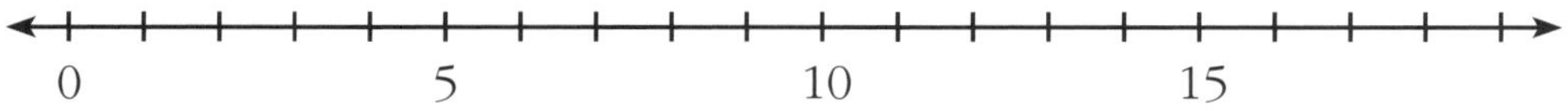

$17-8=\square$

(10)

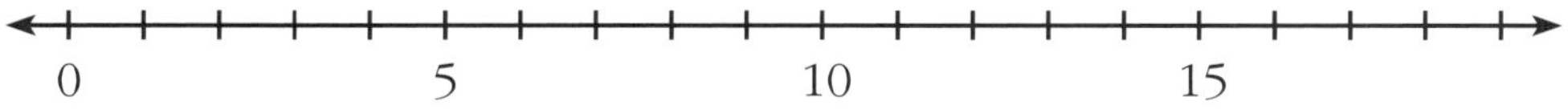

$18-9=\square$

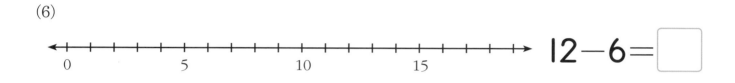

문제 3 | 다음을 계산하시오.

(1) $11-2=\square$

(2) $13-4=\square$

(3) $11-4=\square$

(4) $12-5=\square$

(5) $16-9=\square$

(6) $12-8=\square$

(7) $15-6=\square$

(8) $11-9=\square$

선생님만 보세요

문제 3 본격적인 뺄셈식 풀기다. 빼는 수(감수)를 십에서 먼저 뺄 수도 있고, 일의 자리에서 빼고 나서 남은 수를 10에서 뺄 수도 있다. 어떻게 풀이했는지 자신의 풀이 과정을 언어로 진술하도록 한다. **주의** 계산기는 계산의 답을 구하는 기능을 갖춘 도구다. 그에 반해 아이들은 기계가 아니며 스스로 사고하는 존재다. 자신의 풀이 과정을 언어로 표현하는 것도 매우 중요한 수학적 활동이다.

뺄셈의 두 가지 접근

2권(1학년 2학기)의 뺄셈도 당연히 수 세기를 토대로 이루어진다. 하지만 십몇에서 한 자리 수를 빼는 첫 단계에서 두 가지 경우를 고려해야 한다.

15−8을 예로 들어 설명하면 다음과 같다.

(1) 십에서 먼저 빼기

15−8=(10+5)−8
=(10−8)+5
=2+5=7

(2) 일의 자리 수를 먼저 빼기

15−8=15−(5+3)
=(15−5)−3
=10−3=7

물론 아이들은 이 두 가지를 모두 경험해 보아야 한다. 그렇다고 위의 식과 같이 나타내도록 강요해서는 안 된다. 위 전개식에는 덧셈과 뺄셈의 연산 법칙, 즉 덧셈의 교환법칙과 결합법칙과 분배법칙이 총망라되어 있기 때문이다. 이제 막 연산을 배우는 아이들에게 연산 법칙을 제시할 수는 없으므로, 표에 제시된 식은 가르치는 사람을 위한 것임을 유의하자.

아이들은 이 두 가지 뺄셈을 수 세기를 통해 체험할 수 있어야 한다. 그러려면 당연히 모델이 필요한데, 다음과 같은 수 막대 모형, 수 구슬 모형을 활용할 수 있다.

(1) 수 막대 모형 | 십에서 먼저 빼기

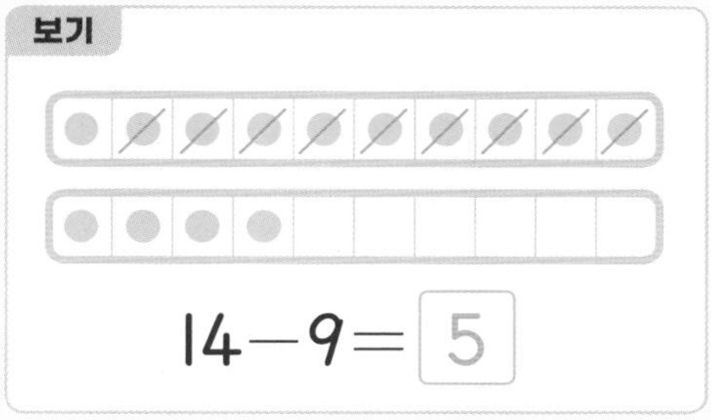

(2) 수 막대 모형 | 일의 자리 수를 먼저 빼기

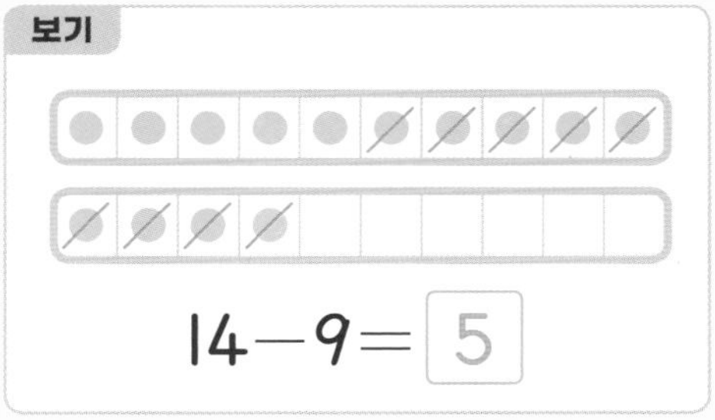

(3) 수 구슬 모형 | 십에서 먼저 빼기

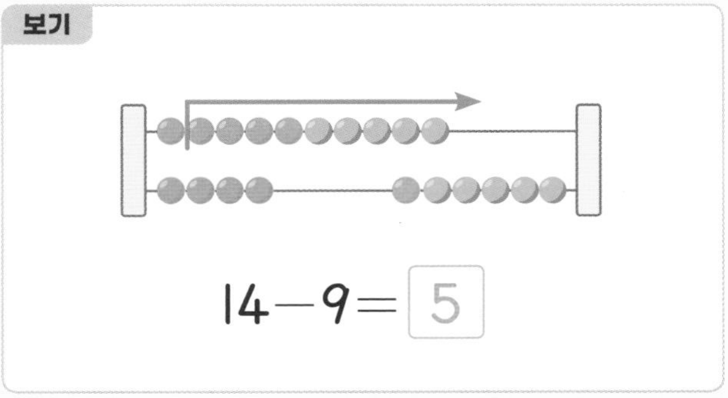

(4) 수 구슬 모형 | 일의 자리 수를 먼저 빼기

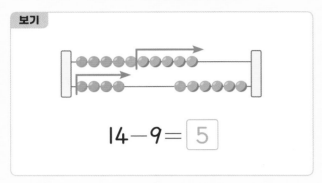

보기

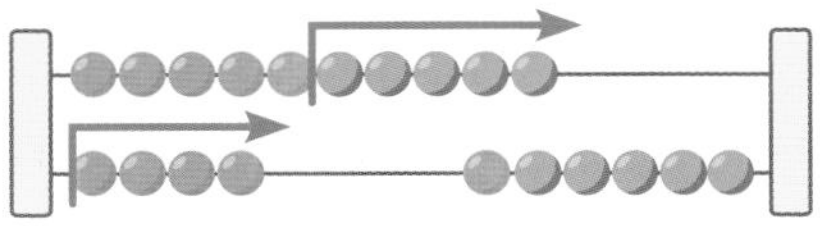

14−9=5

수 배열표와 수직선 :

거꾸로 세기에 의한 뺄셈 모델

이어서 제시된 수 배열표에서 뺄셈을 구현할 때는 일의 자리 수를 먼저 빼는 것만 제시한다.

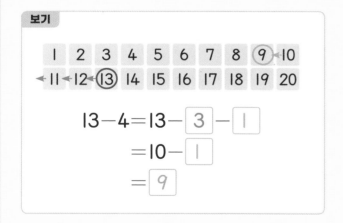

보기

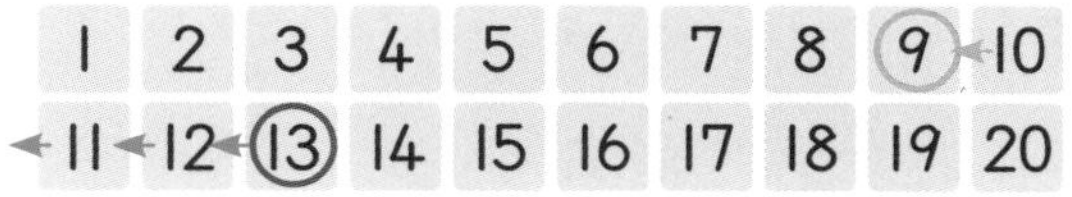

13−4=13−3−1
=10−1
=9

이는 덧셈에서 보았던 '이어 세기'의 역인 '거꾸로 세기'에 의해 실행되는 뺄셈을 확인하기 위한 모델이다. 수 배열표에 적용되었던 전형적인 '거꾸로 세기'는 수직선 모델에도 그대로 똑같이 재현된다.

보기

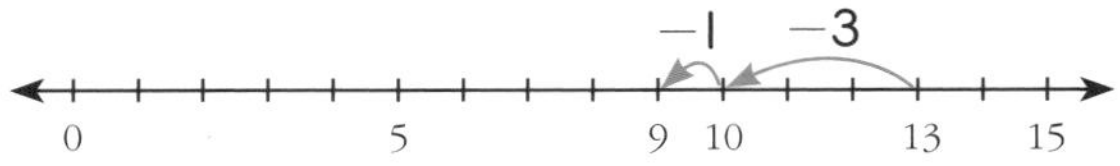

13−4=9

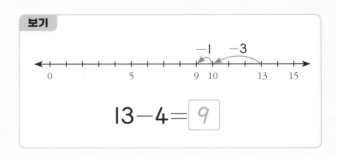

한편, 거꾸로 세기는 자연스럽게 십의 자리가 아닌 일의 자리부터의 뺄셈이 전제되어야 한다. 앞의 수 막대 모형과 수 구슬 모델에서 실행했던 십부터 빼기가 수 배열표와 수직선에서는 나타나지 않은 이유는 그 때문이다. 따라서 수 배열표와 수 구슬 모델에서는 일의 자리부터의 뺄셈만 있다.

그런데 이때 다음과 같이 수형도가 포함된 식으로 제시하거나, 심지어 아이들에게 이런 수형도를 그리도록 강요하는 것은 삼가야 한다.

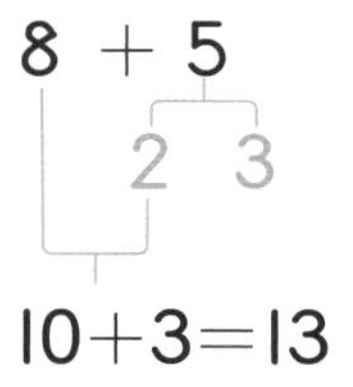

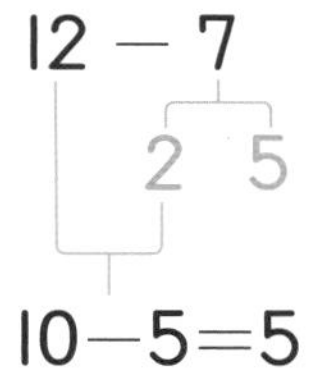

덧셈의 경우에는 이와 같은 수형도를 제시하더라도 아이들은 별 무리 없이 받아들인다. 더해지는 수 8을 10으로 만들기 위해 더하는 수 5를 2와 3으로 가르기를 하는 것에 대하여 그다지 저항감이 없다는 것이다.

하지만 뺄셈의 경우에는 아이들은 수형도에 상당한 저항감을 보인다. 12에서 7을 빼는 과정에서 12를 10으로 만들기 위해 7을 2와 5로 가르기를 하는 것에 대해서는 수긍할 수 있지만, 남아 있는 5를 10에서 다시 빼야 한다는 사실을 쉽게 받아들이지 못하는 것이다. 오히려 10에서 5를 더하는 오류를 범하기 십상이다. 왜 이런 현상이 빚어지는 것일까?

수형도는 앞에서도 언급했던 덧셈의 결합법칙과 분배법칙이라는 연산 법칙을 그림으로 나타낸 것이다.

$$\begin{aligned} 8+5 &= 8+(2+3) \\ &= (8+2)+3 \quad \textbf{(결합법칙)} \\ &= 10+3=13 \end{aligned}$$

$$\begin{aligned} 12-7 &= 12-(2+5) \\ &= 12-2-5 \quad \textbf{(분배법칙)} \\ &= 10-5 = 5 \end{aligned}$$

덧셈의 결합법칙은, 뒤에 있는 두 항과 앞에 있는 두 항 가운데 어느 것을 먼저 더해도 값이 같음을 말한다. 그러므로 결합법칙을 명시적으로 밝히지 않아도, 그리고 이를 제대로 알지 못해도 세 수의 덧셈의 답을 구하는 것은 어렵지 않다.

하지만 이제 막 +와 − 기호를 접한 아이들에게 −(2+5)가 −2−5로 바뀌는 분배법칙에 대한 이해까지 요구할 수는 없다. 1학년 아이들의 이해를 돕겠다고 교과서에서 제시된 위의 그림과 같은 수형도는 어른들의 과욕과 아이들에 대한 무지에서 빚어진 것으로, 실제 아이들의 이해를 돕기는커녕 오히려 혼란을 야기할 뿐이다. 이러한 수형도는 알고리즘을 완전히 습득하고 나서 그 과정을 되돌아보며 여기에 포함된 연산 법칙을 파악할 때 도움을 줄 수 있을 뿐이다. 따라서 수형도의 제시는 덧셈에서는 큰 문제를 야기하지 않지만 뺄셈에서는 삼가야 한다.

5일차 (십몇)-(몇)=(몇) 여러 형태의 뺄셈 문제 연습(1)

공부한 날짜 　　월 　　일

문제 1 | 수직선에 표시하고 □ 안에 알맞은 수를 넣으시오.

(1)

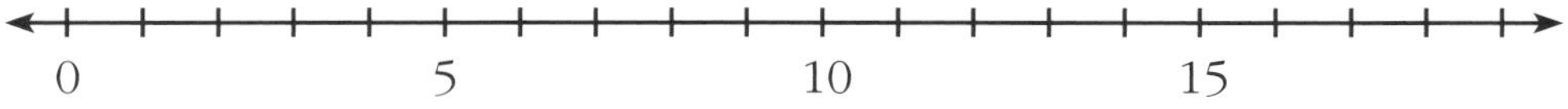

13−4=□

(2)

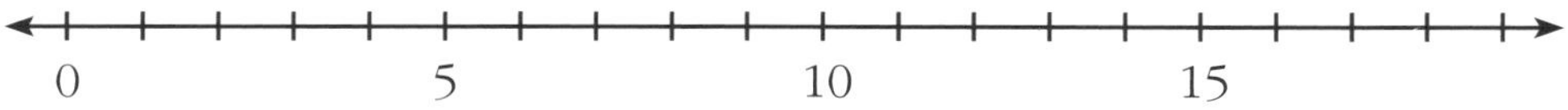

12−5=□

(3)

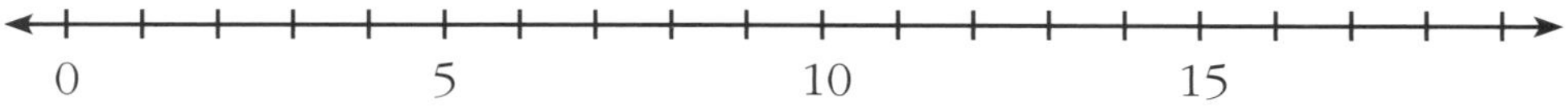

16−7=□

문제 2 | 다음을 계산하시오.

(1) 13−5=□

(2) 12−6=□

(3) 16−8=□

(4) 11−3=□

문제 1 수직선에서 (십몇)−(몇)의 뺄셈을 복습한다.

문제 2 (십몇)−(몇)의 수식으로 이루어진 뺄셈 복습이다.

문제 3 | 빼기를 해서 5가 나오면 ○를, 6이 나오면 △를, 7이 나오면 □를 그리시오.

(1)

14－9	○
13－7	△
11－4	
14－8	
11－6	

(2)

12－7	
15－8	
11－5	
14－7	
13－6	

(3)

12－6	
16－9	
12－5	
13－8	
15－9	

문제 4 | 보기와 같이 □ 안에 알맞은 기호를 적으시오.

6은 2보다
크다
4와 4는
같다
3은 9보다
작다

6＞2 4=4 3＜9

선생님만 보세요

문제 3 (십몇)–(몇)의 수식으로 이루어진 뺄셈 활동이다. 일일이 모두 계산하여 답을 찾을 수도 있으나, 같은 값이 나오는 패턴을 찾을 수 있게 빼어지는 수(피감수)와 빼는 수(감수)를 1씩의 차이로 연계하여 제시하였다. 아이가 단순 계산으로 답을 구했다면, 빼어지는 수(피감수)와 빼는 수(감수)를 관찰하여 패턴을 찾아보도록 지도하기를 권한다.

보기

16－9 [>] 14－8　　13－4 [=] 14－5

14－7 [<] 15－6

(1) 18－9 [ ] 17－8　　(2) 16－9 [ ] 11－4

(3) 13－7 [ ] 14－6　　(4) 16－8 [ ] 17－7

(5) 12－9 [ ] 13－8　　(6) 12－5 [ ] 13－6

(7) 16－7 [ ] 14－8　　(8) 17－8 [ ] 16－9

(9) 12－4 [ ] 17－9　　(10) 11－8 [ ] 13－9

선생님만 보세요

문제 4 두 뺄셈식을 계산하여 그 결과를 비교하여 등호와 부등호로 나타낸다. 이 문제 역시 일일이 계산할 수도 있지만, 앞의 활동에서와 같이 빼어지는 수(피감수)와 빼는 수(감수)의 크기를 비교하여 두 뺄셈식 결과를 비교할 수도 있다. 이제 아이의 수 감각은 놀라울 만큼 향상되었을 것이다.

6 일차 (십몇) - (몇) = (몇) 여러 형태의 뺄셈 문제 연습(2)

공부한 날짜 월 일

문제 1 | 다음을 계산하시오.

(1) $11-6=\square$

(2) $15-9=\square$

(3) $14-5=\square$

(4) $16-8=\square$

(5) $12-8=\square$

(6) $14-8=\square$

(7) $13-9=\square$

(8) $15-7=\square$

(9) $18-9=\square$

(10) $13-6=\square$

문제 2 | 직접 채점을 해보고, 틀린 답을 바르게 고치시오.

(1) $15-9=$ ~~5~~ 6

(2) $13-9=4$

(3) $12-8=5$

(4) $14-6=8$

(5) $11-8=4$

(6) $13-7=9$

선생님만 보세요

문제 1 (십몇)-(몇)의 수식으로 이루어진 뺄셈을 연습한다.

문제 2 덧셈에서와 같이 뺄셈 계산의 답을 채점하며 뺄셈을 연습하는 활동이다.

(7) 11－10＝1　(8) 12－6＝6　(9) 11－4＝7

(10) 12－7＝6　(11) 15－7＝8　(12) 14－7＝7

(13) 14－10＝5　(14) 14－5＝9　(15) 17－10＝7

문제 3 | 빈 칸에 알맞은 수를 넣으시오.

보기

6

16－6＝10	→	16＝6＋10
15－6＝9	→	15＝6＋9
14－6＝8	→	14＝6＋8
13－6＝7	→	13＝6＋7
12－6＝6	→	12＝6＋6
11－6＝5	→	11＝6＋5

선생님만 보세요

문제 3 집 모양의 가장 위에 있는 숫자는 밑에 있는 뺄셈식에서 고정된 감수를 말한다. 피감수가 하나씩 줄어들면 뺄셈 결과도 하나씩 줄어든다는 규칙을 발견할 수 있다. 문제의 의도는 단순한 계산이 아니라 이와 같은 패턴을 발견하는 것이며, 아울러 뺄셈식을 덧셈식으로 바꾸는 연습을 통해 뺄셈과 덧셈의 관계를 파악하는 것에 있다. 덧셈과 뺄셈의 관계는 이어지는 8일차의 중점 내용이다.

(1)

5

15－5＝☐	→ 15＝ ______
14－5＝☐	→ 14＝ ______
13－5＝☐	→ ______
12－5＝☐	→ ______
11－5＝☐	→ ______
10－5＝☐	→ ______

(2)

9

19－9＝☐	→ 19＝ ______
18－9＝☐	→ 18＝ ______
17－9＝☐	→ ______
16－9＝☐	→ ______
15－9＝☐	→ ______
14－9＝☐	→ ______
13－9＝☐	→ ______

(3)

7

17 − 7 = ☐	→	17 = ______
16 − 7 = ☐	→	16 = ______
15 − 7 = ☐	→	______
14 − 7 = ☐	→	______
13 − 7 = ☐	→	______
12 − 7 = ☐	→	______
11 − 7 = ☐	→	______

덧셈과 뺄셈의 관계

✎ 공부한 날짜 월 일

문제 1 | □ 안에 알맞은 수를 넣으시오.

(1)

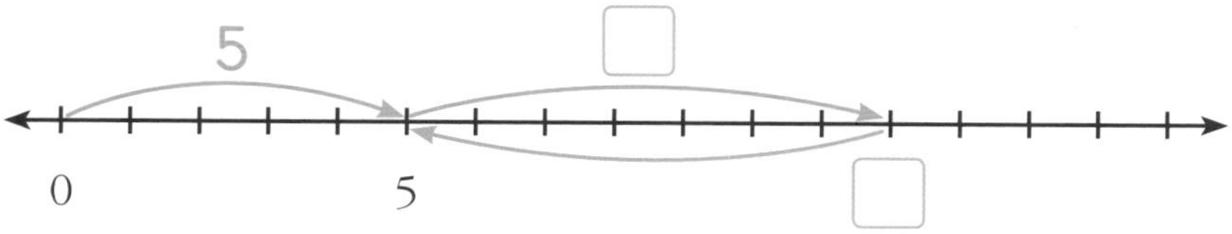

$5 + \square = \square$

$\square - \square = \square$

(2)

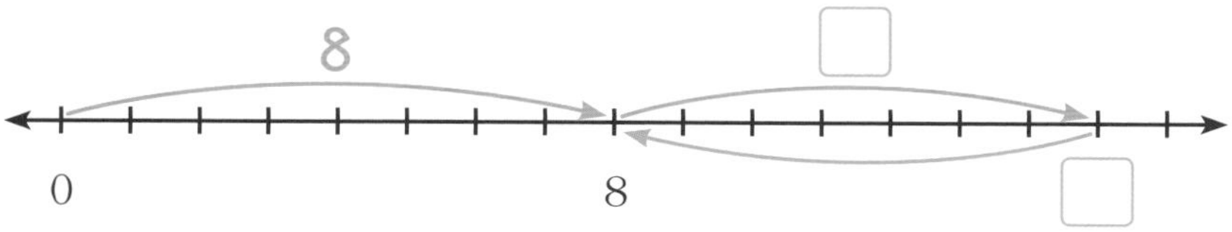

$8 + \square = \square$

$\square - \square = \square$

(3)

$5 + \square = 11$

$11 - \square = 5$

(4)

$\square + 7 = 11$

$11 - 7 = \square$

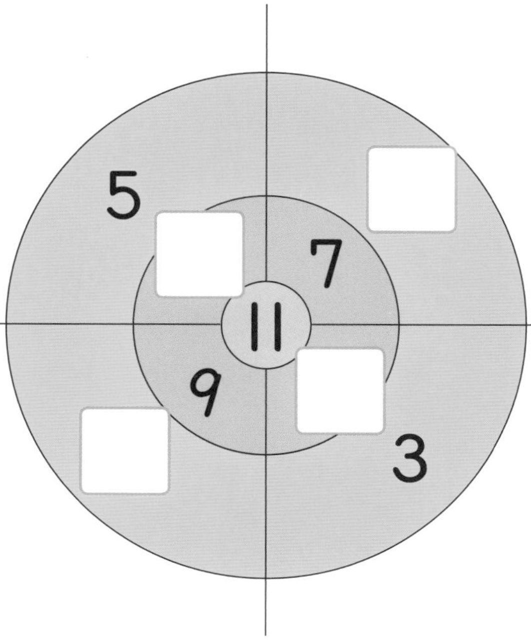

(5)

$\square + 9 = 11$

$11 - 9 = \square$

(6)

$3 + \square = 11$

$11 - \square = 3$

선생님만 보세요

문제 1 수직선과 원 모양의 수판에 적절한 수를 넣으면서 덧셈과 뺄셈의 관계를 파악한다.

문제 2 | 보기와 같이 네 개의 식을 만드시오.

보기

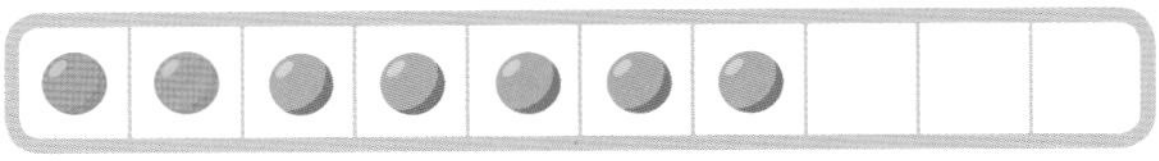

2 + 5 = 7 → 7 − 5 = 2

↓

5 + 2 = 7 → 7 − 2 = 5

(1)

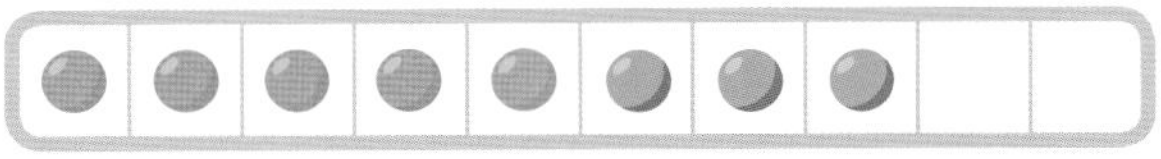

5 + 3 = 8 → □ − □ = □

↓

□ + □ = □ → □ − □ = □

(2)

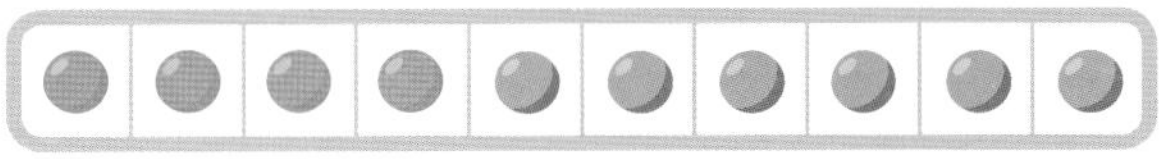

□ + □ = □ → □ − □ = □

↓

□ + □ = □ → □ − □ = □

선생님만 보세요

문제 2 서로 다른 색깔의 동그라미(또는 수 구슬)의 개수 세기로 한 자리 수의 덧셈식을 만들고, 다시 덧셈의 교환법칙을 활용하여 또 다른 덧셈식을 만든다. 이 두 개의 덧셈식으로부터 앞에서 배운 두 개의 뺄셈식을 만들며, 덧셈과 뺄셈의 관계를 확립한다.

(3)

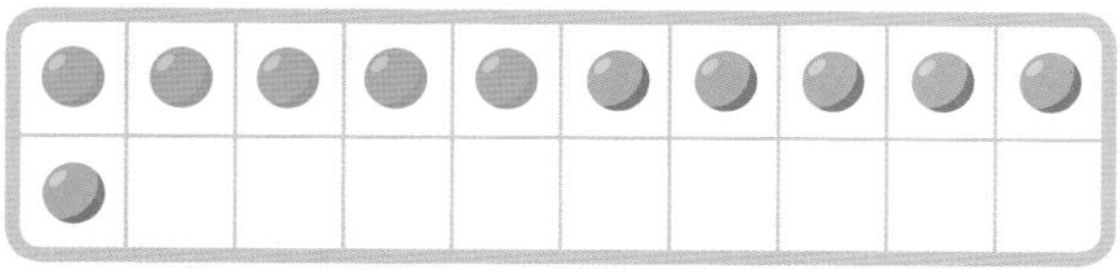

□ + □ = □

⬇

□ + □ = □

→ □ − □ = □

→ □ − □ = □

(4)

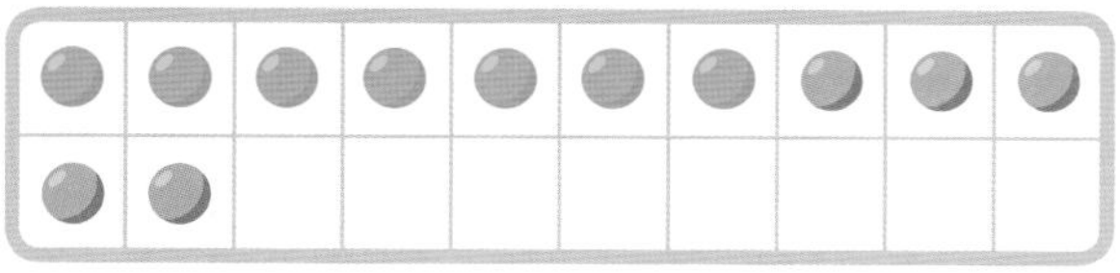

□ + □ = □

⬇

□ + □ = □

→ □ − □ = □

→ □ − □ = □

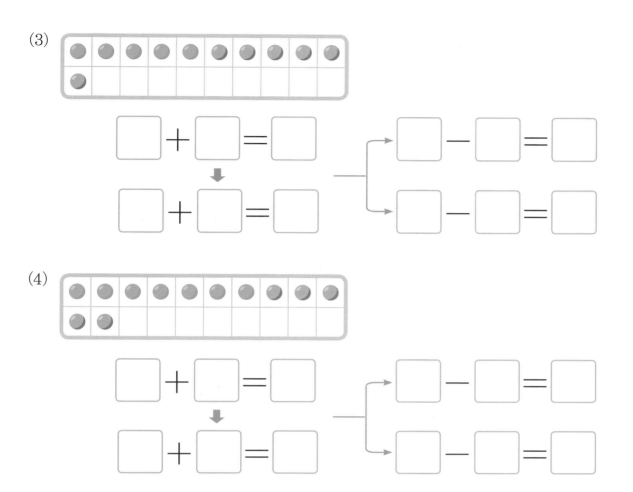

문제 3 | 보기와 같이 세 개의 식을 더 만드시오.

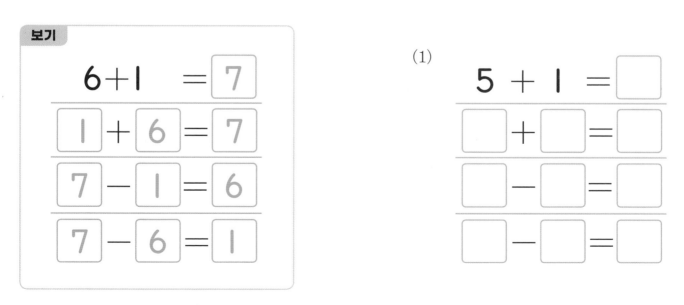

보기

6+1 = 7

1 + 6 = 7

7 − 1 = 6

7 − 6 = 1

(1)

5 + 1 = □

□ + □ = □

□ − □ = □

□ − □ = □

선생님만 보세요

문제 3 □ 안에 계산 결과를 써넣는 것이 아니라, 뺄 수 또는 더할 수를 넣어야 하기 때문에 수직선을 떠올리면 효과적으로 풀 수 있다. 또는 수직선을 생각하지 않고, 덧셈은 이어 세기 그리고 뺄셈은 거꾸로 세기를 활용할 수도 있다.

(2)

$2+3 = \square$

$\square + \square = \square$

$\square - \square = \square$

$\square - \square = \square$

(3)

$7+4 = \square$

$\square + \square = \square$

$\square - \square = \square$

$\square - \square = \square$

(4)

$3+9 = \square$

$\square + \square = \square$

$\square - \square = \square$

$\square - \square = \square$

(5)

$4+8 = \square$

$\square + \square = \square$

$\square - \square = \square$

$\square - \square = \square$

문제 4 | □ 안에 알맞은 수를 넣으시오.

(1) $3-\square=2$　　(2) $2+\square=6$　　(3) $9-\square=5$

(4) $7+\square=10$　　(5) $4+\square=5$　　(6) $8-\square=4$

(7) $11-\square=5$　　(8) $7+\square=16$　　(9) $5+\square=10$

선생님만 보세요

문제 4 덧셈식의 더하는 수와 뺄셈식의 빼는 수(감수)를 채움으로써 덧셈과 뺄셈을 자유롭게 구사할 수 있다.

덧셈과 뺄셈의 관계

2권(1학년 2학기) 덧셈과 뺄셈에서 덧셈 9+□=16은 뺄셈 16−9=□와 같다로 바꿀 수 있다. 하지만 16에서 9를 빼는 것과 9에 얼마를 더해 16이 되는 것이 다르지 않다고 판단하는 것이 그리 쉬운 것은 아니다. 발상의 전환이 필요하기 때문이다. 대부분 아이들은 뺄셈으로 제시된 식은 오직 뺄셈으로만 인식하기 때문에 덧셈으로의 전환이 쉽지 않다는 것이다.

그렇다고 뺄셈과 덧셈을 나타내는 추상적인 기호 +와 −를 처음 접하는 아이들에게 이들 사이의 관계인 “$a-b=x \Leftrightarrow b+x=a$”를 명시적으로 제시하여 지도하는 것은 바람직하지 않을 뿐만 아니라 이해시키기도 어렵다. 따라서 덧셈과 뺄셈의 관계는 다음과 같이 적절한 상황의 예를 들어 제시하도록 한다.

예를 들어, 100개들이 사과 상자에 68개의 사과가 있다면, 몇 개를 더 채워야 하는지 알아보는 문제를 제시한다. 원래 뺄셈식 100−68=□로 풀이하지만, 관점을 다르게 하여 다음과 같이 덧셈식으로 나타낼 수 있다.

“68개, 그리고 10개씩 3묶음, 그러면 98개이니까 2개를 더 채우면 100개. 따라서 32개의 사과만 넣으면 된다.”

즉, 이 상황을 덧셈식 68+(10+10+10)+(1+1)=100으로 나타내면 이어 세기에 의해 68+□=100으로 표기할 수 있고, 이는 앞의 뺄셈식 100−68=□가 같음을 직관적으로 이해시킬 수 있다. 이때 아이들의 이해도에 따라 숫자의 크기를 조절할 필요가 있음은 물론이다.

일반적으로 우리는 8−3과 같은 뺄셈에서 먼저 뺄셈의 대상인 수(피감수) 8에만 주목한다. 주어진 전체 8개의 일부인 3개를 제거하여 남는 것을 헤아리거나, 8과 3을 동등하게 놓은 후에 이 둘을 비교하며 차이를 헤아리거나, 또는 8에서 시작하여 3만큼 거꾸로 세어 가는 데 익숙하다.

따라서 지금처럼 뺄셈을 ‘덧셈의 역’의 관계로 파악하기 위해서는 다른 접근이 요구된다. 즉, 피감수가 아닌 감수, 즉 전체가 아닌 부분을 지칭하는 3에서 시작하여 8이라는 종착점에 이르는 것이다.

이는 분명히 전자와는 다른 사고 과정이며, 그래서 수학적 사고에 따르는 발상의 전환이 요구된다. 정답 구하기에만 치우친 계산 기능 위주의 학습만으로는 이러한 뺄셈의 구조적 정의를 이해하기 쉽지 않다.

8 일차 덧셈과 뺄셈의 의미(1)

공부한 날짜 월 일

문제 1 | □ 안에 알맞은 수를 넣으시오.

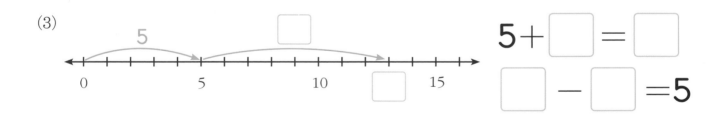

(1)

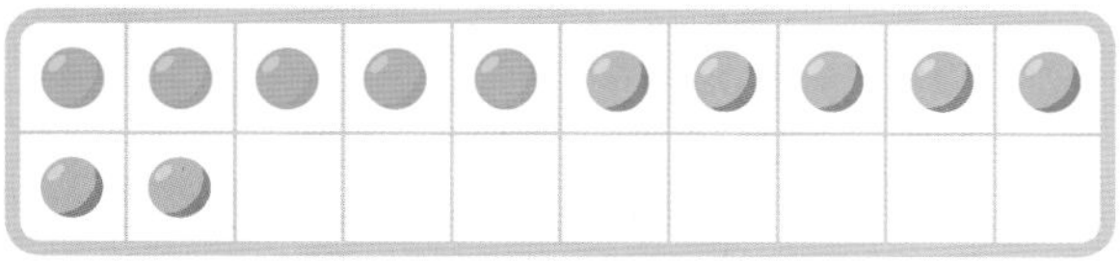

$5+\square=\square$

$\square-\square=5$

(2)

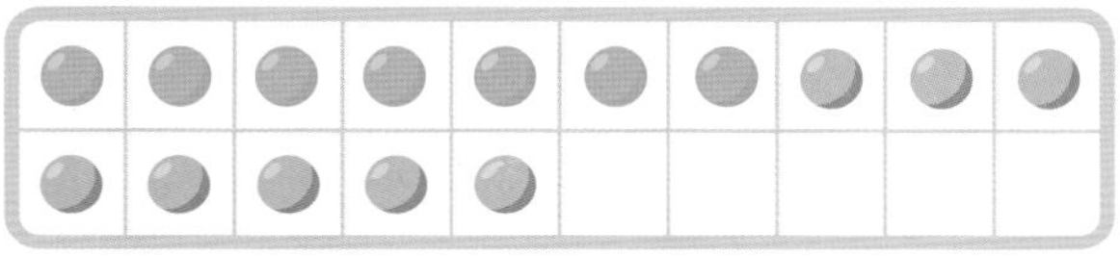

$7+\square=\square$

$\square-\square=7$

(3)

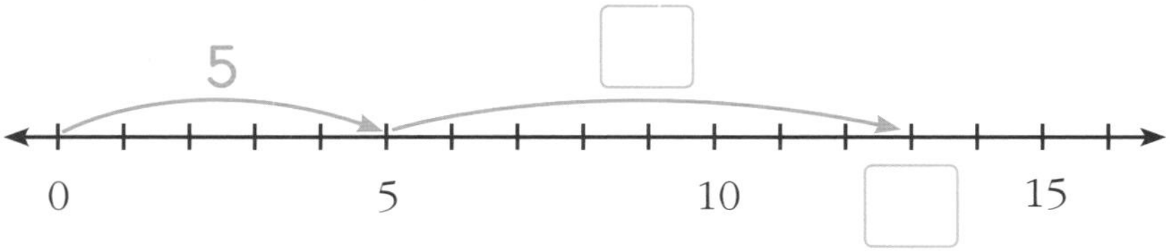

$5+\square=\square$

$\square-\square=5$

(4)

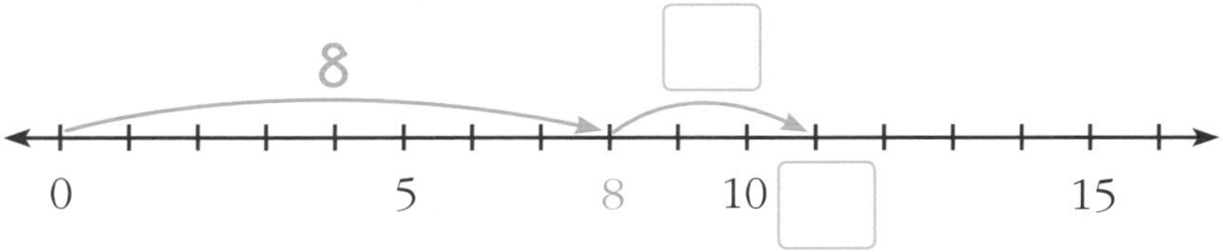

$8+\square=\square$

$\square-\square=8$

선생님만 보세요

문제 1 수 배열표와 수직선에서의 덧셈과 뺄셈의 관계를 복습한다.

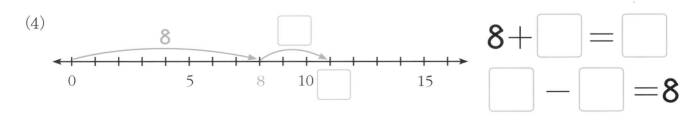

문제 2 | 알맞은 덧셈식과 뺄셈식을 보기에서 찾아 넣으시오.

보기

$8+7$	$11-2$	$14-9$
$4+9$	$18-9$	$8+4$
$12-4$	$6+8$	$7+4$

(1) 버스에 손님이 4명이 타고 있습니다.
이번 정류장에서 9명이 더 탔습니다.
손님은 모두 몇 명일까요?

식 ________________ = ☐ **답:** ☐ **명**

(2) 나는 연필을 8자루 가지고 있습니다.
동생은 연필을 4자루 가지고 있어요.
나와 동생은 연필을 모두 몇 자루
가지고 있을까요?

식 ________________ = ☐ **답:** ☐ **자루**

선생님만 보세요

문제 2 같은 덧셈식과 뺄셈식도 각기 다른 상황을 나타낸다. 서로 다른 덧셈과 뺄셈 상황의 구조를 파악하여 덧셈식과 뺄셈식으로 나타낸다. **주의** 아이들에게 이를 구별하도록 강요하는 것은 바람직하지 않다. 단지 덧셈과 뺄셈을 구별하는 것만으로 충분하다
(1) 더하는 덧셈 상황이다.
(2) 더하는 덧셈 상황이다.

(3) 버스에 손님이 14명 타고 있습니다.
이번 정류장에서 9명이 내렸습니다.
버스에 남아 있는 손님은 모두 몇 명일까요?

식 ______________ = ☐ **답:** ☐ **명**

(4) 우리반은 모두 18명입니다.
이중 남학생은 9명이에요.
여학생은 몇 명일까요?

식 ______________ = ☐ **답:** ☐ **명**

(5) 사과 12개가 있고, 배 4개가 있습니다.
사과는 배보다 몇 개가 더 많은가요?

식 ______________ = ☐ **답:** ☐ **개**

선생님만 보세요

(3) 제거에 의해 줄어드는 뺄셈 상황이다.
(4) 전체의 일부를 제외한 여집합의 개수를 구하는 뺄셈 상황이다.
(5) 비교에 의한 차이를 구하는 뺄셈 상황이다.

문제 3 | 알맞은 덧셈식 또는 뺄셈식을 쓰고, 계산하시오.

(1) 빵집에 빵이 8개 있습니다.
주인은 빵을 7개 더 만들었습니다.
빵은 모두 몇 개일까요?

식 ______________ = ☐ **답:** ☐ **개**

(2) 주차장에 자동차가 17대 있습니다.
자동차 8대가 빠져 나갔습니다.
주차장에 남은 자동차는 몇 대일까요?

식 ______________ = ☐ **답:** ☐ **대**

(3) 강아지가 9마리,
고양이가 5마리 있습니다.
모두 몇 마리일까요?

식 ______________ = ☐ **답:** ☐ **마리**

선생님만 보세요

문제 3 문제 2와 같은 문제다. 이번에는 보기가 없이 직접 식으로 나타낸다.
주의 아이들에게 이를 구별하도록 강요하는 것은 바람직하지 않다. 단지 덧셈과 뺄셈을 구별하는 것만으로 충분하다
(1) 더하는 덧셈 상황이다.
(2) 제거에 의해 줄어드는 뺄셈 상황이다.

(4) 강아지와 고양이가 모두 16마리 있습니다.
이중 강아지는 7마리입니다.
고양이는 몇 마리일까요?

식 ____________ = ☐ **답:** ☐ **마리**

(5) 형은 초콜릿이 11개 있고,
동생은 초콜릿이 9개 있습니다.
형은 동생보다 초콜릿을
몇 개 더 가지고 있나요?

식 ____________ = ☐ **답:** ☐ **개**

선생님만 보세요

(3) 두 집합의 합집합의 원소 개수를 구하는 덧셈상황이다.
(4) 전체의 일부를 제외한 여집합의 개수를 구하는 뺄셈 상황이다.
(5) 비교에 의한 차이를 구하는 뺄셈 상황이다.

덧셈과 뺄셈의 의미(2)

공부한 날짜 월 일

문제 1 | □ 안에 알맞은 수를 넣으시오.

(1)

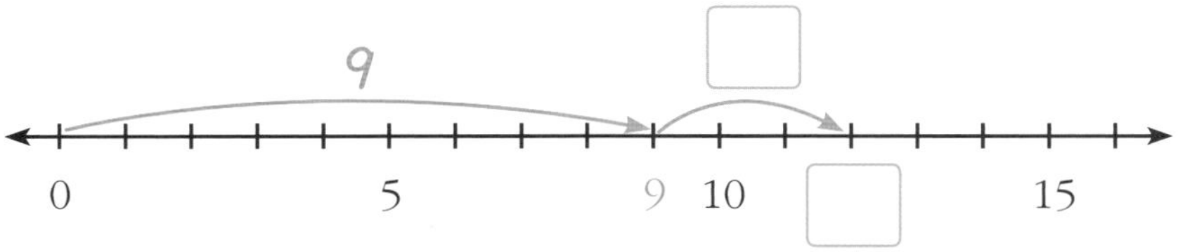

9 + □ = □

□ − 3 = □

(2)

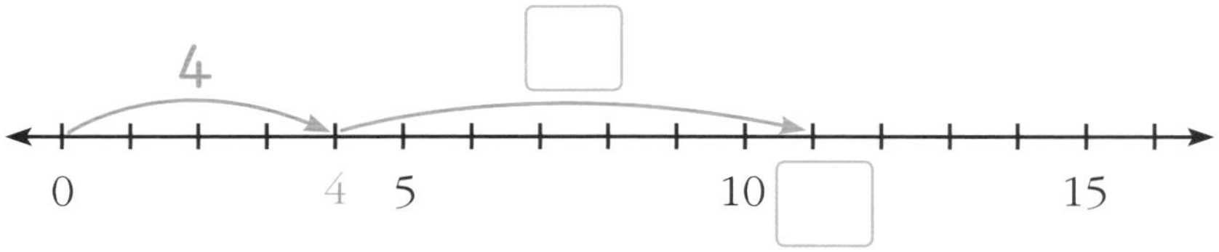

4 + □ = □

□ − 7 = □

(3)

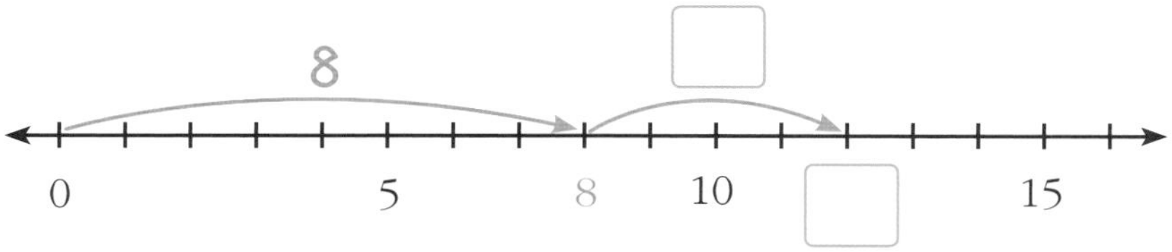

8 + □ = □

□ − □ = □

(4)

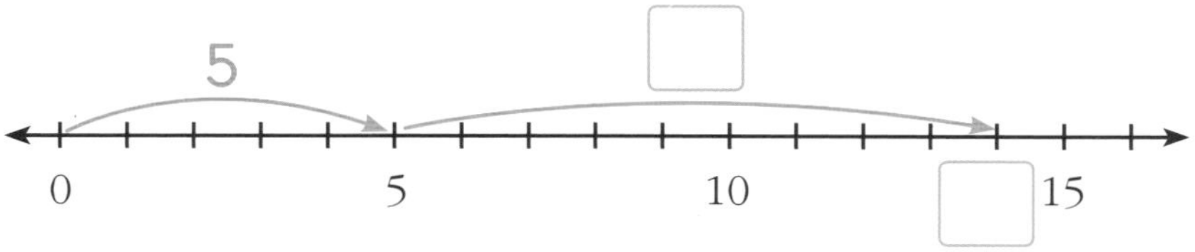

5 + □ = □

□ − □ = □

선생님만 보세요

문제 1 수직선에서 덧셈과 뺄셈의 관계를 수식으로 나타내는 복습 문제다.

문제 2 | □ 안에 알맞은 수를 넣으시오.

(1)

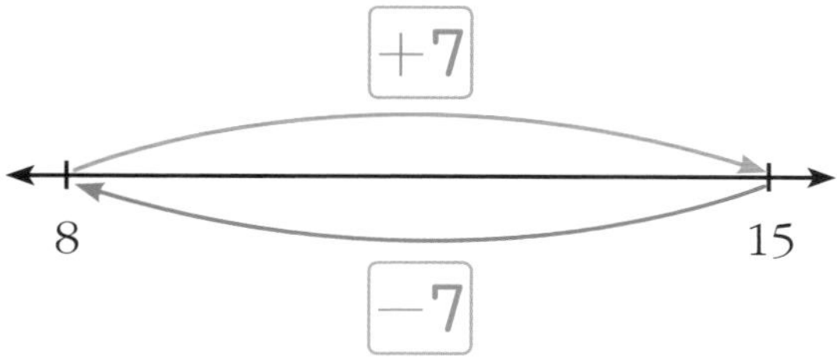

8+□=15

15−□=8

(2)

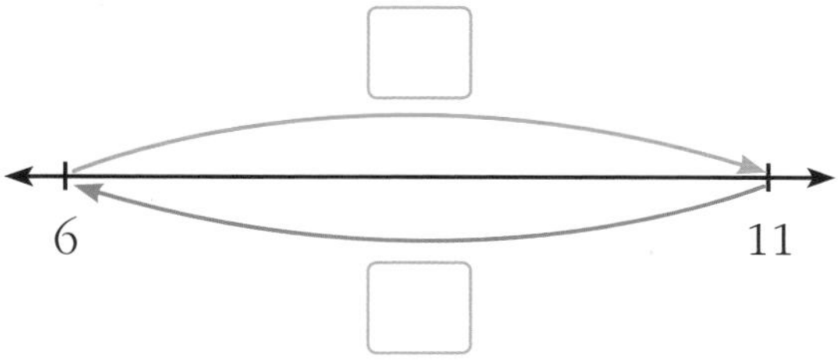

6+□=11

11−□=6

(3)

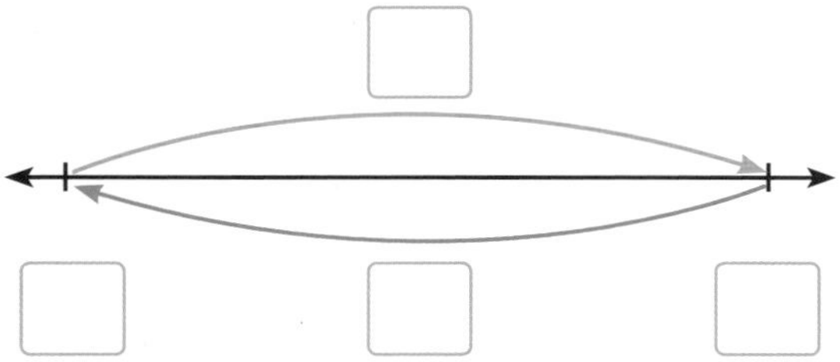

4+□=12

12−□=4

(4)

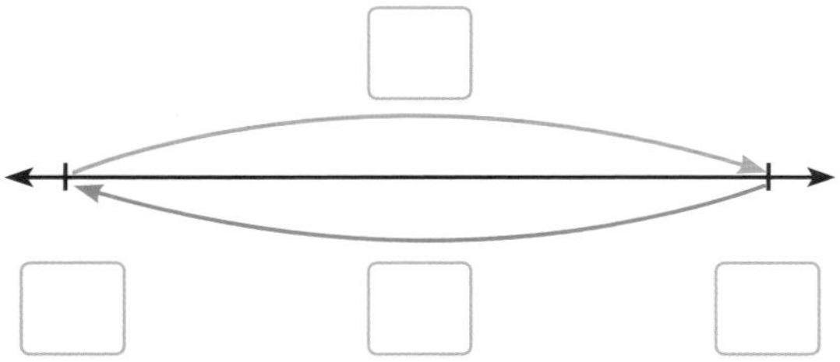

5+□=14

14−□=5

선생님만 보세요

문제 2 수직선에서 덧셈과 뺄셈의 관계를 수식으로 나타내는 1번과 같은 문제다. 단, 수직선에서 오른쪽으로의 이동은 + 기호를, 왼쪽으로의 이동은 −기호를 덧붙여야 한다.

문제 3 | 보기와 같이 수직선에 알맞게 표시하고, □ 안에 알맞은 수를 넣으시오.

보기

12대까지 주차할 수 있는 주차장에 자동차가 7대 있습니다.
자동차 몇 대를 더 주차할 수 있을까요?

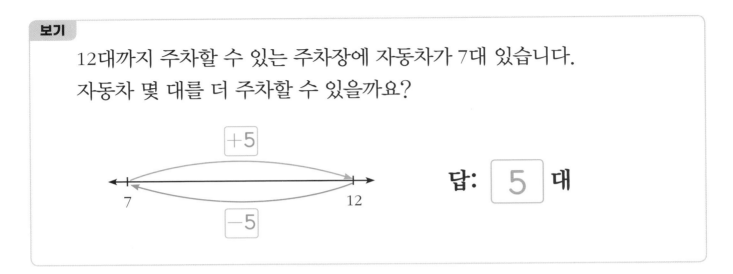

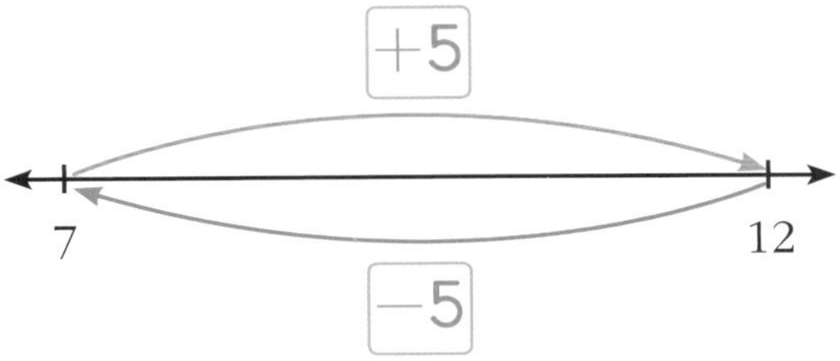

답: 5 **대**

(1) 17대까지 주차할 수 있는 주차장에 자동차가 9대 있습니다.
몇 대가 더 주차하면 주차장이 가득찰까요?

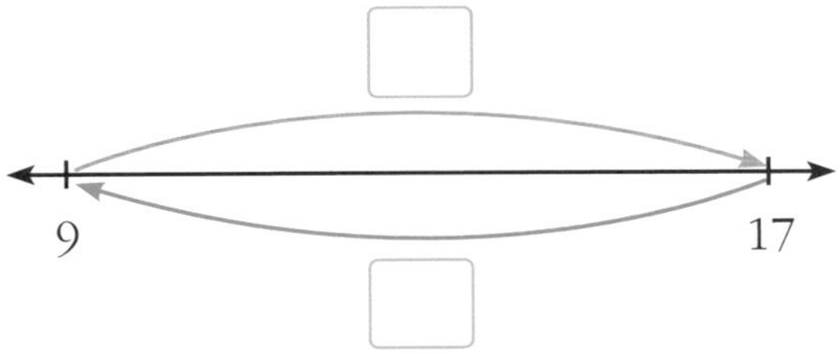

답: □ **대**

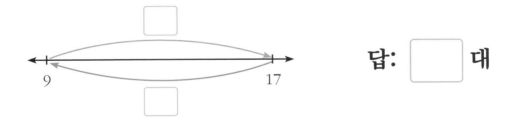

(2) 스티커를 8장 가지고 있습니다. 스티커를 모두 15장 모으려면
몇 장을 더 모아야 할까요?

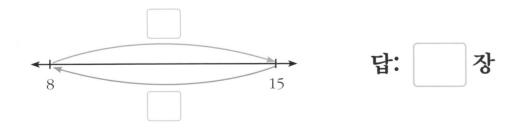

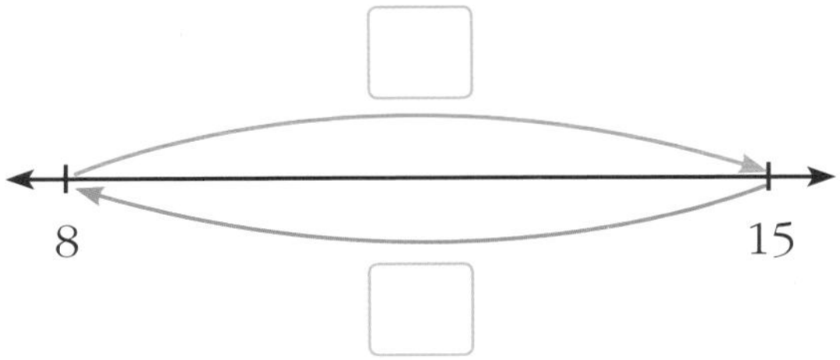

답: □ **장**

선생님만 보세요

문제 3 서로 다른 덧셈과 뺄셈 상황을 수직선으로 생각하기

(1) 더 주차할 수 있는 대수를 구하기 위해 전체의 일부를 제외한 여집합의 개수를 구하는 뺄셈 상황을 수직선 위에서 왼쪽으로 이동하는 것에 의해 답을 구한다. 물론 주차되어 있는 자동차 대수에서 출발하여 오른쪽으로 이동하는 덧셈으로도 생각할 수 있다.

(2) 갖고 있는 스티커 개수에서 출발하여 오른쪽으로 이동하는 덧셈으로도 생각할 수도 있고, 전체 스티커에서 채워야 할 스티커 개수를 구하기 위해 왼쪽으로 이동하는 뺄셈으로도 생각할 수 있다.

(3) 오늘까지 8권의 책을 읽었습니다.
16권의 책을 모두 읽으려면, 몇 권을 더 읽어야 할까요?

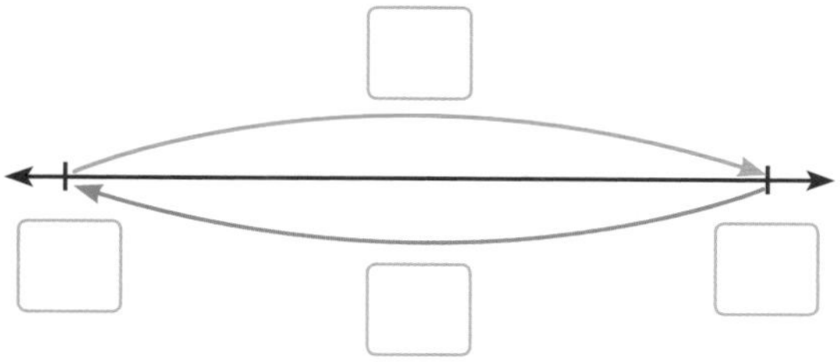

답: ☐ 권

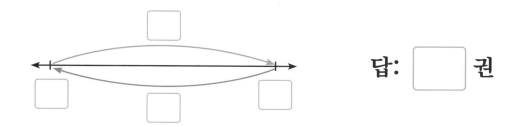

(4) 색종이로 종이배를 7개 만들었습니다.
종이배를 모두 13개 만들려면 몇 개를 더 만들어야 할까요?

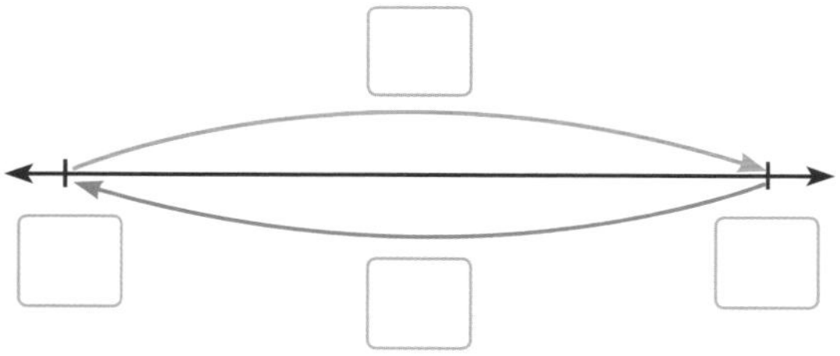

답: ☐ 개

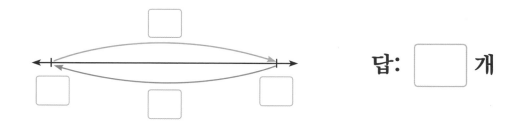

(5) 쿠키를 6개 만들었습니다. 우리 반 15명에게 한 개씩 나눠 주려면,
몇 개를 더 만들어야 할까요?

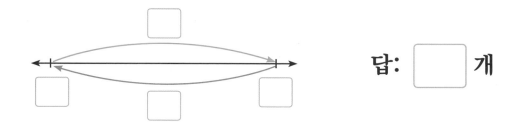

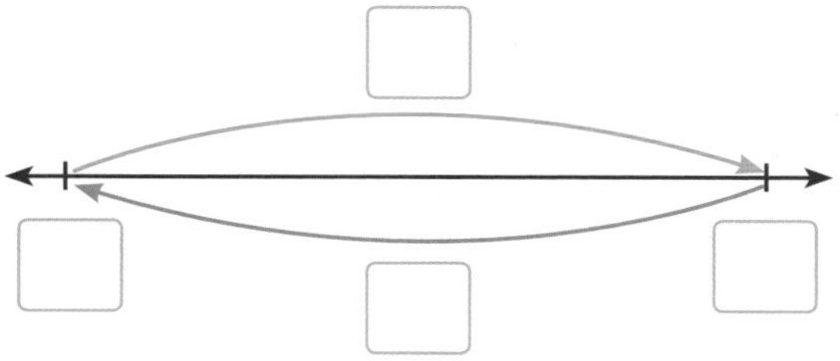

답: ☐ 개

선생님만 보세요

(3) 읽은 책의 권수에서 출발하여 오른쪽으로 이동하는 덧셈으로도 생각할 수도 있고, 전체 책의 권수에서 더 읽어야 할 책의 권소를 개수를 구하기 위해 왼쪽으로 이동하는 뺄셈으로도 생각할 수 있다.
(4) 만든 종이배 개수에서 출발하여 오른쪽으로 이동하는 덧셈으로도 생각할 수도 있고, 전체 종이배 개수에서 더 만들어야 할 종이배 개수를 구하기 위해 왼쪽으로 이동하는 뺄셈으로도 생각할 수 있다.
(5) 만든 쿠키 개수에서 출발하여 오른쪽으로 이동하는 덧셈으로도 생각할 수도 있고, 전체 쿠키 개수에서 더 만들어야 할 쿠키 개수를 구하기 위해 왼쪽으로 이동하는 뺄셈으로도 생각할 수 있다.

문제 4 | 보기에서 알맞은 덧셈식과 뺄셈식을 골라 쓰고, 계산하시오.

보기

$8+\square=14$	$9+\square=17$
$6+\square=13$	$14-\square=7$
$17-\square=8$	$13-\square=6$

(1) 버스에 8명의 사람이 타고 있습니다.
이번 정류장에서 몇 명의 사람이 더 탔더니, 14명이 되었습니다.
몇 명의 사람이 탔을까요?

식 ______________ ______________ **답:** $\square$ **명**

(2) 초콜릿 17개를 가지고 있었는데
몇 개를 먹었더니 9개가 남았습니다.
초콜릿을 몇 개 먹었을까요?

식 ______________ ______________ **답:** $\square$ **개**

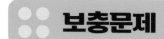

문제 1 | 동그라미를 지우고 □ 안에 알맞은 수를 넣으시오.

(1)

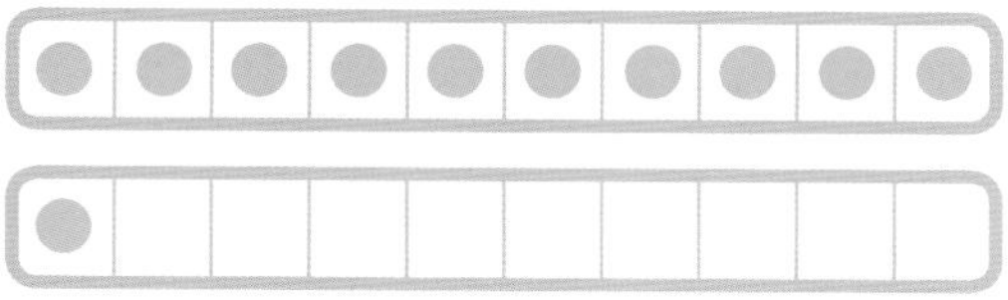

11－7＝□

(2)

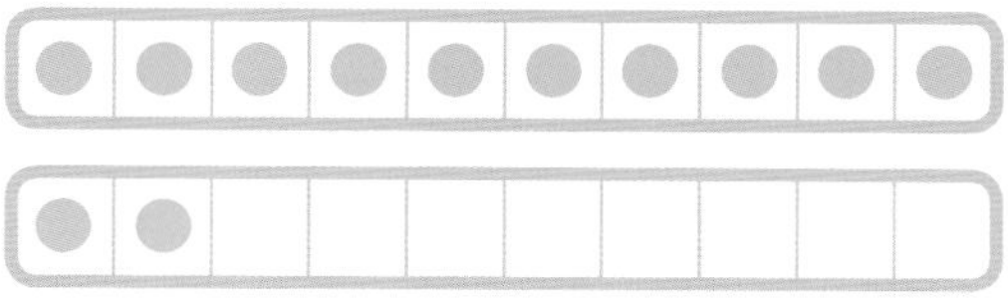

12－8＝□

(3)

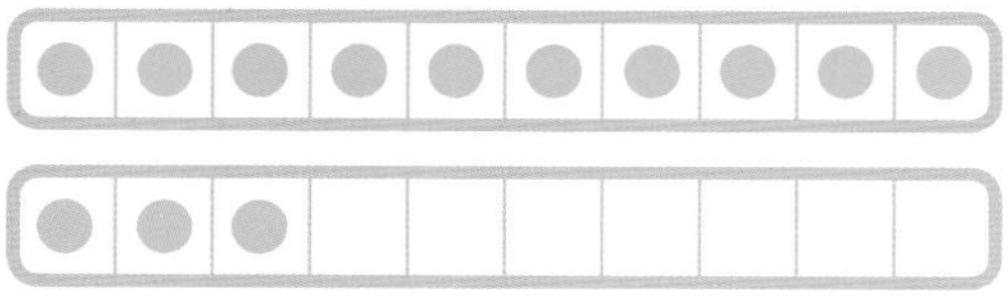

13－6＝□

(4)

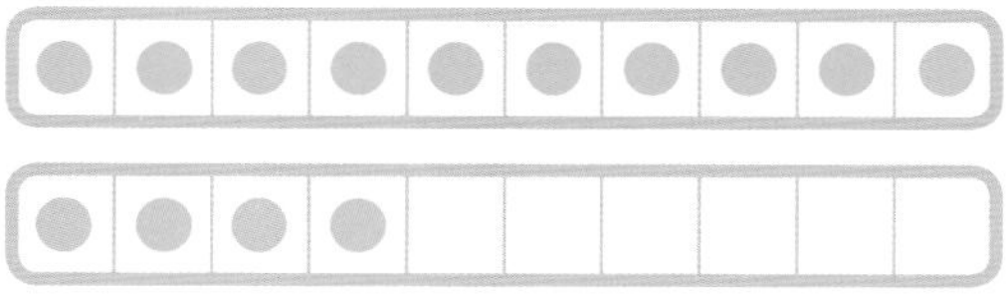

14－5＝□

(5)

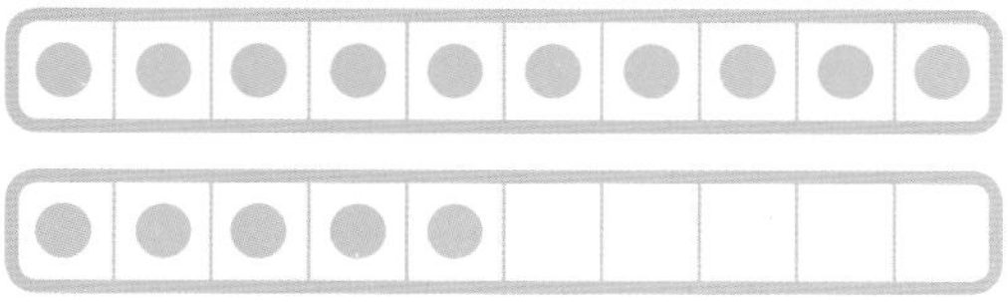

15－7＝□

(6)

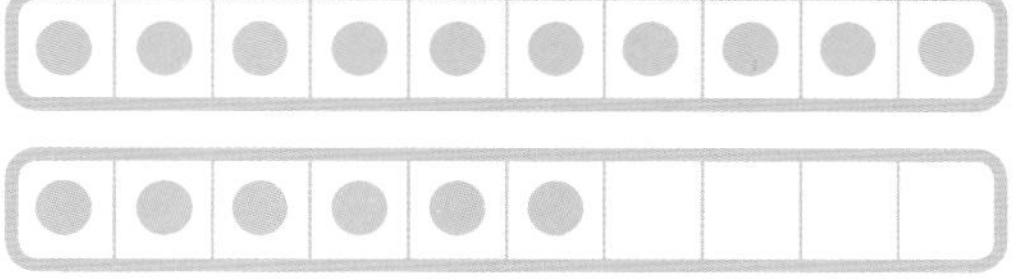

16－9＝□

유사한 문제를 지나치게 많이 반복하는 것은 오히려 흥미를 떨어뜨리고 학습 효과를 저해하게 하는 역효과를 초래할 수 있습니다. 본문 문제를 충분히 이해했다면 보충문제까지 풀이할 필요는 없습니다. 필요한 경우에만 보충문제를 적절하게 활용하는 것을 권장합니다.

보충문제

문제 2 | 뺄셈에 맞는 구술의 묶고 □ 안에 알맞은 수를 넣으시오.

(1)

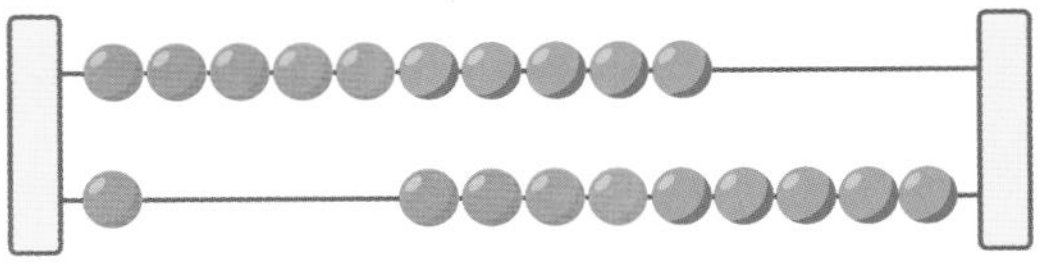

$11-8=\square$

(2)

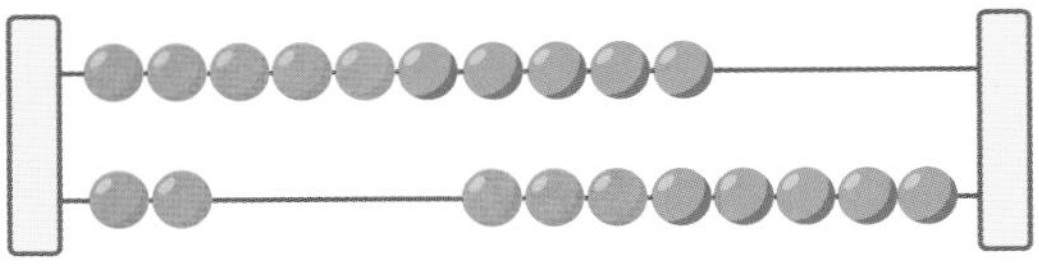

$12-4=\square$

(3)

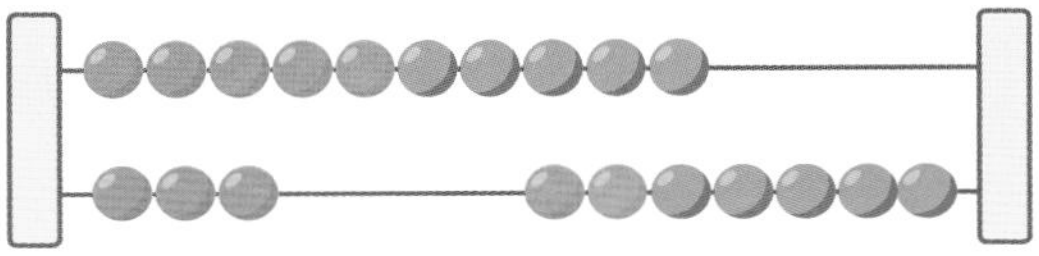

$13-7=\square$

(4)

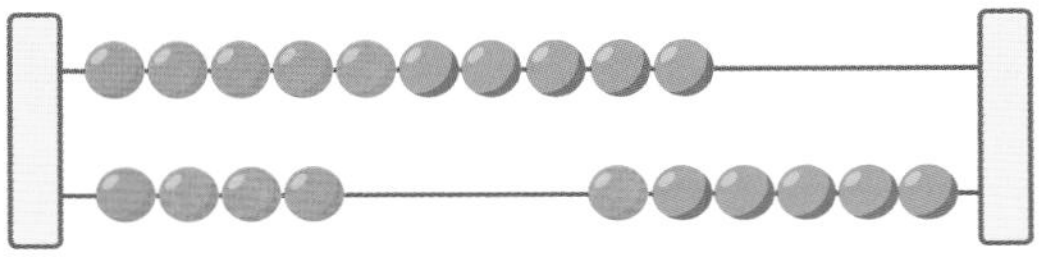

$14-6=\square$

(5)

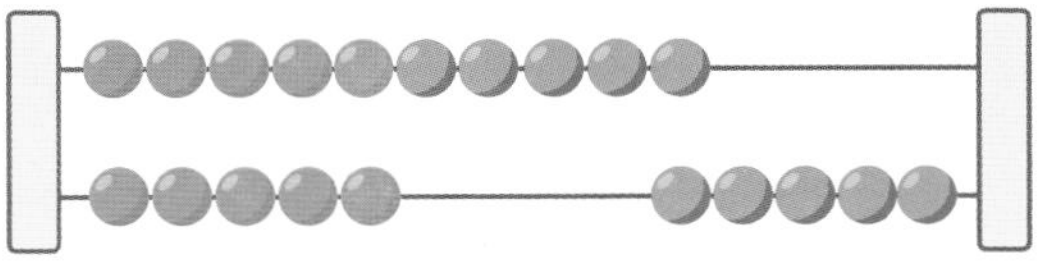

$15-9=\square$

(6)

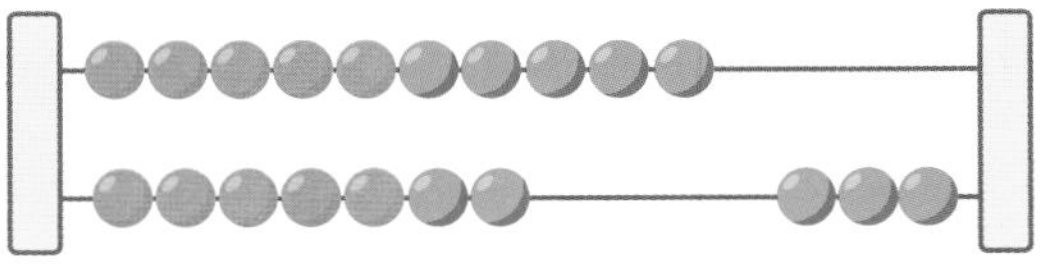

$17-8=\square$

문제 3 | 표에 화살표를 그리고 □ 안에 알맞은 수를 넣으시오.

(1)

1	2	3	4	5	6	7	8	9	10
11	12	(13)	14	15	16	17	18	19	20

$13-5=13-\square-\square$
$=10-\square$
$=\square$

(2)

1	2	3	4	5	6	7	8	9	10
11	12	13	14	(15)	16	17	18	19	20

$15-8=15-\square-\square$
$=10-\square$
$=\square$

(3)

1	2	3	4	5	6	7	8	9	10
11	12	13	14	15	(16)	17	18	19	20

$16-7=16-\square-\square$
$=10-\square$
$=\square$

(4)

1	2	3	4	5	6	7	8	9	10
11	12	13	14	15	16	(17)	18	19	20

$17-9=17-\square-\square$
$=10-\square$
$=\square$

보충문제

문제 4 | 수직선에 표시를 하고 □ 안에 알맞은 수를 넣으시오.

(1)

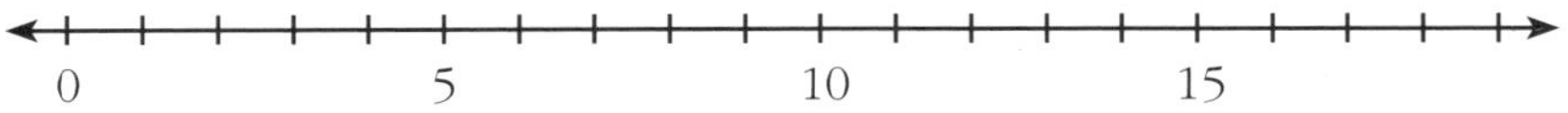

$12-7=\square$

(2)

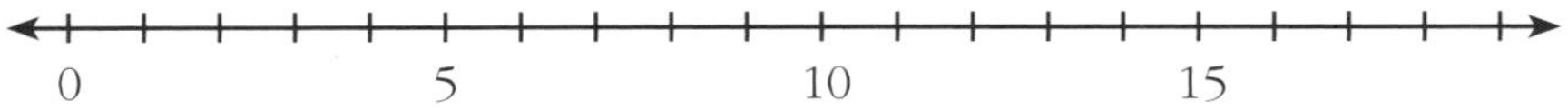

$14-8=\square$

(3)

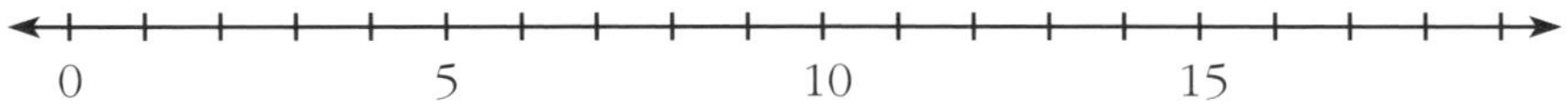

$15-6=\square$

(4)

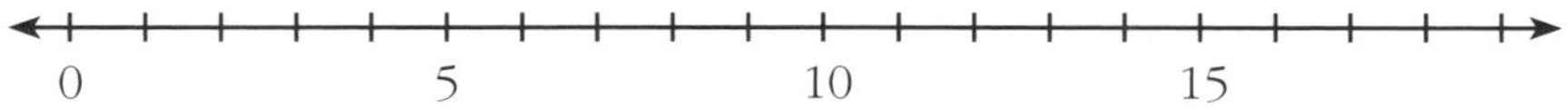

$16-9=\square$

문제 5 | 직접 채점을 해보고, 틀린 답을 바르게 고치시오.

(1) $15-8=$ ~~3~~ 7

(2) $11-5=6$

(3) $12-4=2$

(4) $16-7=9$

(5) $13-9=6$

(6) $14-8=4$

(7) $10-6=4$

(8) $11-3=2$

(9) $12-8=6$

보충문제

문제 6 | □ 안에 알맞은 수를 쓰고 덧셈식으로 고치시오.

(1)

6

16−6=□	→	16= 6+10
15−6=□	→	15= 6+9
14−6=□	→	
13−6=□	→	
12−6=□	→	
11−6=□	→	
10−6=□	→	

(2)

8

18−8=□	→	18=
17−8=□	→	17=
16−8=□	→	
15−8=□	→	
14−8=□	→	
13−8=□	→	
12−8=□	→	

문제 7 | □ 안에 알맞은 수를 넣으시오.

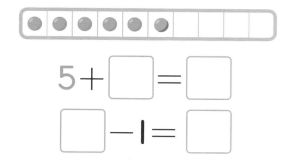

(1)

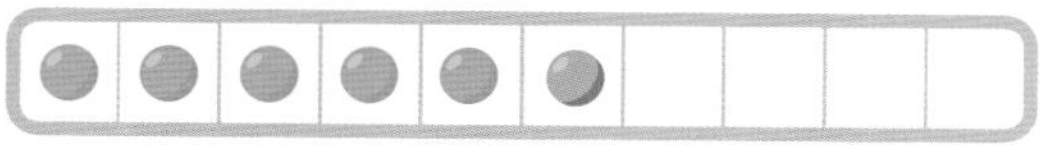

$5+\square=\square$

$\square-1=\square$

(2)

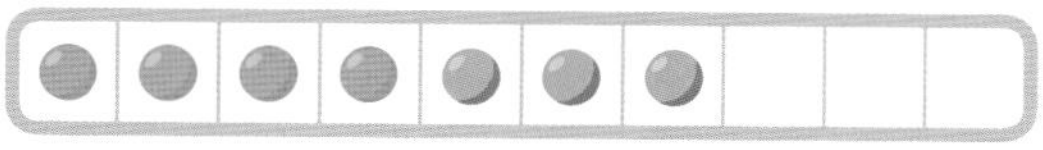

$4+\square=\square$

$\square-3=\square$

(3)

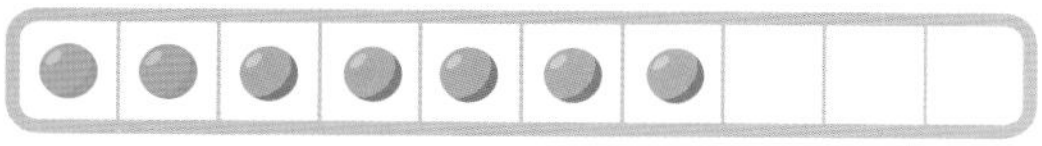

$2+\square=\square$

$\square-5=\square$

(4)

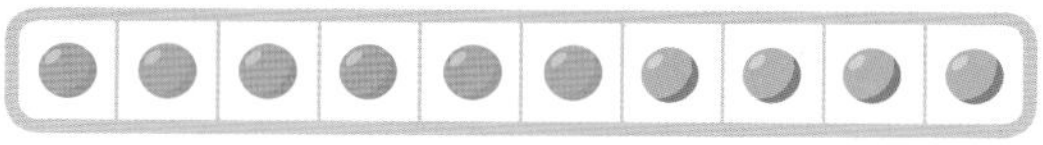

$6+\square=\square$

$\square-4=\square$

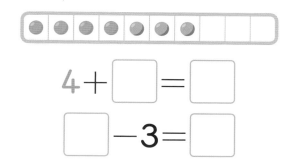

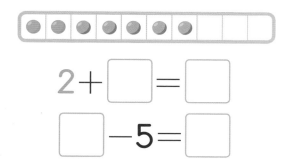

보충문제

문제 8 | 수직선을 보고 □ 안에 알맞은 수를 넣으시오.

(1)

$2 + \square = \square$

$\square - 4 = \square$

(2)

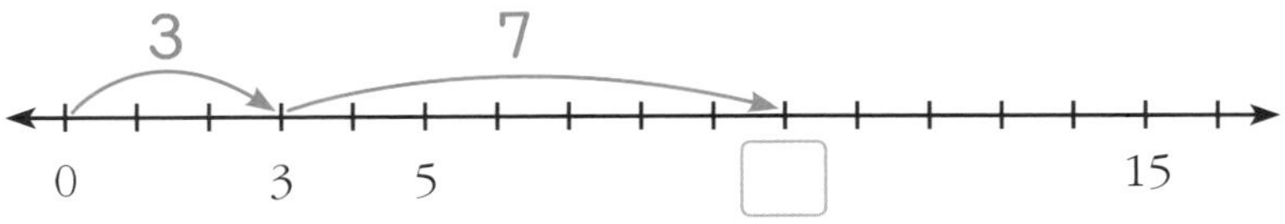

$3 + \square = \square$

$\square - 7 = \square$

(3)

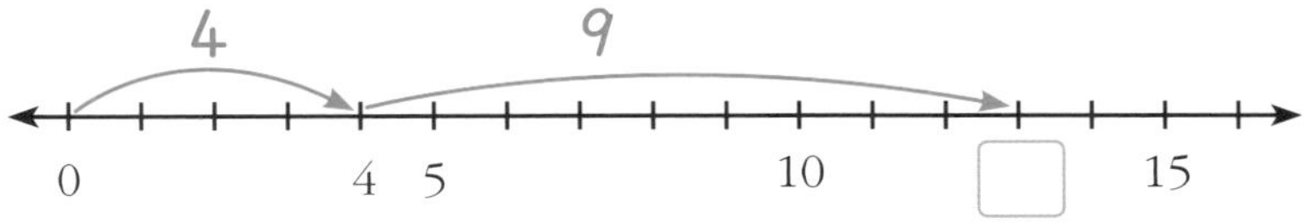

$4 + \square = \square$

$\square - 9 = \square$

(4)

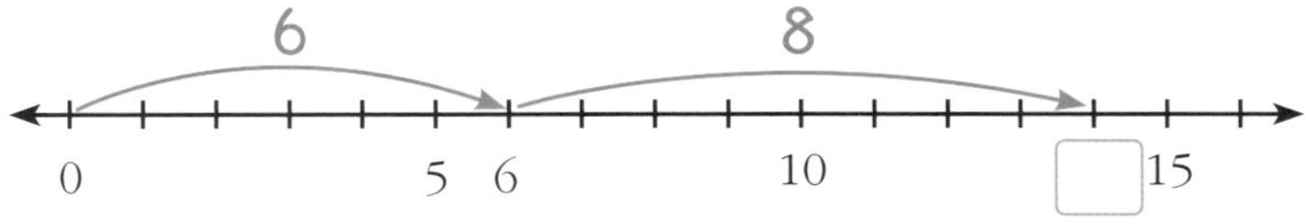

$6 + \square = \square$

$\square - 8 = \square$

문제 9 | □ 안에 알맞은 수를 넣으시오.

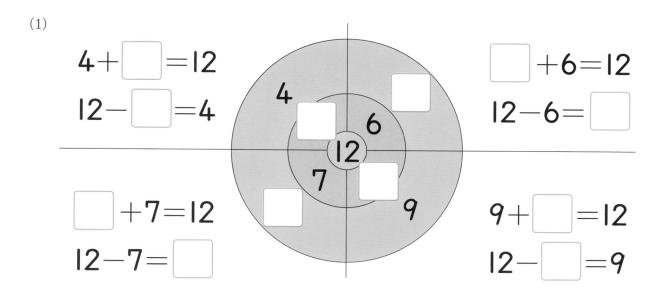

(1)

4+□=12

12−□=4

□+6=12

12−6=□

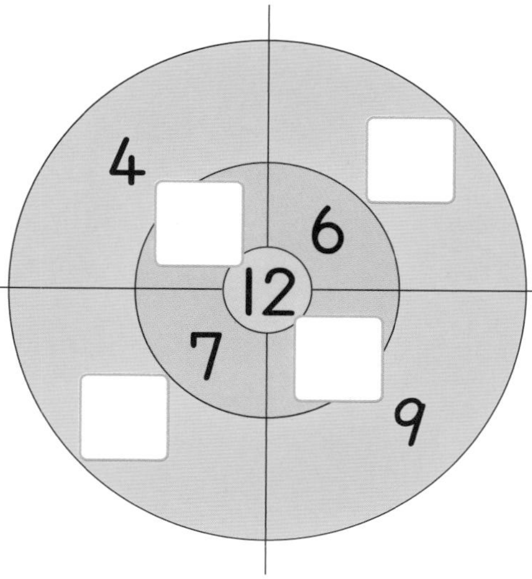

□+7=12

12−7=□

9+□=12

12−□=9

(2)

4+□=13

13−□=4

□+6=13

13−6=□

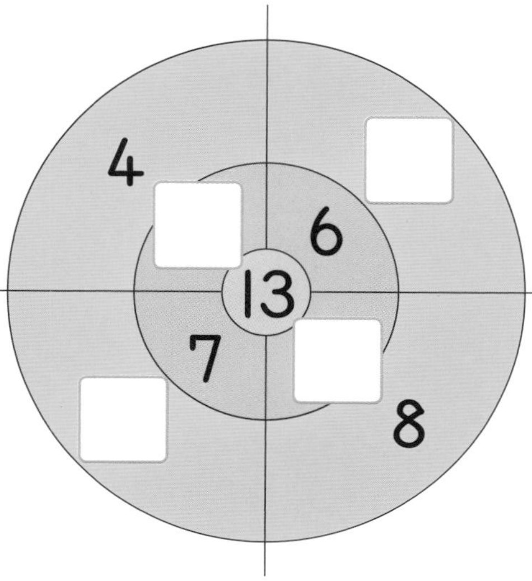

□+7=13

13−7=□

8+□=13

13−□=8

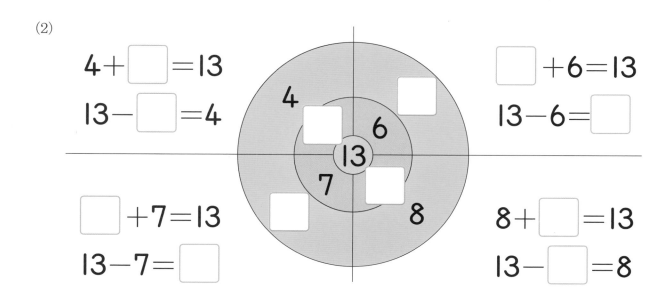

보충문제

문제 10 | 네 개의 식을 만드시오.

(1)

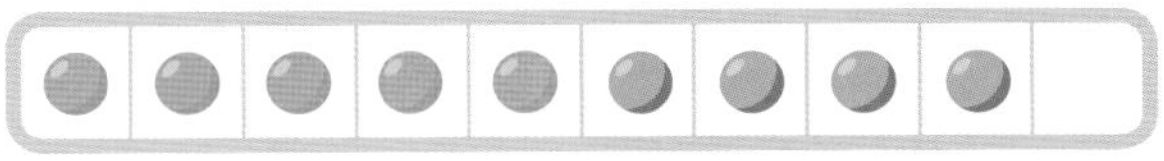

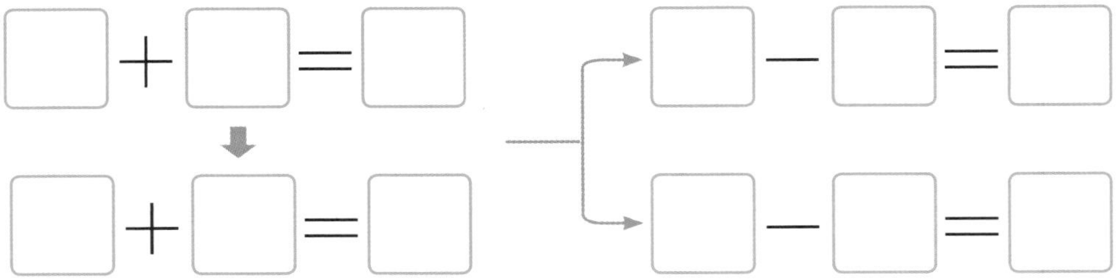

(2)

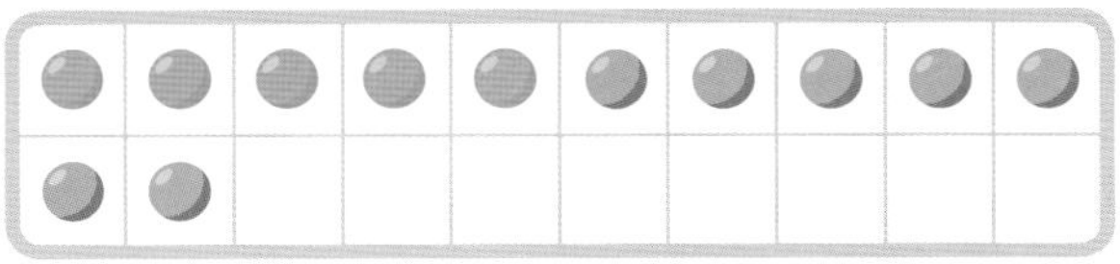

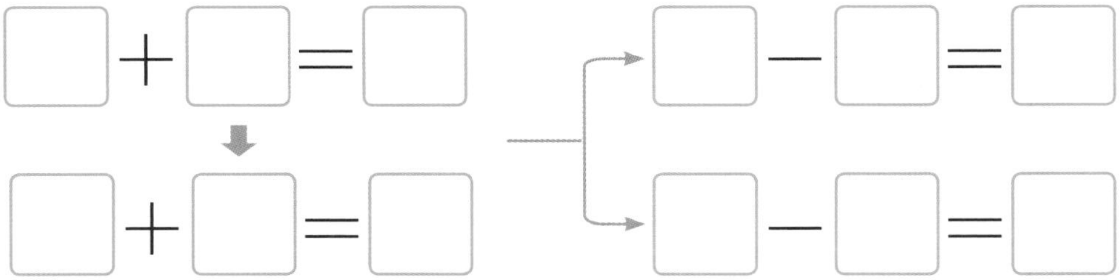

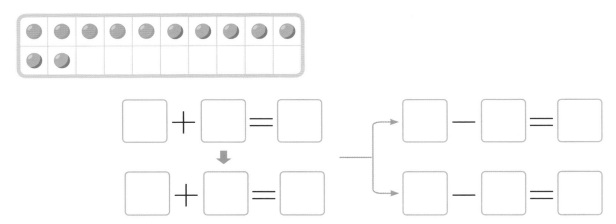

문제 11 | 세 개의 식을 더 만드시오.

(1)

5	+	2	=	□
□	+	□	=	□
□	−	□	=	□
□	−	□	=	□

(2)

6	+	3	=	□
□	+	□	=	□
□	−	□	=	□
□	−	□	=	□

(3)

8	+	4	=	□
□	+	□	=	□
□	−	□	=	□
□	−	□	=	□

(4)

9	+	7	=	□
□	+	□	=	□
□	−	□	=	□
□	−	□	=	□

보충문제

문제 12 | □ 안에 알맞은 수를 쓰고 덧셈식을 만드시오.

(1)

6		
16 − 10 = 6	→	16 = 6 + 10
15 − □ = 6	→	
14 − □ = 6	→	
13 − □ = 6	→	
12 − □ = 6	→	
11 − □ = 6	→	

(2)

8		
18 − □ = 8	→	
17 − □ = 8	→	
16 − □ = 8	→	
15 − □ = 8	→	
14 − □ = 8	→	
13 − □ = 8	→	

문제 13 | □ 안에 알맞은 수를 넣으시오.

(1) $4-\square=3$　　(2) $5+\square=12$　　(3) $9-\square=6$

(4) $6+\square=10$　　(5) $7-\square=5$　　(6) $8-\square=2$

(7) $9+\square=15$　　(8) $8+\square=14$　　(9) $12-\square=5$

문제 14 | 알맞은 덧셈식 또는 뺄셈식을 쓰고 계산하시오.

(1) 스티커가 9개가 있었습니다.
6개의 스티커를 더 모았다면 스티커는 모두 몇 개인가요?

식 ________________ = □　　**답:** □ 개

(2) 12개의 사탕 중에서 7개의 사탕을 먹었습니다.
사탕은 몇 개 남았을까요?

식 ________________ = □　　**답:** □ 개

보충문제

(3) 한 반에 남학생이 6명, 여학생이 8명이 있습니다.
모두 몇 명일까요?

식 ______________________ = ☐ **답:** ☐ **명**

(4) 15개의 바둑돌이 있습니다. 이 중 흰색 바둑돌은 9개라면
검은색 바둑돌은 몇 개인가요?

식 ______________________ = ☐ **답:** ☐ **개**

(5) 나는 8살이고 언니는 13살입니다.
언니와 나는 몇 살 차이가 날까요?

식 ______________________ = ☐ **답:** ☐ **살**

문제 15 | 수직선에 알맞게 표시하고, □을 채우시오.

(1) 줄넘기를 모두 12번 하려고 합니다.
지금까지 5번 했다면 앞으로 몇 번을 더 해야 할까요?

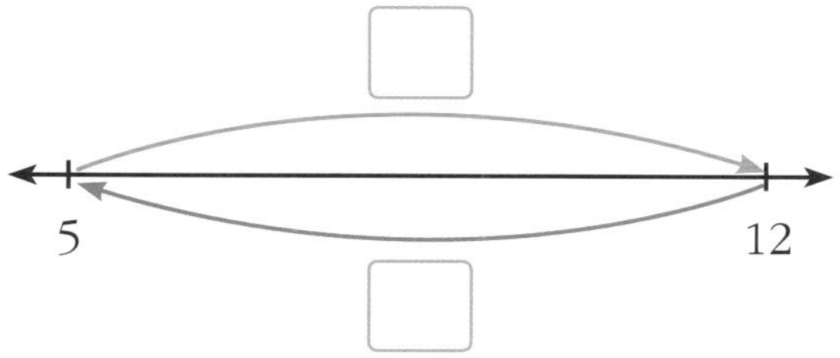

답: □ **번**

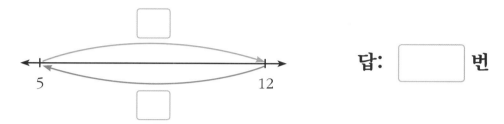

(2) 계단을 9칸 올라갔습니다. 계단이 모두 16칸이라면
앞으로 몇 칸 더 올라가야 할까요?

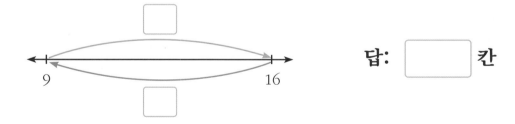

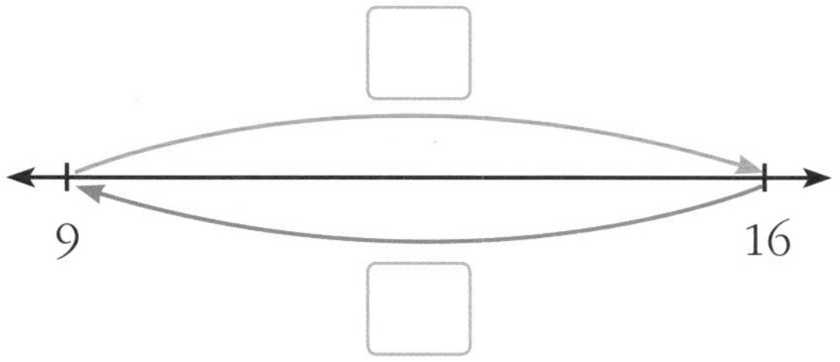

답: □ **칸**

문제 16 | 보기에서 알맞은 덧셈식과 뺄셈식을 골라 쓰고 계산하시오.

보기

$7+\square=15$	$18-\square=9$
$4+\square=11$	$11-\square=4$
$15-\square=7$	$9+\square=18$

(1) 사과 11개 중에 몇 개를 먹고 4개가 남아 있습니다.
사과 몇 개를 먹었을까요?

식 ______ ______ **답:** $\square$ **개**

(2) 고양이 9마리가 있었습니다.
몇 마리가 더 왔더니 18마리가 되었습니다.
몇 마리의 고양이가 새로 왔을까요?

식 ______ ______ **답:** $\square$ **마리**

3 받아올림이 없는 덧셈과 **받아내림이 없는 뺄셈**

1 일차 받아올림이 없는 (두 자리 수)+(한 자리 수)

수 배열표와 수직선

공부한 날짜 월 일

문제 1 | 다음을 계산하시오.

(1) $1+3=$ □　　(2) $2+4=$ □　　(3) $3+6=$ □

(4) $4+4=$ □　　(5) $5+4=$ □　　(6) $8+1=$ □

문제 2 | 보기와 같이 표에 덧셈을 나타내고 □ 안에 알맞은 수를 넣으시오.

보기

$11+3=$ 14

10	11	12	13	14	15	16	17	18	19
20	21	22	23	24	25	26	27	28	29
30	31	32	33	34	35	36	37	38	39
40	41	42	43	44	45	46	47	48	49

(1) $16+3=$ □　　(2) $20+4=$ □　　(3) $25+3=$ □

(4) $31+5=$ □　　(5) $37+2=$ □　　(6) $40+8=$ □

선생님만 보세요

문제 1 1학년 1학기에 배웠던 받아올림이 없는 한 자리 수 덧셈의 복습이다.

50	51	52	53	54	55	56	57	58	59
60	61	62	63	64	65	66	67	68	69
70	71	72	73	74	75	76	77	78	79

(7) $50+3=\square$ (8) $56+3=\square$ (9) $61+5=\square$

(10) $67+2=\square$ (11) $71+5=\square$ (12) $76+3=\square$

60	61	62	63	64	65	66	67	68	69
70	71	72	73	74	75	76	77	78	79
80	81	82	83	84	85	86	87	88	89
90	91	92	93	94	95	96	97	98	99

(13) $60+8=\square$ (14) $71+3=\square$ (15) $75+4=\square$

(16) $80+6=\square$ (17) $93+3=\square$ (18) $98+1=\square$

선생님만 보세요

문제 2 (십 몇)+(몇)의 덧셈에서 (몇 십 몇)+(몇)의 덧셈으로 확장한다. 일의 자리 수를 더하므로, 수 배열표에서 오른쪽으로 이동하는 일의 자리의 변화를 화살표를 그려 확인한다. **주의** 이전의 수 배열표와는 다르게 각 줄의 일의 자리가 0부터 시작하여 9에서 끝난다. 예를 들어 20+4=24와 같이 일의 자리 덧셈에서 받아올림이 없음을 확인하기 위한 것이다. 이는 곧이어 등장하는 세로셈을 염두에 둔 것이다.

문제 3 | 보기와 같이 수직선에 표시하고 □ 안에 알맞은 수를 넣으시오.

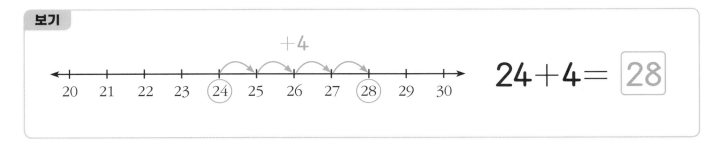

보기

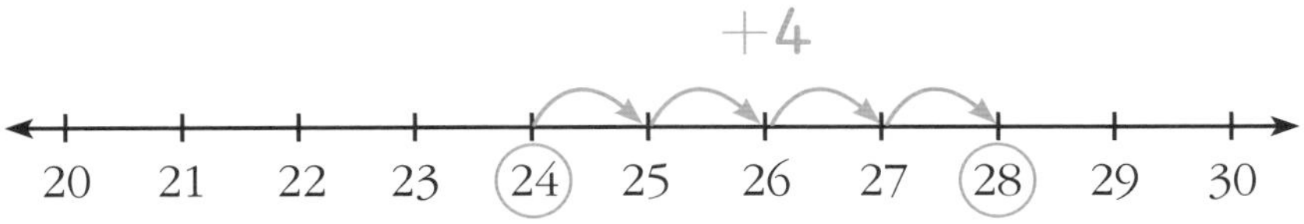

24+4= 28

(1)

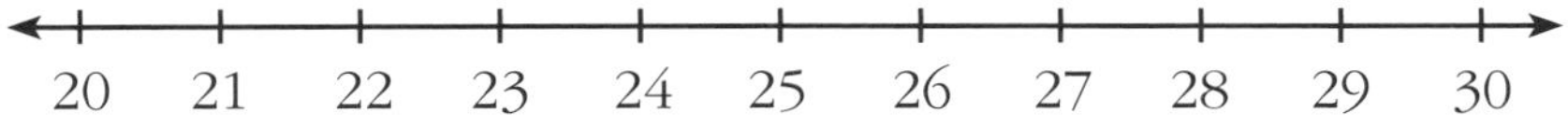

22+5= □

(2)

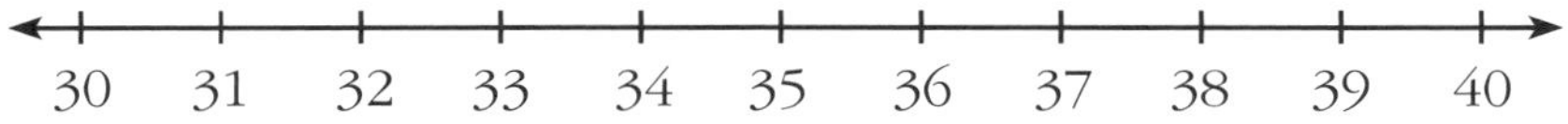

35+3= □

(3)

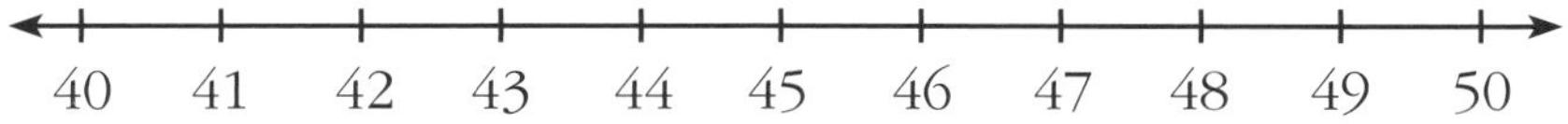

43+4= □

(4)

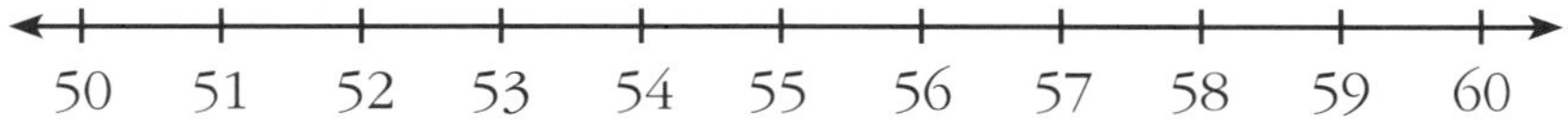

53+5= □

문제 3 받아올림이 없는 (몇 십 몇)+(몇) 문제를 수직선에서 한 칸씩 이동하며 일의 자리 변화를 확인한다. 마지막으로 이동한 수에 동그라미를 그리도록 권한다.

(5)

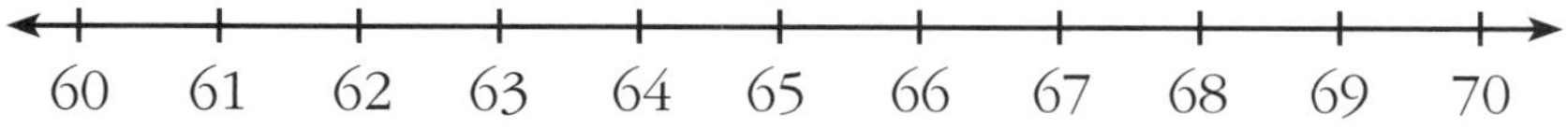

$61+7=\square$

(6)

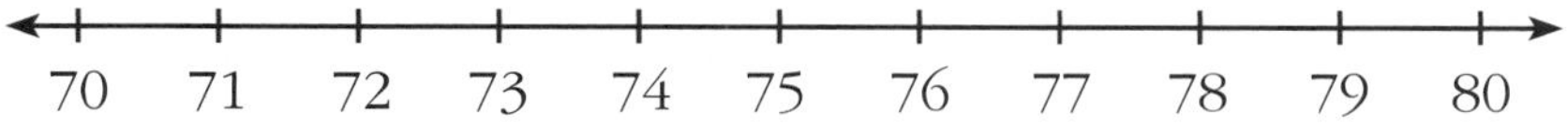

$74+4=\square$

(7)

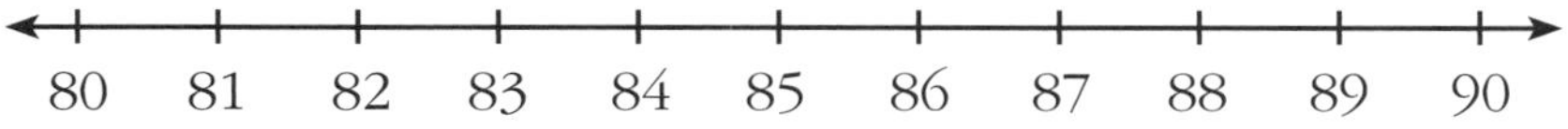

$86+2=\square$

(8)

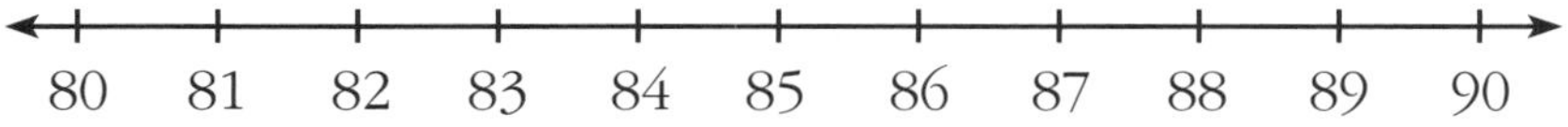

$83+3=\square$

(9)

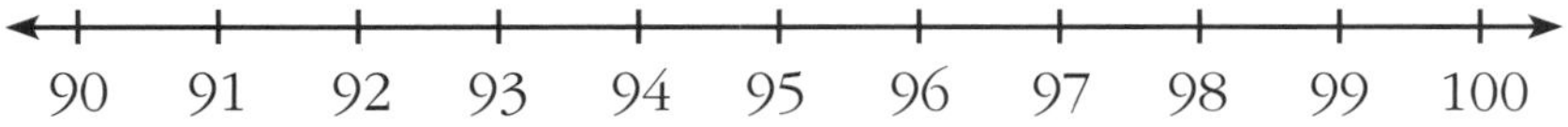

$95+4=\square$

(10)

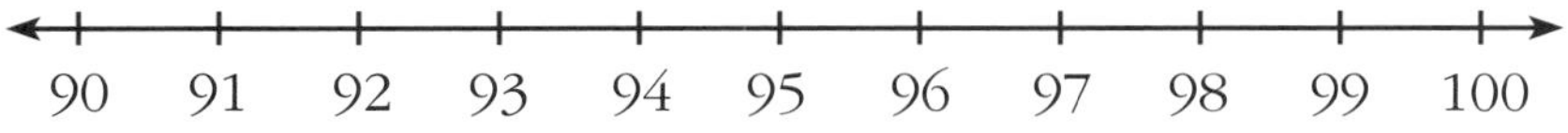

$92+6=\square$

2일차 받아올림이 없는 (두 자리 수)+(한 자리 수)

세로셈

✎ 공부한 날짜 월 일

문제 1 | 수 배열표와 수직선에 화살표를 표시하고 □ 안에 알맞은 수를 넣으시오.

81	82	83	84	85	86	87	88	89	90
91	92	93	94	95	96	97	98	99	100

(1) $82+6=$ □

(2) $96+3=$ □

(3)

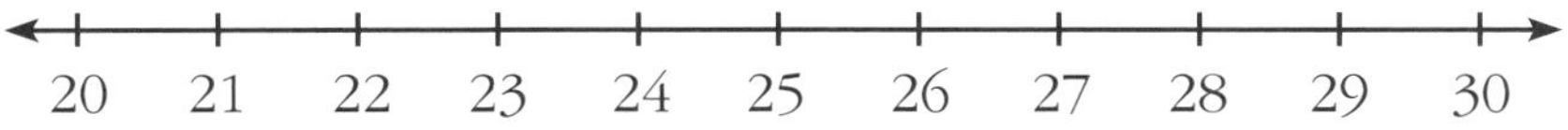

$25+2=$ □

(4)

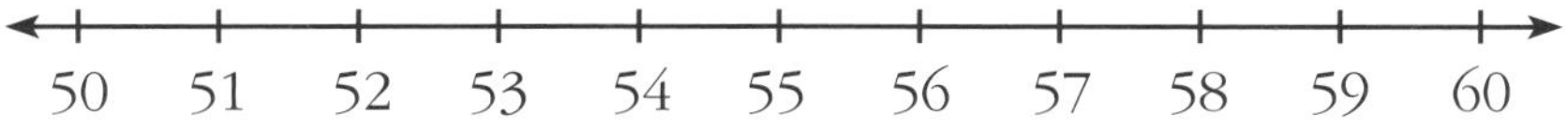

$51+7=$ □

(5)

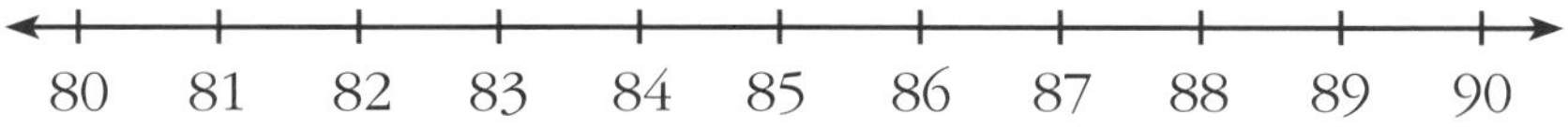

$83+6=$ □

선생님만 보세요

문제 1 받아올림이 없는 (두 자리 수)+(한 자리 수)의 이전 차시의 덧셈을 수 배열표와 수직선에서 복습한다.

문제 2 받아올림이 없는 (두 자리 수)+(한 자리 수)를 세로셈으로 해결하는 문제다. 세로셈은 '같은 자릿값의 수들끼리 더한다'는 자연수 덧셈의 기본 원리를 구현할 수 있는 간편한 계산 도구다. 따라서 한 자리 수의 연산에는 세로셈이 필요 없고, 두 자리 이상의 수에 대한 덧셈과 뺄셈에 처음 등장한다. 세로셈이 처음 제시되므로 〈보기〉에서 동전 모델을 이용한다.

문제 2 | 보기와 같이 계산하시오.

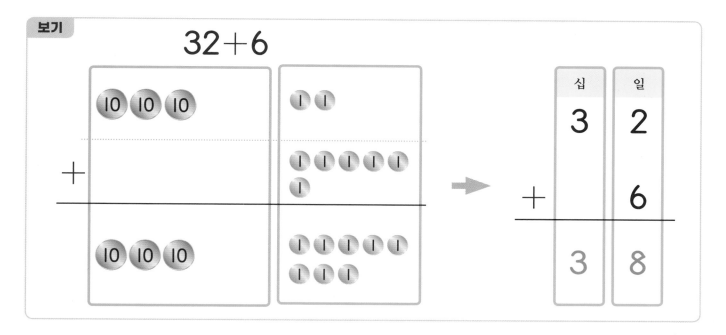

보기

$32+6$

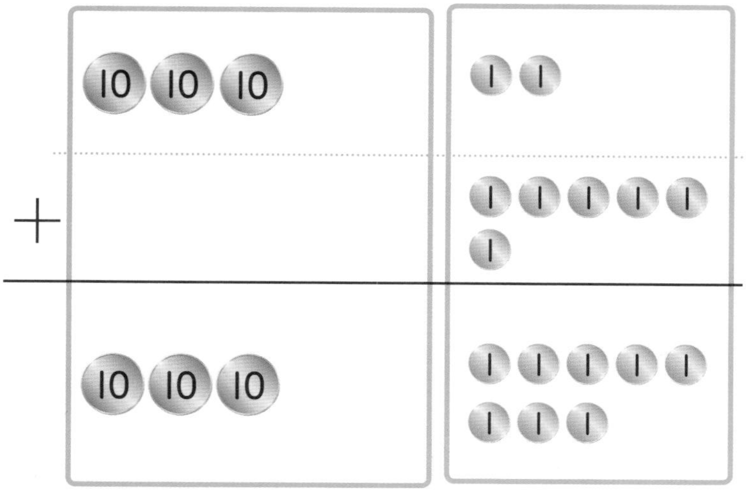

	십	일
	3	2
+		6
	3	8

(1) $32+4$

	십	일
	3	2
+		4

(2) $21+6$

	십	일
	2	1
+		6

(3) $45+4$

	십	일
	4	5
+		4

(4) $73+6$

	십	일
	7	3
+		6

(5) $57+2$

	십	일
	5	7
+		2

(6) $63+3$

	십	일
	6	3
+		3

선생님만 보세요

주의 계산 순서가 안내되어 있지 않아서 십의 자리 수부터 계산할 수도 있다. 그렇다고 굳이 일의 자리 수부터 계산하도록 강요할 필요는 없다. 중요한 것은 각 자리에 있는 수들끼리 더한다는 덧셈의 원리를 파악하는 것이고, 그 이후 받아올림이 있는 경우에 일의 자리 수의 덧셈부터 실행하는 것이 편리함을 깨달을 수 있다면 충분하다.

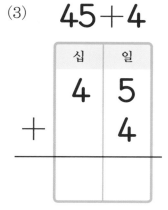

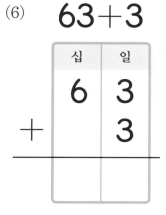

(7) 14+3

	십	일
	1	4
+		3

(8) 92+7

	십	일
	9	2
+		7

(9) 84+4

	십	일
	8	4
+		4

문제 3 | 다음을 계산하시오.

(1) 72+4= ☐ (2) 63+1= ☐ (3) 25+4= ☐

(4) 11+2= ☐ (5) 84+2= ☐ (6) 45+3= ☐

(7) 56+1= ☐ (8) 63+4= ☐ (9) 31+6= ☐

(10) 94+3= ☐ (11) 55+2= ☐ (12) 21+3= ☐

선생님만 보세요

문제 3 받아올림이 없는 (두 자리 수)+(한 자리 수)가 가로셈으로 제시되어 있다. 그렇다고 하여 이를 앞의 문제에서와 같이 세로셈으로 바꿔 계산할 필요는 없다. 받아올림이 없기 때문에 일의 자리 수만 더하면 되므로 암산으로 문제 해결이 가능하다.

3 일차 받아올림이 없는 (두 자리 수)+(한 자리 수)의 연습

공부한 날짜 월 일

문제 1 | 다음을 계산하시오.

(1) 64+4

	십	일
	6	4
+		4

(2) 12+7

	십	일
	1	2
+		7

(3) 83+2

	십	일
	8	3
+		2

(4) 11+7= ☐ (5) 92+3= ☐ (6) 58+1= ☐

(7) 67+2= ☐ (8) 33+3= ☐ (9) 82+1= ☐

문제 2 | 보기와 같이 계산한 결과가 같은 것끼리 선으로 연결하시오.

보기

14+5	14+4
12+2	11+3
12+6	13+6
15+1	13+3

(1)

72+3 •	• 74+1
77+2 •	• 76+2
72+2 •	• 71+3
71+7 •	• 73+6

선생님만 보세요

문제 1 세로셈과 가로셈으로 제시된 이전 차시 덧셈의 복습이다.

문제 2 덧셈의 답이 같은 것끼리 짝짓는 문제다. 받아올림이 없어 십의 자리가 모두 같으므로, 일의 자리 덧셈 결과만 비교하면 문제를 풀 수 있다. 단순 계산으로 답을 구하는 것에만 그치지 않고 문제 풀이에 나타나는 이런 패턴의 발견도 중요하다.

(2)

92+1 •	• 94+1
93+4 •	• 91+2
93+2 •	• 95+2
91+5 •	• 93+3

(3)

42+5 •	• 44+5
43+2 •	• 47+1
48+1 •	• 41+4
42+6 •	• 44+3

(4)

42+5 •	• 44+5
43+2 •	• 47+1
48+1 •	• 41+4
42+6 •	• 44+3

(5)

42+5 •	• 44+5
43+2 •	• 47+1
48+1 •	• 41+4
42+6 •	• 44+3

선생님만 보세요

주의 이 문제는 사실 두 수의 모으기와도 관련이 있다. 예를 들어 왼쪽의 14+5 같은 덧셈은 받아올림이 없기 때문에 일의 자리를 더해서 9가 되는 수를 찾으면 된다. 즉, 일의 자리 덧셈이 1과 8, 2와 7, 3과 6 등인 것을 찾아 연결하는 것이다.

문제 3 | 보기와 같이 계산하시오.

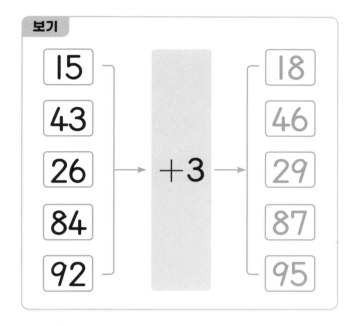

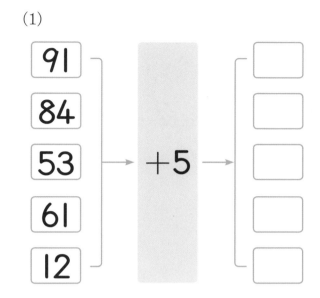

보기

15	+3	18
43		46
26		29
84		87
92		95

(1)

91	+5	
84		
53		
61		
12		

(2)

14	+1	
67		
88		
92		
25		

(3)

32	+4	
15		
73		
91		
64		

선생님만 보세요

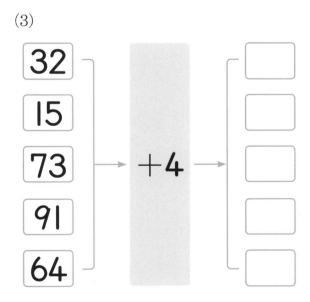

문제 3 받아올림이 없는 (두 자리 수)+(한 자리 수)의 덧셈에서 더하는 수가 고정되어 있는 덧셈식의 연습이다.

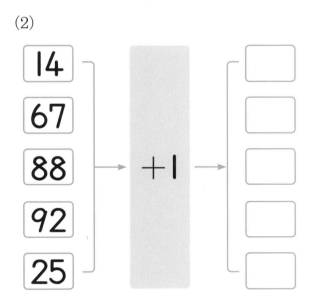

(4)

수		결과
96	+2	
74	+2	
17	+2	
23	+2	
45	+2	

(5)

수		결과
86	+3	
11	+3	
32	+3	
75	+3	
63	+3	

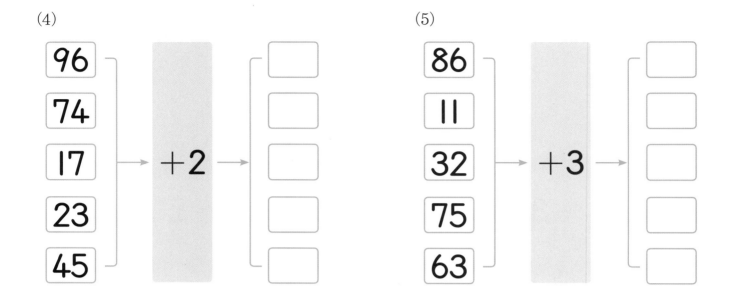

두 자리 수 덧셈과 뺄셈의 단계별 지도

이제 두 자리 수의 덧셈과 뺄셈이다. 그러나 65+32, 97−14와 같이 '받아올림과 받아내림이 없는 덧셈과 뺄셈'까지만 다룬다. 앞에서도 언급했듯 65+27, 92−29와 같은 '받아올림이 있는 덧셈과 받아내림이 있는 뺄셈'은 다음 단계인 3권(2학년의 덧셈과 뺄셈)으로 미룬다.

두 자리 수의 덧셈과 뺄셈은, 9+7과 15−8과 같은 한 자리 수의 덧셈과 뺄셈(실제로는 19까지의 수를 대상으로 한다)이 수 세기를 토대로 실행하는 것과는 다르게 접근해야 한다. 수의 크기 때문에 일일이 헤아려야 하는 수 세기에 더는 의존할 수 없으며, 아울러 십의 자리와 일의 자리라는 두 자릿값의 변화도 파악해야만 하기 때문이다.

따라서 받아올림과 받아내림이 없는 두 자리 수의 덧셈과 뺄셈도 천천히 한 단계씩 점진적으로 도입되어야 하는데, 이를 정리하면 다음과 같다.

① 32+4=36과 75−2=73 (두 자리 수와 한 자리 수의 덧셈과 뺄셈)

: 십의 자리 수는 변함이 없고 일의 자리 수끼리만 계산하므로 실제로는 한 자리 수의 덧셈과 뺄셈이다.

② 40+20=60과 70−20=50 (일의 자리가 모두 0인 두 자리 수의 덧셈과 뺄셈)

: 십의 자리 수끼리만 계산하면 된다.

③ 43+20=63과 74−20=54 (두 자리 수끼리의 덧셈과 뺄셈)

: 더하거나 빼는 수가 몇 십이므로 실제로 ②와 다르지 않다.

④ 43+22=65와 74−22=52 (두 자리 수끼리의 덧셈과 뺄셈)

: 받아올림과 받아내림이 없으므로 십의 자리 수끼리, 일의 자리 수끼리 계산한다.

각 단계의 학습을 위해 다음과 같이, 수 배열표, 수직선, 그리고 수 막대모형과 같은 여러 모델이 차례로 제시되었다.

다음 모델들은 모두 자릿값의 변화를 파악하기 위해 제공되었다.

교사용 해설

11	12	13	14	15	16	17	18	19	20
21	22	23	24	25	26	27	28	29	30
31	32	33	34	35	36	37	38	39	40
41	42	43	44	45	46	47	48	49	50
51	52	53	54	55	56	57	58	59	60
61	62	63	64	65	66	67	68	69	70
71	72	73	74	75	76	77	78	79	80
81	82	83	84	85	86	87	88	89	90
91	92	93	94	95	96	97	98	99	100

11	12	13	14	15	16	17	18	19	20
21	22	23	24	25	26	27	28	29	30
31	32	33	34	35	36	37	38	39	40
41	42	43	44	45	46	47	48	49	50
51	52	53	54	55	56	57	58	59	60
61	62	63	64	65	66	67	68	69	70
71	72	73	74	75	76	77	78	79	80
81	82	83	84	85	86	87	88	89	90
91	92	93	94	95	96	97	98	99	100

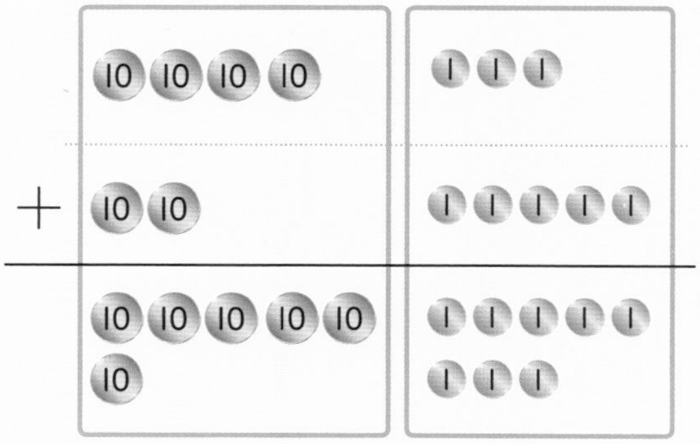

	십	일
	4	3
+	2	5
	6	8

$43+25=68$

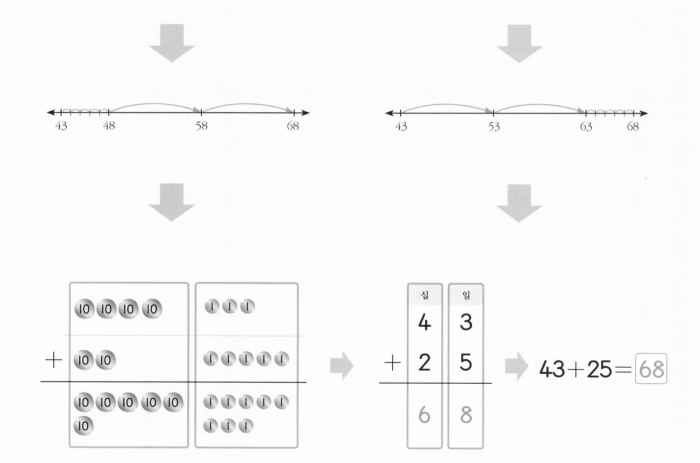

교과서의 순서와 비교하면....

『생각하는 초등연산 2권』에서 제시하는 1학년 2학기 덧셈과 뺄셈의 내용 전개의 순서는 교과서와 정반대임을 아래 표에서 알 수 있다.

교과서의 2단원 '덧셈과 뺄셈(1)'은 두 자리 수를 대상으로, 4단원 '덧셈과 뺄셈(2)'에서는 다시 한 자리 수의 덧셈과 뺄셈, 즉 4+6=10과 같이 '합이 10인 덧셈'과 10−7=3과 같은 '10에서의 뺄셈'을 한다. 이어서 4+6+7=17과 5+3+5=13과 같이 먼저 '십을 더하고 한 자리 수를 더하는 덧셈', 그리고 12−7=10−7+2=3+2=5과 같이 '십에서 한 자리 수를 빼는 뺄셈'을 다룬다. 반면에 『생각하는 초등연산』에서는 이와 같은 10 만들기를 1권의 마지막에 제시한 바 있다.

2학기 교과서의 마지막인 6단원 '덧셈과 뺄셈(3)'은 『생각하는 초등연산』 2권의 첫번째 내용인 8+6=14과 12−9=3과 같이 '두 수의 합이 십을 넘는 덧셈'과 '십몇에서 한 자리 수의 뺄셈'을 다룬다. 교과서는 우리의 『생각하는 초등연산』과 정반대의 순서로 구성되어 있다. 왜 그럴까?

교과서의 단원 구성은 풀이 절차, 즉 알고리즘을 따르도록 강요하려는 의도를 감추지 않았기 때문이다. 그렇지 않으면 한 자리 수의 덧셈과 뺄셈이 완성되지도 않은 채 2학기의 첫 단원에서 두 자리 수의 덧셈과 뺄셈을 도입한 이유가 무엇인지 설명할 길이 없다. 또한 어떤 필요도 발견하기 어려운 세로셈을

『생각하는 초등연산』 (2권 : 1학년 2학기)	교과서 (2015 교육과정, 1학년 2학기)
연산 교육	연산 훈련
(한 자리 수) ± (한 자리 수) 예 8+6=14, 12−9=3 ↓ (두 자리 수) ± (한 자리 수) 예 45+3=48, 45−3=42 ↓ (두 자리 수) ± (두 자리 수) 예 15+20=35, 43−20=23, 예 12+13=25, 78−32=46	2단원 덧셈과 뺄셈(1) 예 12+13=25, 78−32=46 ↓ 4단원 덧셈과 뺄셈(2) 예 6+4=10, 10−7=3 예 4+6+7=17, 5+3+5=13 ↓ 6단원 덧셈과 뺄셈(3) 예 8+6=14, 12−9=3

왜 급하게 도입해야 하는지도 설명하기 어렵다.

일의 자리끼리 그리고 십의 자리끼리 그냥 더하고 빼면 답을 구할 수 있다고 아이들에게 지시하면, 아이들은 그냥 수동적으로 따를 수밖에 없다. “왜?”라는 질문이 들어갈 여지가 없기 때문이다. 따라서 1학년 2학기 교과서의 덧셈과 뺄셈은 교육이 아닌 훈련으로 간주된다.

교과서의 마지막에 도입하는 8+6=14와 같은 덧셈도 결국에는 아이들에게 바로 앞에서 배웠던 세 수의 덧셈, 즉 8+2+4=10+4=14라는 풀이 절차를 그대로 따라하라고 강요하는 것에 불과하다. 뺄셈 12−7도 이유를 밝히지 않은 채 12−7=10−7+2=3+2=5와 같이 십에서의 뺄셈을 먼저 하라는 절차만을 강요한다. 12의 일의 자리 숫자인 2부터 빼면 왜 안 되는지에 대한 설명도 없다. 그렇게 풀이 절차만을 따르라고 강요한다면 굳이 35+7과 45−7과 같이 받아올림과 받아내림이 있는 덧셈과 뺄셈을 1학년이 아닌 2학년으로 미루어 놓을 이유가 없지 않은가.

그렇다면 1학년 교과서의 덧셈과 뺄셈 단원에서는 왜 이런 구성을 택했을까? 1학년과 2학년의 차이, 즉 수 세기를 토대로 한 알고리즘 형성을 위한 준비와 알고리즘의 도입의 차이를 구별하지 못했기 때문이다. 첫 단추를 잘못 낀 탓에 연산 교육이 아닌 연산 훈련을 위한 내용으로 채워지게 된 것이다.

앞에서 2학기 덧셈과 뺄셈을 어떻게 가르칠 것인가를 논의하며, 1학기에 아이들이 덧셈과 뺄셈을 처음 접할 때 수 세기를 토대로 하였다는 사실을 강조한 바 있다. 이런 관점으로 『생각하는 초등연산』에서는 받아올림과 받아내림이라는 알고리즘의 직접적 도입이 2학년의 덧셈과 뺄셈에서 이루어지도록 설계하고 구성했다. 1학년 덧셈과 뺄셈의 기본 원리는 2학년과는 다르게 수 세기를 토대로 이루어져야 하기 때문이다. 다시 그 과정을 정리하면 다음과 같다.

- 초등학교 입학 전에 이미 아이들은 유치원이나 가정에서 수 세기를 익히며 간단한 덧셈과 뺄셈을 할 수 있다. 따라서 1학년 1학기는 이때의 수 세기를 그대로 이어받아 덧셈과 뺄셈 기호인 +와 −를 도입하여 식으로 나타내는 것에 중점을 두어야 한다.
- 2학기의 덧셈과 뺄셈은 수 세기를 토대로 하는 합이 십을 넘는 덧셈, 십 몇에서 한 자리 수의 뺄셈, 마지막으로 십의 자리끼리 그리고 일의 자리끼리 더하고 빼는 (받아올림과 받아내림이 없는) 두 자리 수의 덧셈과 뺄셈을 다룬다.

따라서 『생각하는 초등연산』의 단원 구성은 아이가 2학년이 되어 덧셈과 뺄셈의 알고리즘을 스스로 생각하여 자연스럽게 터득할 수 있도록 인내심을 갖고 기다려주는 깊은 배려가 담겨 있다. 그래서 생각하는 연산이다!

4 일차 받아내림이 없는 (두 자리 수)-(한 자리 수)(1)

공부한 날짜 월 일

문제 1 | 다음을 계산하시오.

(1) $3-1=\square$　(2) $5-4=\square$　(3) $6-3=\square$

(4) $7-2=\square$　(5) $9-6=\square$　(6) $8-5=\square$

문제 2 | 보기와 같이 표에 뺄셈을 나타내고 □ 안에 알맞은 수를 넣으시오.

보기

$14-3=\boxed{11}$

11	12	13	14	15	16	17	18	19	20
21	22	23	24	25	26	27	28	29	30
31	32	33	34	35	36	37	38	39	40
41	42	43	44	45	46	47	48	49	50

(1) $18-3=\square$　(2) $24-4=\square$　(3) $29-3=\square$

(4) $36-5=\square$　(5) $39-2=\square$　(6) $48-6=\square$

선생님만 보세요

문제 1 1학년 1학기에 배웠던 받아내림이 없는 한 자리 수 뺄셈의 복습이다.

51	52	53	54	55	56	57	58	59	60
61	62	63	64	65	66	67	68	69	70
71	72	73	74	75	76	77	78	79	80

(7) $53-2=\square$　(8) $58-4=\square$　(9) $66-5=\square$

(10) $69-2=\square$　(11) $72-2=\square$　(12) $78-5=\square$

61	62	63	64	65	66	67	68	69	70
71	72	73	74	75	76	77	78	79	80
81	82	83	84	85	86	87	88	89	90
91	92	93	94	95	96	97	98	99	100

(13) $68-7=\square$　(14) $74-3=\square$　(15) $79-4=\square$

(16) $87-6=\square$　(17) $95-3=\square$　(18) $98-2=\square$

선생님만 보세요

문제 2 받아내림이 없는 (몇십 몇)−(몇)의 문제를 수 배열표를 이용해 해결한다. 일의 자리 수를 빼는 것이므로, 수 배열표에서 왼쪽으로 이동하는 일의 자리에 대한 변화를 화살표를 그리며 확인하여 뺄셈의 답을 구한다. **주의** 앞의 덧셈에서 제시된 수 배열표와는 다르게 각 줄의 일의 자리가 1부터 시작하여 0에서 끝난다. 하지만 받아내림이 없는 뺄셈이므로 굳이 이를 의식할 필요는 없다.

문제 3 | 보기와 같이 수직선에 표시하고 계산하시오.

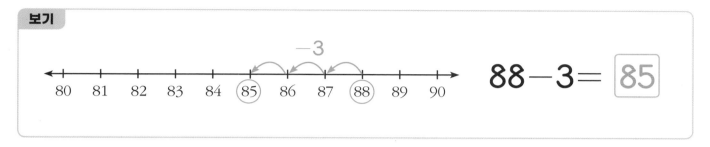

보기

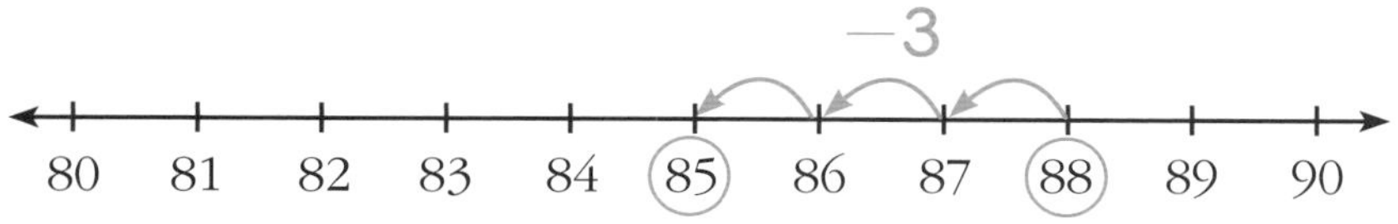

88−3= 85

(1)

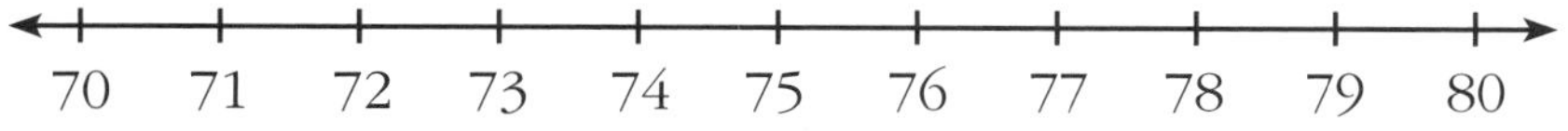

74−3= □

(2)

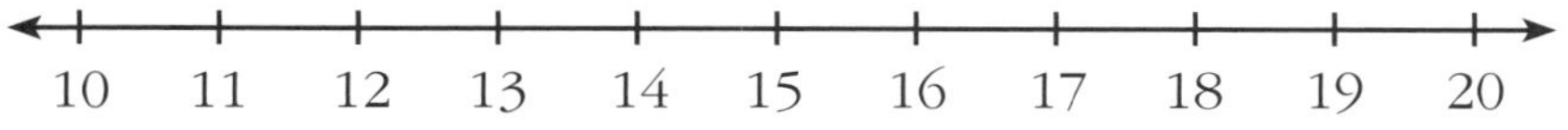

18−4= □

(3)

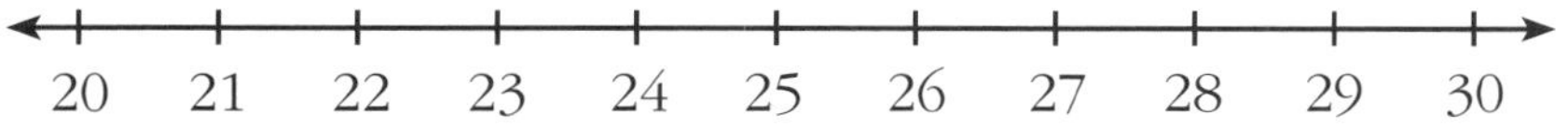

29−5= □

(4)

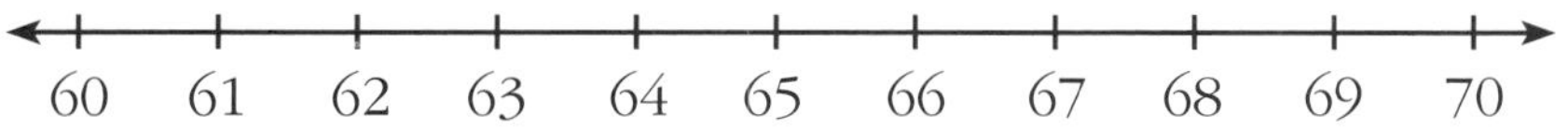

65−2= □

(5)

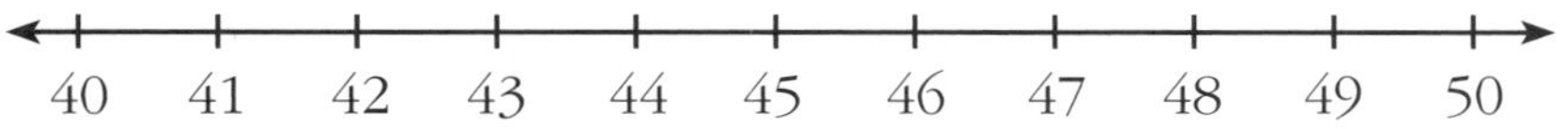

46−2= □

문제 3 받아올림이 없는 (몇십몇)−(몇) 문제를 수직선에서 한 칸씩 이동하며 일의 자리 변화를 확인한다. 마지막으로 이동한 수에 동그라미를 그리도록 권한다.

(6)

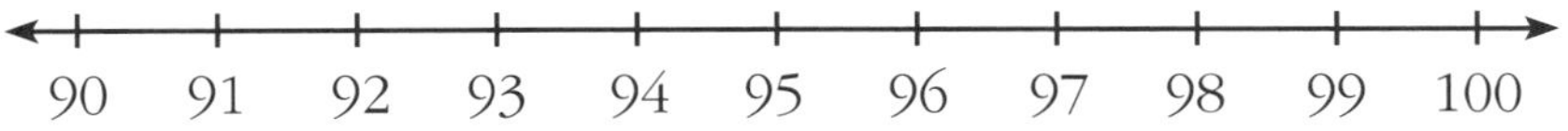

$99-7=$ □

(7)

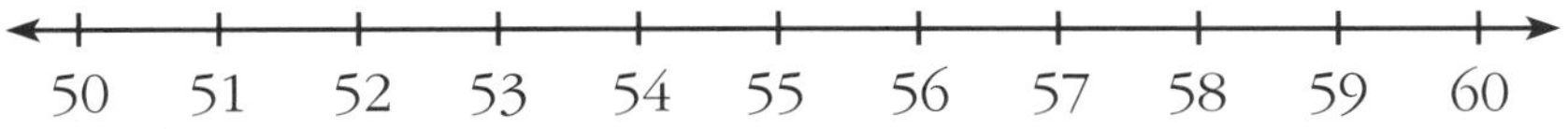

$55-3=$ □

(8)

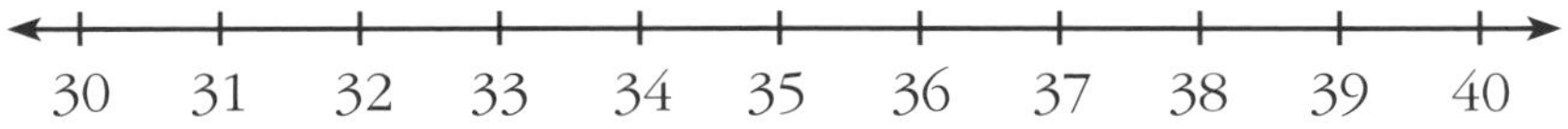

$38-6=$ □

(9)

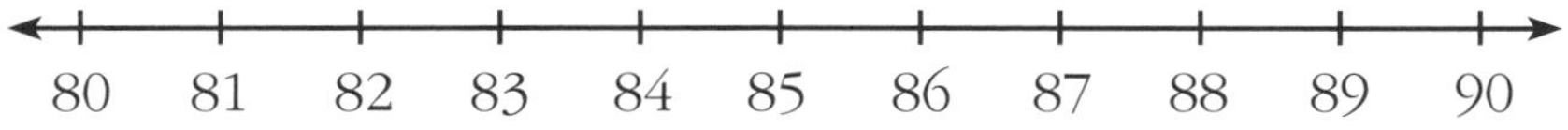

$84-4=$ □

(10)

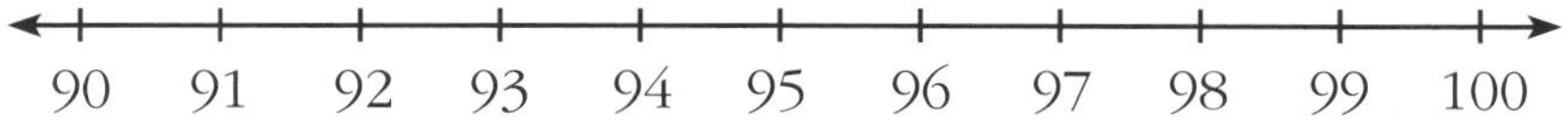

$97-5=$ □

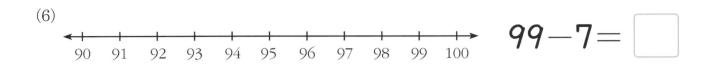

5일차 받아내림이 없는 (두 자리 수)-(한 자리 수)(2)

공부한 날짜　　월　　일

문제 1 | 수 배열표와 수직선에 화살표를 표시하고 빈칸을 채우시오.

81	82	83	84	85	86	87	88	89	90
91	92	93	94	95	96	97	98	99	100

(1) $96-4=\square$

(2) $89-5=\square$

(3)

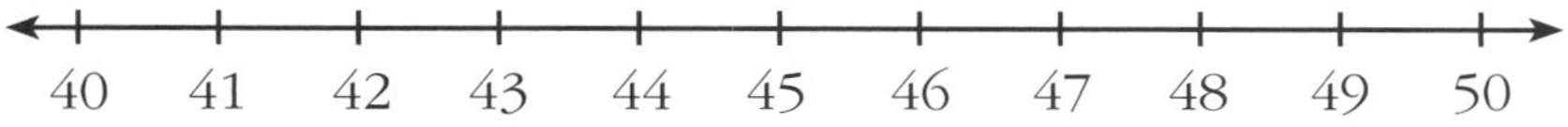

$46-2=\square$

(4)

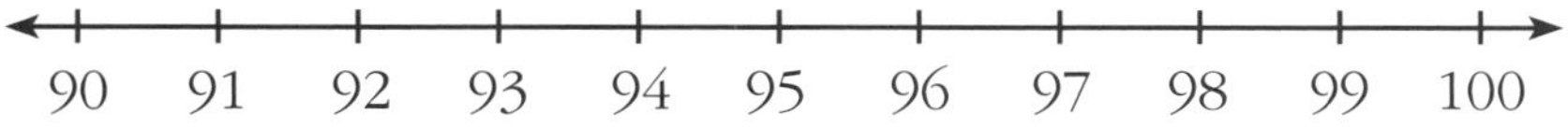

$99-7=\square$

(5)

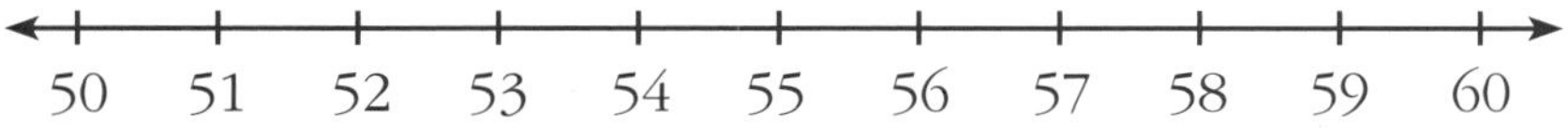

$56-3=\square$

선생님만 보세요

문제 1 받아내림이 없는 (두 자리 수)−(한 자리 수)의 이전 차시의 뺄셈을 수 배열표와 수직선에서 복습한다.

문제 2 | 보기와 같이 계산하시오.

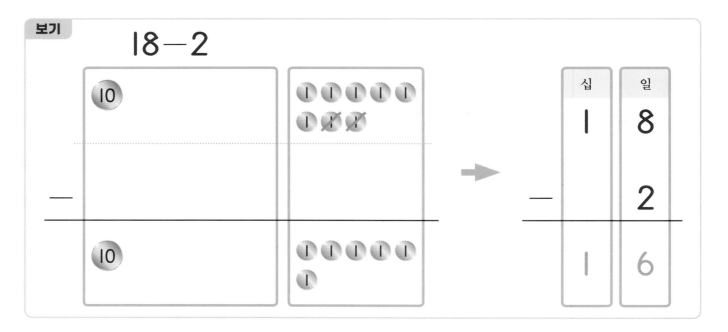

보기

18－2

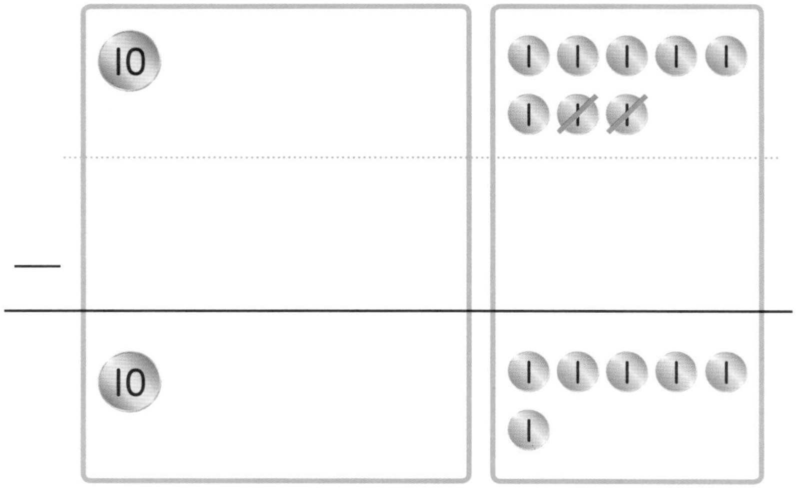

	십	일
	1	8
－		2
	1	6

(1) 45－2

	십	일
	4	5
－		2

(2) 36－2

	십	일
	3	6
－		2

(3) 49－5

	십	일
	4	9
－		5

(4) 15－3

	십	일
	1	5
－		3

(5) 77－6

	십	일
	7	7
－		6

(6) 54－4

	십	일
	5	4
－		4

선생님만 보세요

문제 2 받아내림이 없는 (두 자리 수)−(한 자리 수)를 세로셈으로 해결하는 문제다. 받아내림이 없기 때문에 일의 자리 수의 뺄셈만으로 문제를 풀 수 있다.

(7) $28-7$

십	일
2	8
−	7

(8) $15-4$

십	일
1	5
−	4

(9) $66-3$

십	일
6	6
−	3

문제 3 | 다음을 계산하시오.

(1) $94-1=\square$

(2) $29-5=\square$

(3) $86-5=\square$

(4) $77-4=\square$

(5) $35-2=\square$

(6) $66-2=\square$

선생님만 보세요 **문제 3** 받아내림이 없는 (두 자리 수)−(한 자리 수)이 가로셈으로 제시되어 있다.

(7) $43-1=\square$

(8) $59-4=\square$

(9) $19-3=\square$

(10) $76-6=\square$

(11) $89-5=\square$

(12) $67-3=\square$

6 일차

받아내림이 없는 (두 자리 수)-(한 자리 수)(3)

공부한 날짜 월 일

문제 1 | 다음을 계산하시오.

(1) $17-5$

	십	일
	1	7
−		5

(2) $78-2$

	십	일
	7	8
−		2

(3) $99-5$

	십	일
	9	9
−		5

(4) $28-3=\square$

(5) $55-1=\square$

(6) $46-4=\square$

(7) $29-8=\square$

(8) $83-2=\square$

(9) $88-6=\square$

선생님만 보세요

문제 1 세로셈과 가로셈으로 제시된 이전 차시 뺄셈의 복습이다.

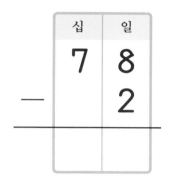

문제 2 | 계산한 결과가 같은 것끼리 선으로 연결하시오.

(1)

19−8	17−2
16−1	12−1
14−2	19−5
18−4	16−4

(2)

33−1	37−5
36−3	39−6
39−3	39−5
37−3	38−2

(3)

88−2	82−1
86−4	88−4
89−8	89−3
89−5	87−5

(4)

78−4	77−6
79−4	76−1
79−8	78−5
75−2	76−2

선생님만 보세요

문제 2 뺄셈의 답이 같은 것끼리 짝짓는 문제다. 받아내림이 없어 십의 자리가 모두 같기 때문에 일의 자리 뺄셈 결과만 비교하면 문제 해결이 가능하다.

(5)

45－2 •	• 45－3
43－2 •	• 48－2
47－1 •	• 44－1
49－7 •	• 47－6

(6)

59－8 •	• 59－3
57－1 •	• 57－6
58－4 •	• 54－2
55－3 •	• 59－5

문제 3 | 보기와 같이 계산하시오.

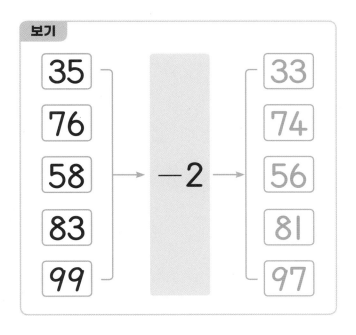

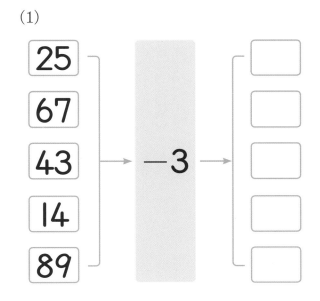

보기

35		33
76		74
58	→ －2 →	56
83		81
99		97

(1)

25		
67		
43	→ －3 →	
14		
89		

선생님만 보세요

문제 3 받아내림이 없는 (두 자리 수)−(한 자리 수)의 뺄셈에서 빼는 수를 고정한 뺄셈식 연습이다.

(2)

38		
87		
49	−6	
66		
58		

(3)

45		
59		
67	−4	
16		
38		

(4)

96		
87		
19	−5	
78		
37		

(5)

17		
23		
64	−2	
48		
79		

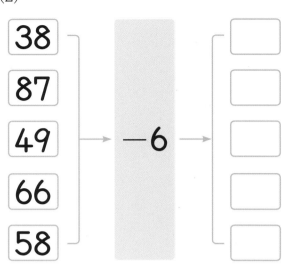

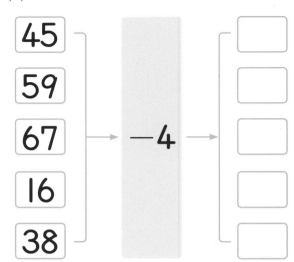

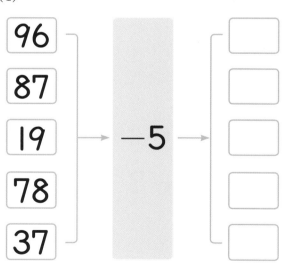

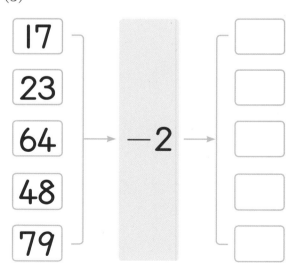

7 일차 일의 자리가 0인 수들끼리의 덧셈과 뺄셈

공부한 날짜 월 일

문제 1 | 보기와 같이 표에 화살표를 그리고 □ 안에 알맞은 수를 넣으시오.

보기

41	42	43	44	45	46	47	48	49	50
51	52	53	54	55	56	57	58	59	60
61	62	63	64	65	66	67	68	69	70
71	72	73	74	75	76	77	78	79	80
81	82	83	84	85	86	87	88	89	90

$60+30=$ 90

41	42	43	44	45	46	47	48	49	50
51	52	53	54	55	56	57	58	59	60
61	62	63	64	65	66	67	68	69	70
71	72	73	74	75	76	77	78	79	70
81	82	83	84	85	86	87	88	89	90

$70-20=$ 50

41	42	43	44	45	46	47	48	49	50
51	52	53	54	55	56	57	58	59	60
61	62	63	64	65	66	67	68	69	70
71	72	73	74	75	76	77	78	79	80
81	82	83	84	85	86	87	88	89	90

(1) $50+20=$ □

41	42	43	44	45	46	47	48	49	50
51	52	53	54	55	56	57	58	59	60
61	62	63	64	65	66	67	68	69	70
71	72	73	74	75	76	77	78	79	80
81	82	83	84	85	86	87	88	89	90

(2) $70+10=$ □

41	42	43	44	45	46	47	48	49	50
51	52	53	54	55	56	57	58	59	60
61	62	63	64	65	66	67	68	69	70
71	72	73	74	75	76	77	78	79	80
81	82	83	84	85	86	87	88	89	90

(3) $80+10=$ □

41	42	43	44	45	46	47	48	49	50
51	52	53	54	55	56	57	58	59	60
61	62	63	64	65	66	67	68	69	70
71	72	73	74	75	76	77	78	79	80
81	82	83	84	85	86	87	88	89	90

(4) $60-10=$ □

선생님만 보세요

문제 1 두 자리 수의 덧셈과 뺄셈을 도입한다. 일의 자리 숫자가 0인 (몇 십) ± (몇 십)을 수 배열표에서 확인한다. 10씩 뛰어 세기를 하는 덧셈이지만, 십의 자리 숫자만 바뀌므로 쉽게 답할 수 있다. **주의** 수 배열표에서는 오른쪽 마지막 줄에 있는 숫자만 바뀌지만 왼쪽에 있는 일의 자리 숫자 열 개가 있음을 알려줄 필요가 있다.

41	42	43	44	45	46	47	48	49	50
51	52	53	54	55	56	57	58	59	60
61	62	63	64	65	66	67	68	69	70
71	72	73	74	75	76	77	78	79	80
81	82	83	84	85	86	87	88	89	90

(5) $90-20=\square$

41	42	43	44	45	46	47	48	49	50
51	52	53	54	55	56	57	58	59	60
61	62	63	64	65	66	67	68	69	70
71	72	73	74	75	76	77	78	79	80
81	82	83	84	85	86	87	88	89	90

(6) $80-30=\square$

21	22	23	24	25	26	27	28	29	30
31	32	33	34	35	36	37	38	39	40
41	42	43	44	45	46	47	48	49	50
51	52	53	54	55	56	57	58	59	60
61	62	63	64	65	66	67	68	69	70

(7) $30+10=\square$

21	22	23	24	25	26	27	28	29	30
31	32	33	34	35	36	37	38	39	40
41	42	43	44	45	46	47	48	49	50
51	52	53	54	55	56	57	58	59	60
61	62	63	64	65	66	67	68	69	70

(8) $40+20=\square$

21	22	23	24	25	26	27	28	29	30
31	32	33	34	35	36	37	38	39	40
41	42	43	44	45	46	47	48	49	50
51	52	53	54	55	56	57	58	59	60
61	62	63	64	65	66	67	68	69	70

(9) $50+10=\square$

21	22	23	24	25	26	27	28	29	30
31	32	33	34	35	36	37	38	39	40
41	42	43	44	45	46	47	48	49	50
51	52	53	54	55	56	57	58	59	60
61	62	63	64	65	66	67	68	69	70

(10) $60-20=\square$

21	22	23	24	25	26	27	28	29	30
31	32	33	34	35	36	37	38	39	40
41	42	43	44	45	46	47	48	49	50
51	52	53	54	55	56	57	58	59	60
61	62	63	64	65	66	67	68	69	70

(11) $60-30=\square$

21	22	23	24	25	26	27	28	29	30
31	32	33	34	35	36	37	38	39	40
41	42	43	44	45	46	47	48	49	50
51	52	53	54	55	56	57	58	59	60
61	62	63	64	65	66	67	68	69	70

(12) $50-10=\square$

문제 2 | 보기와 같이 수직선에 표시를 하고 □ 안에 알맞은 수를 넣으시오.

보기

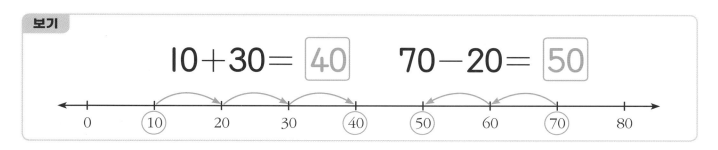

$10+30=\boxed{40}$　　$70-20=\boxed{50}$

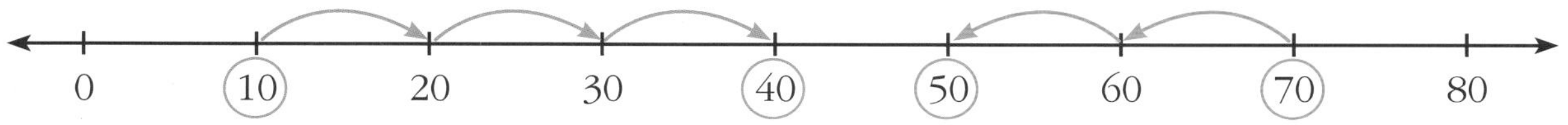

(1)
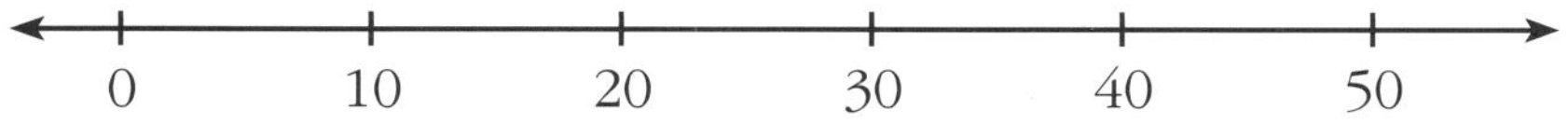

$10+40=\square$

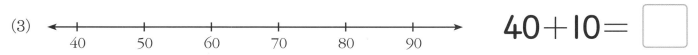

(2)

$30+40=\square$

(3)

$40+10=\square$

문제 2 앞의 문제와 같은 (몇 십) ± (몇 십)을 수직선 위에서 10씩 뛰어세기로 나타내어 답을 구하는 활동이다.

주의 앞의 수 배열표를 한 줄씩 옆으로 이어붙이면 수직선이 된다는 것을 알려주자. 즉, 수 배열표와 수직선의 관계를 파악하도록 하라.

(4) 

$20+20=$ [ ]

(5) 

$50+30=$ [ ]

(6) 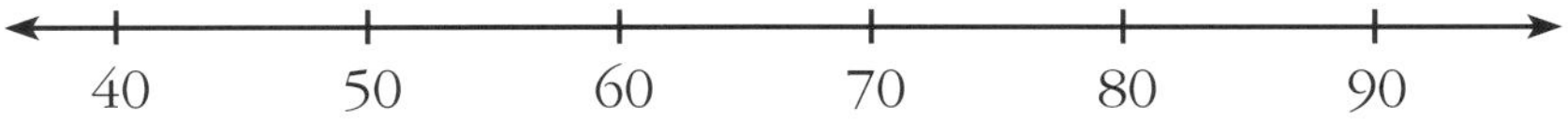

$80-20=$ [ ]

(7) 

$70-10=$ [ ]

(8) 

$60-30=$ [ ]

(9) 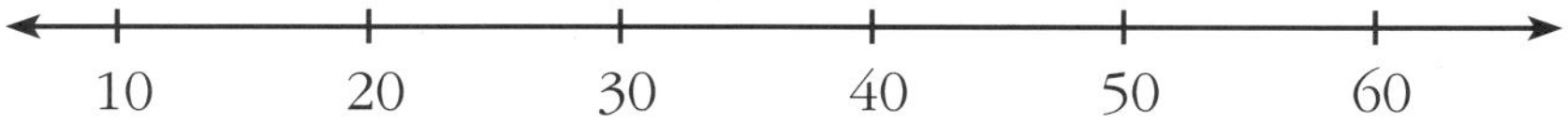

$50-40=$ [ ]

(10) 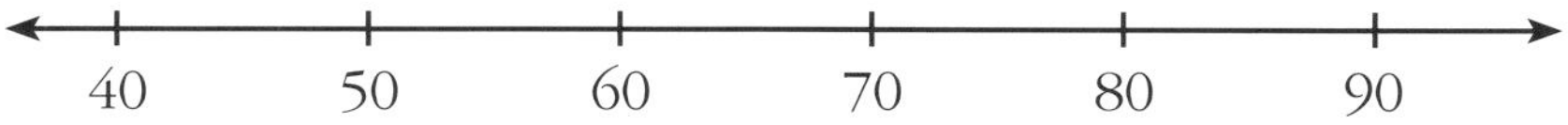

$90-10=$ [ ]

8 일차 받아올림과 받아내림이 없는 두 자리 수들끼리의 덧셈과 뺄셈(1)

공부한 날짜 　　월 　　일

문제 1 | 보기와 같이 표에 화살표를 그리고 □ 안에 수를 넣으시오.

보기

$41+32=$ [73] 　　 $59-23=$ [36]

선생님만 보세요

문제 1 이제 일의 자리 숫자가 0이 아닌 두 자리 수들끼리의 덧셈과 뺄셈을 수 배열표에서 연습한다. 일의 자리의 덧셈과 뺄셈은 좌우로 이동하고 나서, 십의 자리의 덧셈과 뺄셈은 위아래로 이동하는 것을 확인할 수 있다.

11	12	13	14	15	16	17	18	19	20
21	22	23	24	25	26	27	28	29	30
31	32	33	34	35	36	37	38	39	40
41	42	43	44	45	46	47	48	49	50
51	52	53	54	55	56	57	58	59	60
61	62	63	64	65	66	67	68	69	70
71	72	73	74	75	76	77	78	79	80
81	82	83	84	85	86	87	88	89	90
91	92	93	94	95	96	97	98	99	100

(1) $55+23=\square$

(2) $67-22=\square$

(3) $31+13=\square$

(4) $89-64=\square$

(5) $72+27=\square$

(6) $68-31=\square$

문제 2 | 보기와 같이 표에 화살표를 그리고 계산하시오.

보기

$41+32=$ 73 $59-23=$ 36

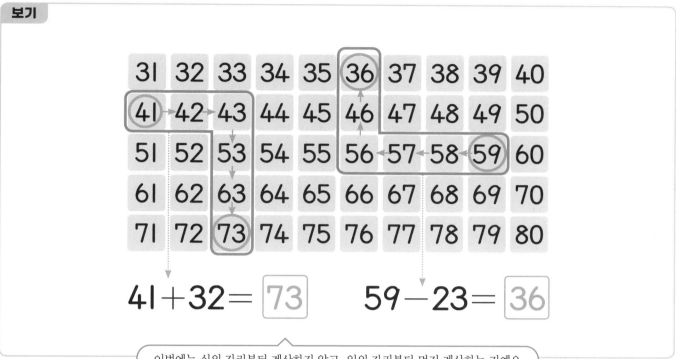

이번에는 십의 자리부터 계산하지 않고, 일의 자리부터 먼저 계산하는 거예요.

선생님만 보세요

문제 2 이제 일의 자리 숫자가 0이 아닌 두 자리 수들끼리의 덧셈과 뺄셈을 수 배열표에서 연습한다. 일의 자리의 덧셈과 뺄셈은 좌우로 이동하고 나서, 십의 자리의 덧셈과 뺄셈은 위아래로 이동하는 것을 확인할 수 있다.

11	12	13	14	15	16	17	18	19	20
21	22	23	24	25	26	27	28	29	30
31	32	33	34	35	36	37	38	39	40
41	42	43	44	45	46	47	48	49	50
51	52	53	54	55	56	57	58	59	60
61	62	63	64	65	66	67	68	69	70
71	72	73	74	75	76	77	78	79	80
81	82	83	84	85	86	87	88	89	90
91	92	93	94	95	96	97	98	99	100

(1) $56-31=\square$

(2) $35+34=\square$

(3) $59-43=\square$

(4) $63+25=\square$

(5) $74-23=\square$

(6) $13+35=\square$

문제 3 | 보기와 같이 수직선에 표시하고 계산하시오.

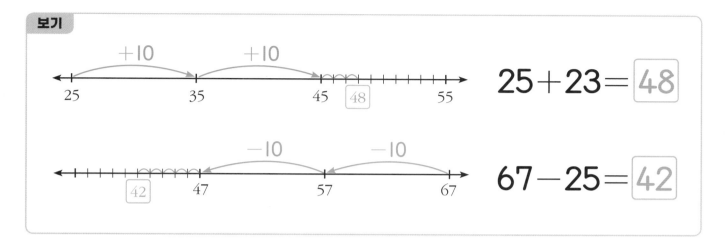

보기

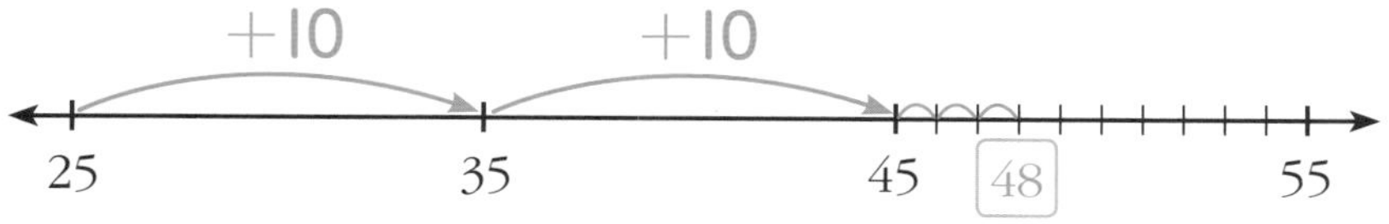

25+23= 48

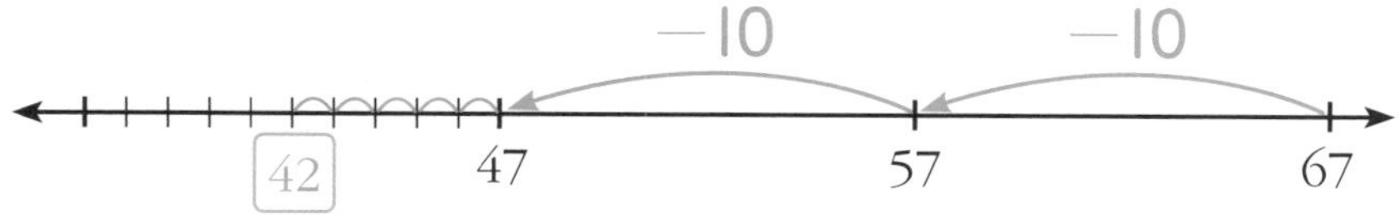

67−25= 42

(1) 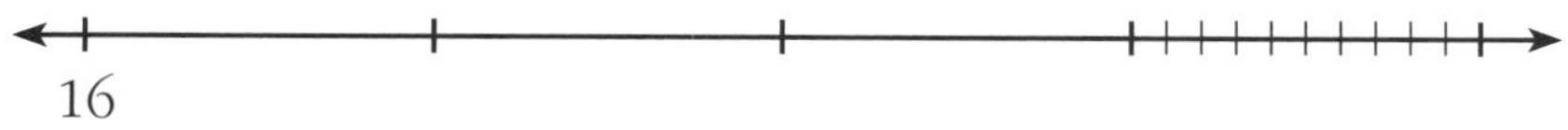

16+32= ☐

(2) 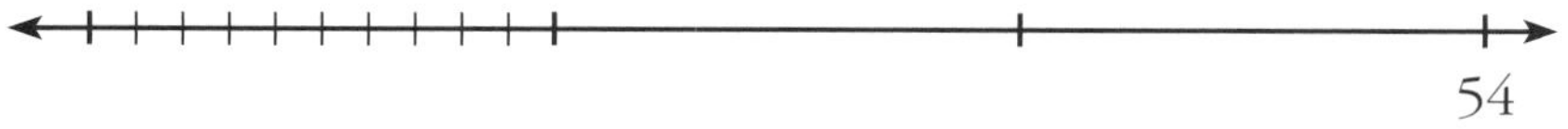

54−22= ☐

(3) 

81+15= ☐

(4) 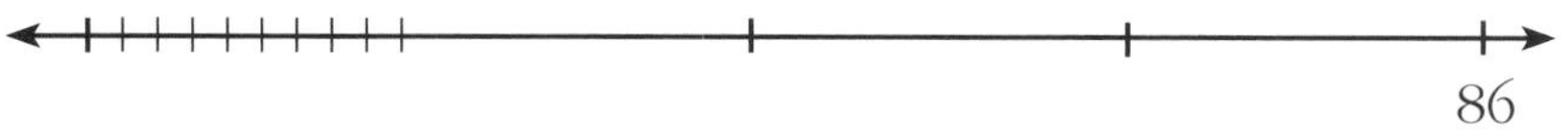

86−34= ☐

(5) 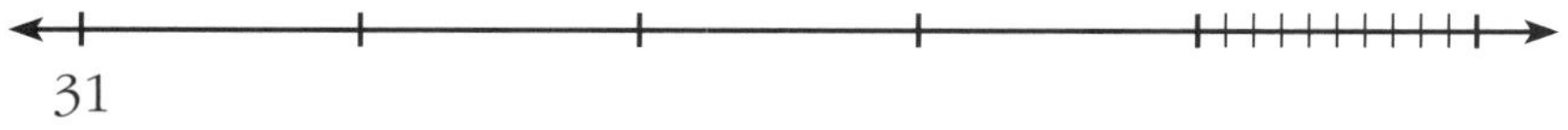

31+46= ☐

선생님만 보세요

문제 3 수 배열표에서의 덧셈과 뺄셈을 수직선 위에서 실행한다. 먼저 십의 자리 그 다음에 일의 자리 숫자를 이동하면서 각 자리의 숫자 변화에 주목한다.

문제 4 | 보기와 같이 수직선에 표시하고 계산하시오.

보기

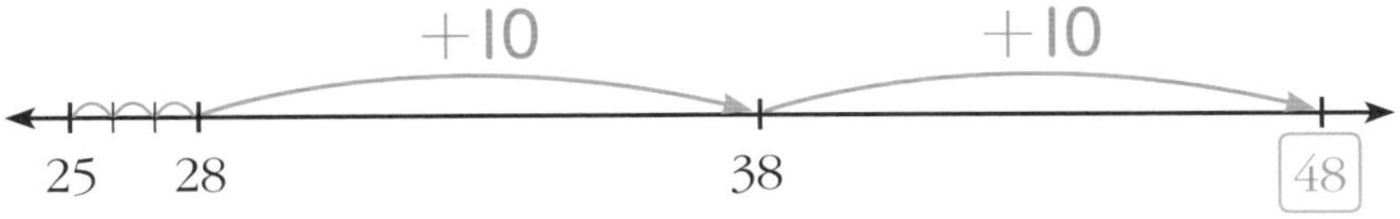

25+23= 48

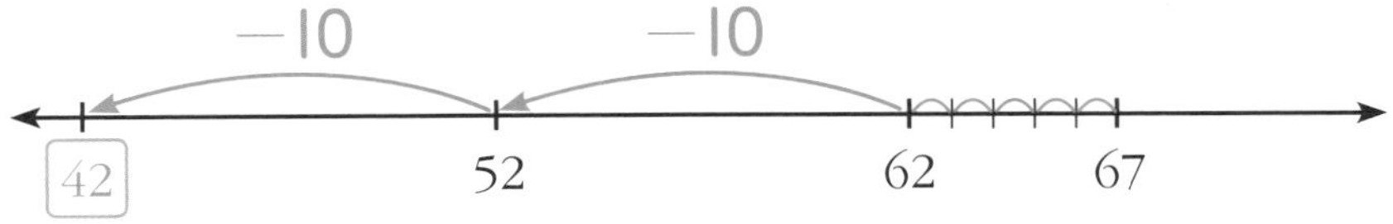

67−25= 42

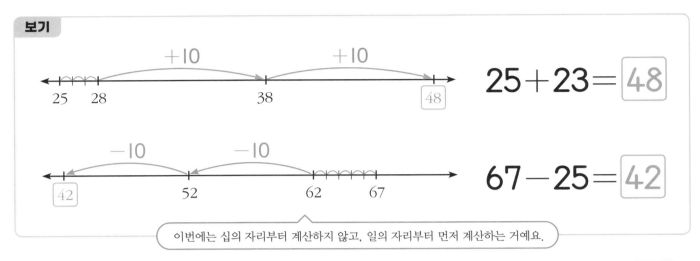

이번에는 십의 자리부터 계산하지 않고, 일의 자리부터 먼저 계산하는 거예요.

(1) 

98−31= ☐

(2) 

62+26= ☐

(3) 

77−12= ☐

(4) 

43+51= ☐

(5) 

46−23= ☐

선생님만 보세요

문제 4 수 배열표에서의 덧셈과 뺄셈을 수직선 위에서 실행한다. 먼저 일의 자리 그 다음에 십의 자리 숫자를 이동하면서 각 자리의 숫자 변화에 주목한다.

9 일차 받아올림과 받아내림이 없는 두 자리 수들끼리의 덧셈과 뺄셈(2)

✎ 공부한 날짜 월 일

문제 1 | 보기와 같이 계산하시오.

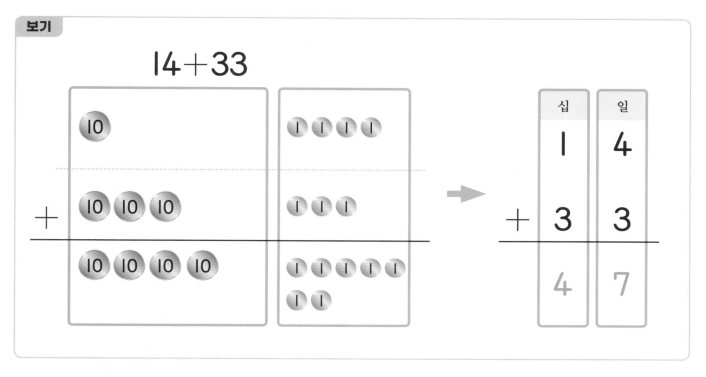

보기

14+33

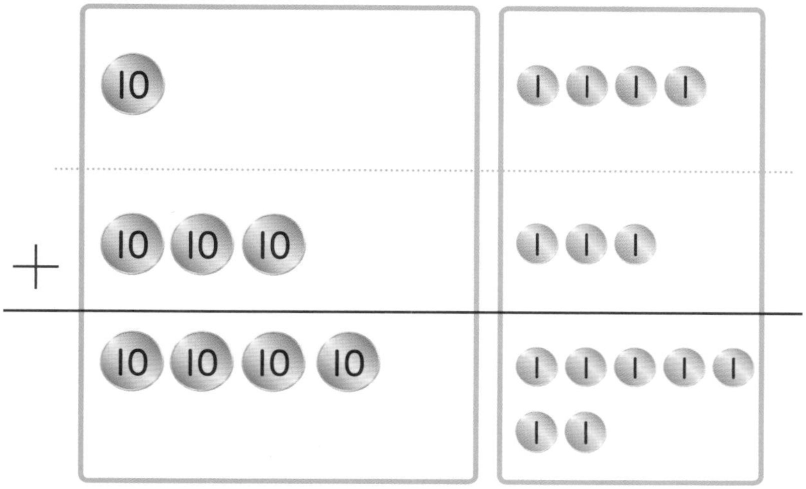

	십	일
	1	4
+	3	3
	4	7

(1) 28+11

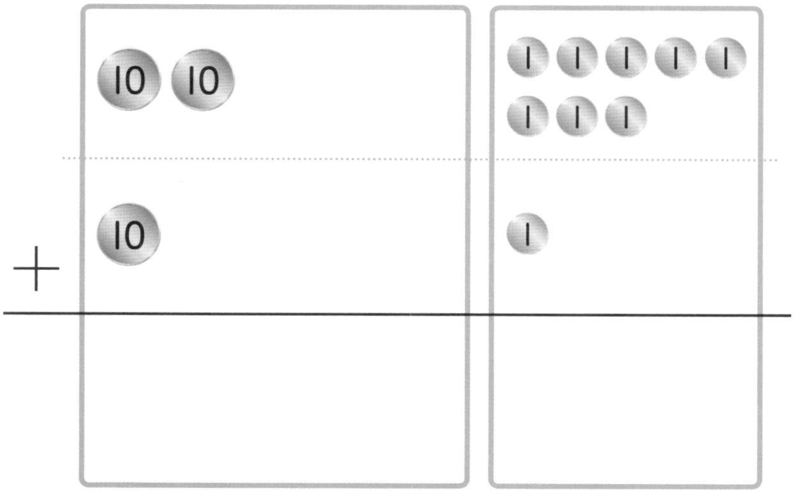

	십	일
	2	8
+	1	1

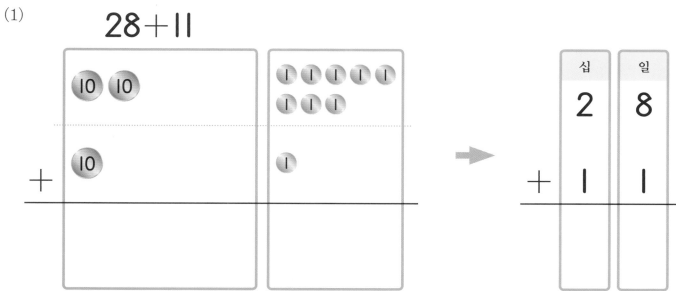

문제 1 받아올림이 없는 두 자리 수들끼리의 덧셈을 동전 모델을 이용한 세로셈으로 실행한다.
십 원짜리와 일 원짜리 동전의 개수를 세로셈에서 확인한다.

(2) $37+21$

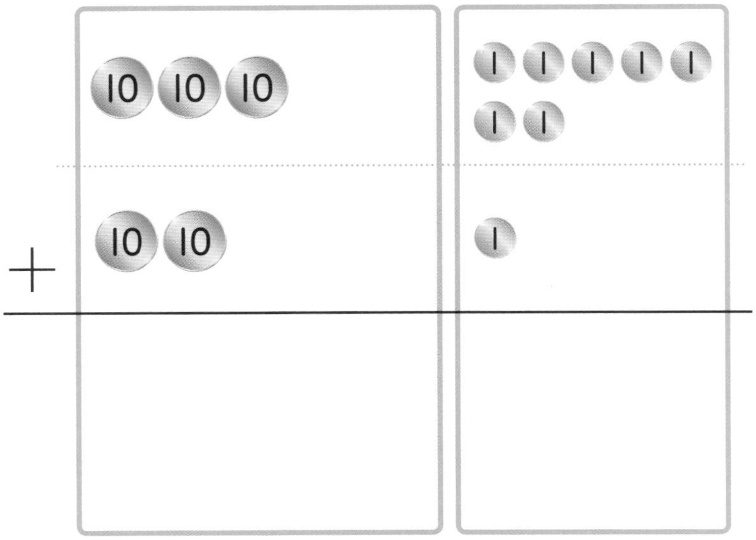

	십	일
	3	7
+	2	1

(3) $42+31$

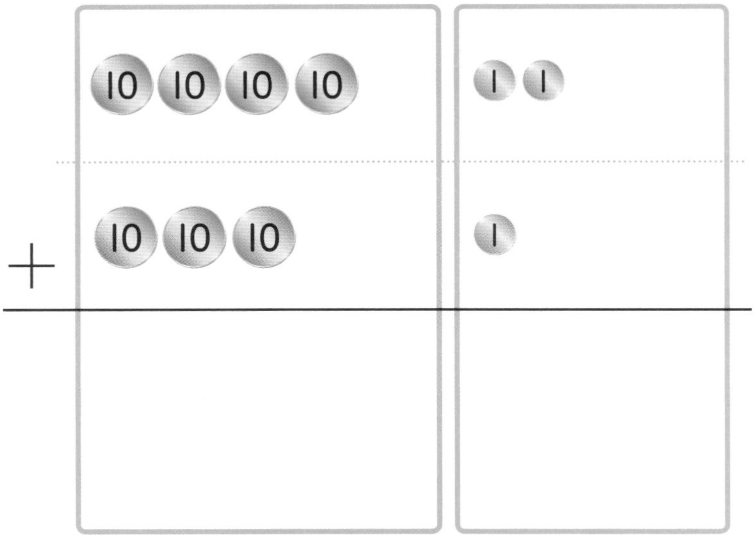

	십	일
	4	2
+	3	1

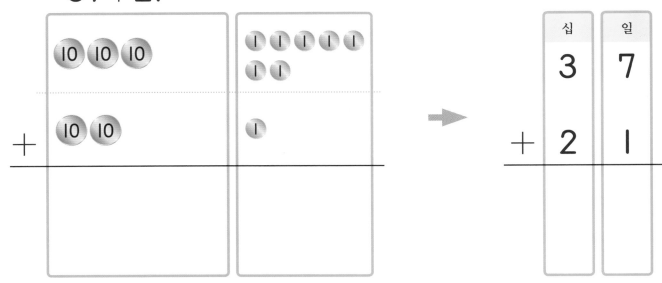

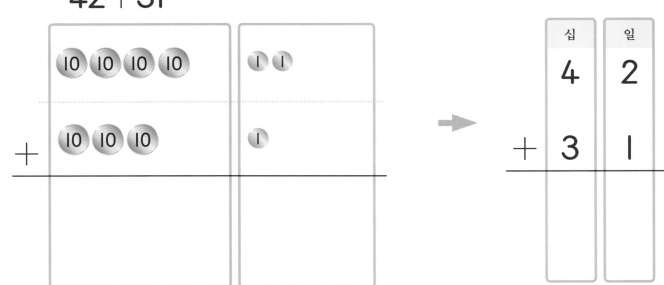

(4) $25+23$

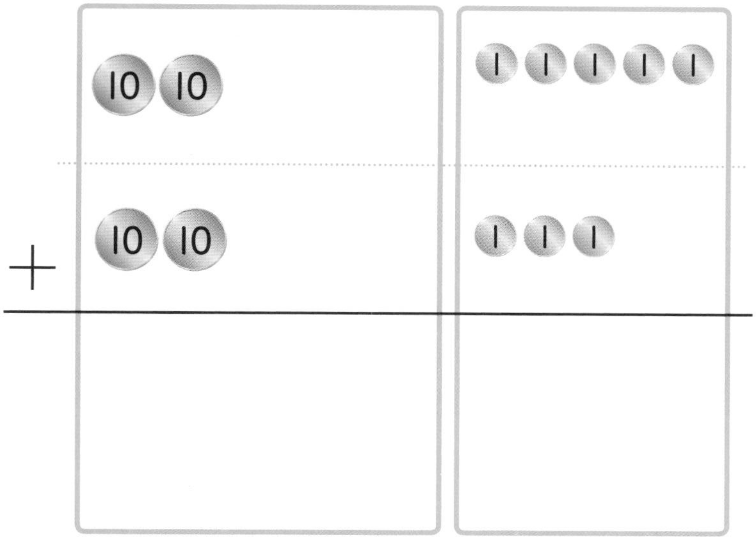

	십	일
	2	5
+	2	3

(5) $36+12$

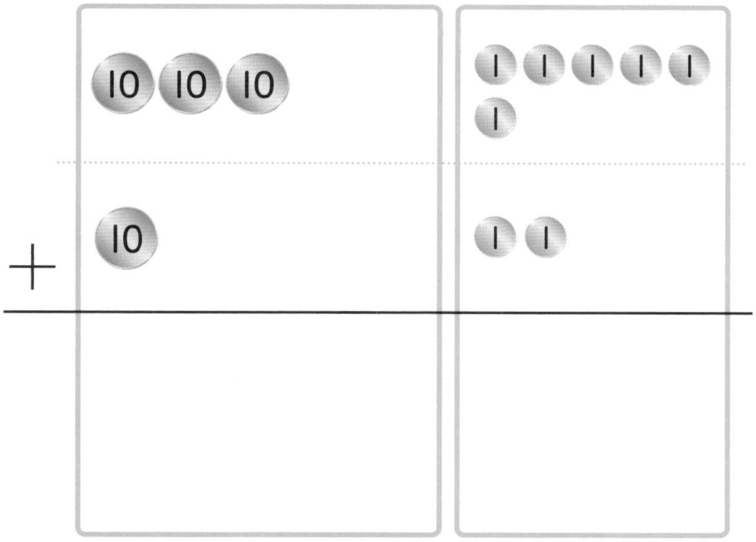

	십	일
	3	6
+	1	2

문제 2 | 보기와 같이 계산하시오.

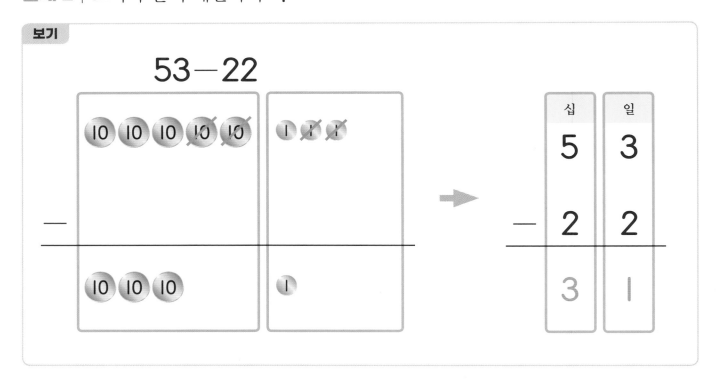

보기

53 − 22

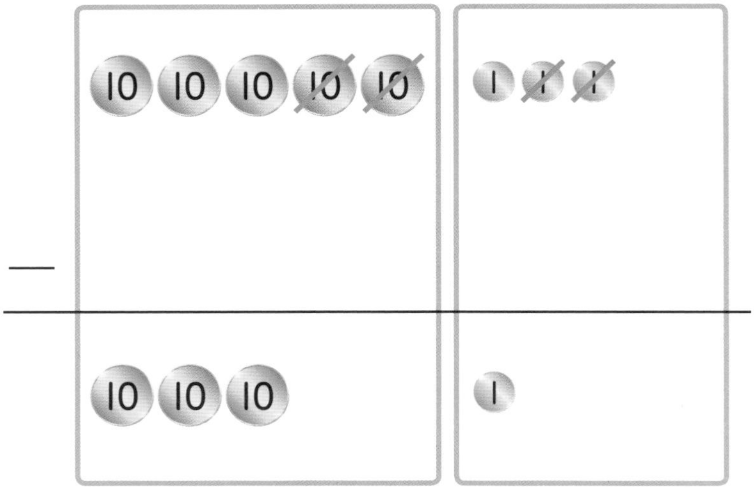

	십	일
	5	3
−	2	2
	3	1

(1) 48 − 13

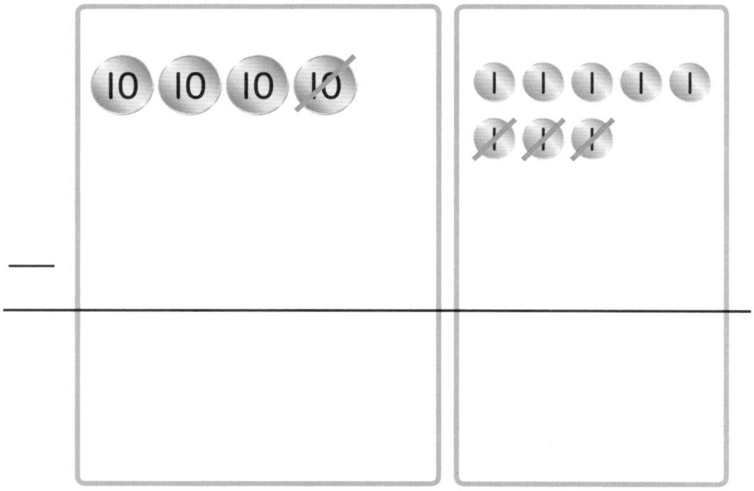

	십	일
	4	8
−	1	3

선생님만 보세요

문제 2 문제 1과 같이 받아내림이 없는 두 자리 수의 뺄셈을 동전모델을 이용한 세로셈으로 실행한다. 십 원짜리와 일 원짜리 동전의 개수를 세로셈에서 확인한다.

(2) 47－21

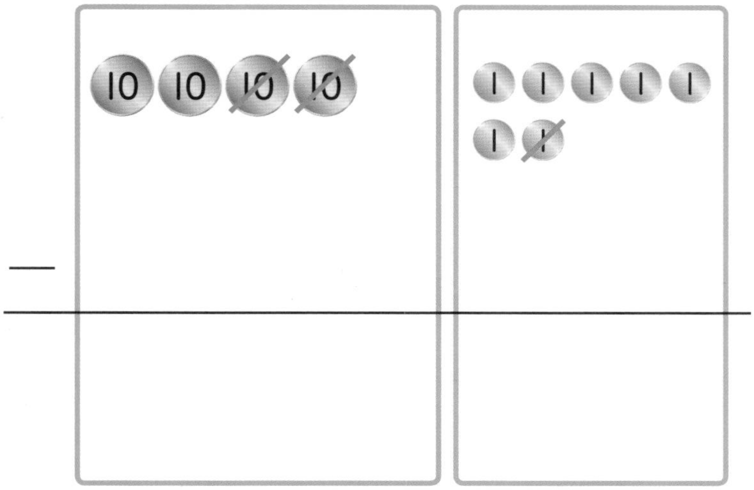

	십	일
	4	7
－	2	1

(3) 32－21

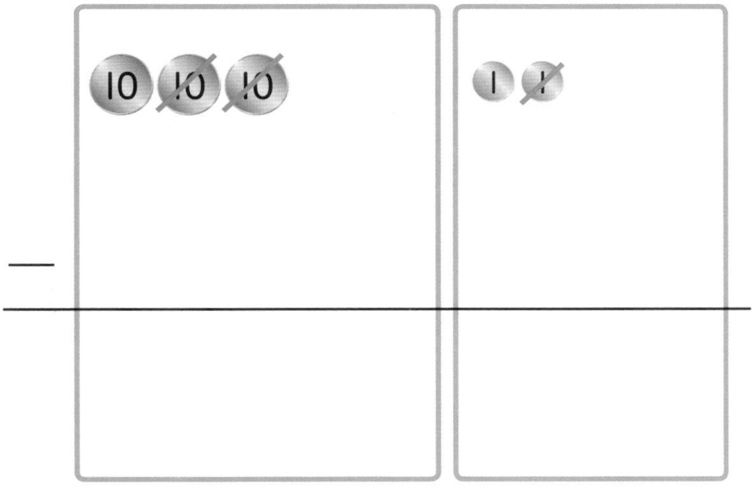

	십	일
	3	2
－	2	1

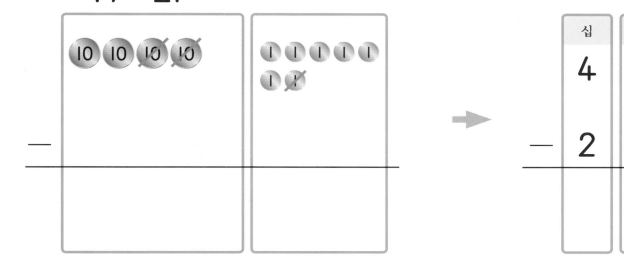

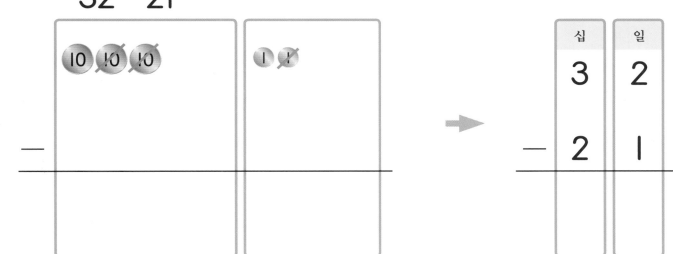

(4) $59-43$

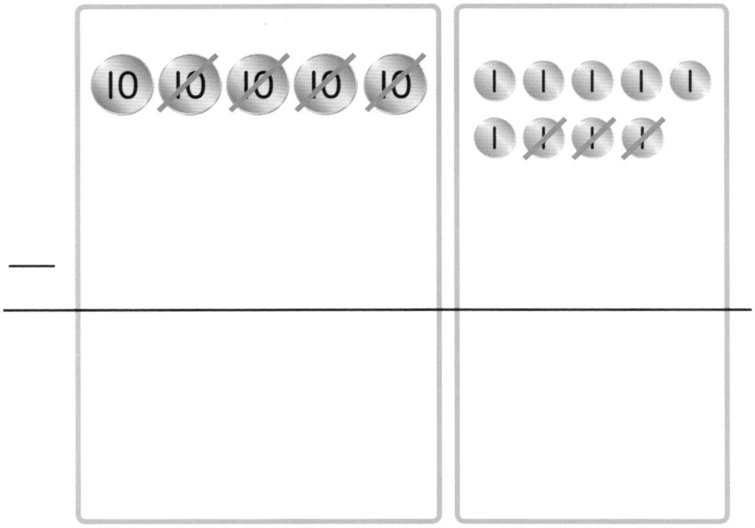

	십	일
	5	9
−	4	3

(5) $36-12$

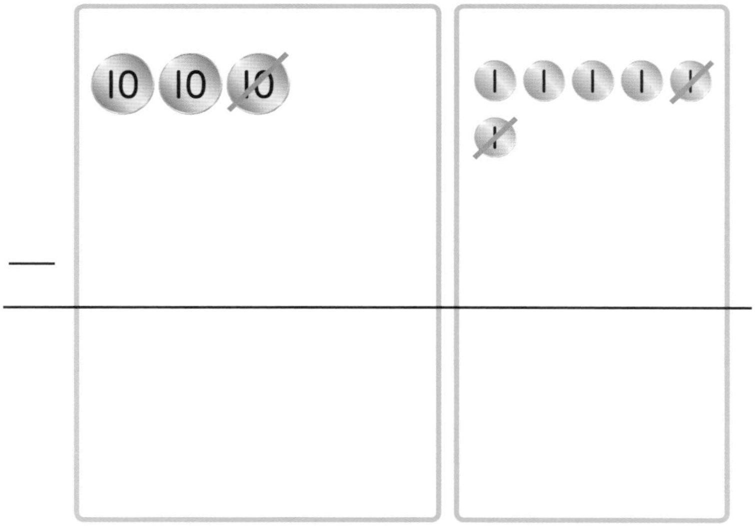

	십	일
	3	6
−	1	2

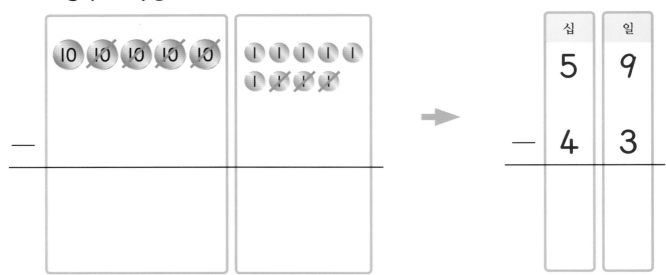

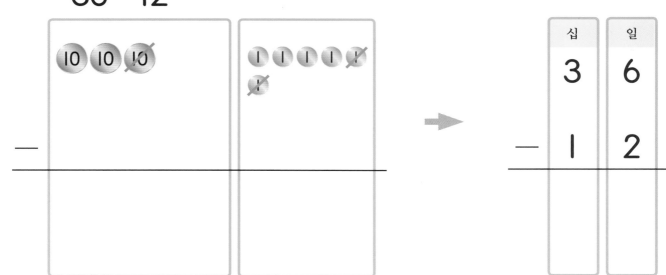

문제 3 | 다음을 계산하시오.

(1) $83+16=\square$

(2) $74-23=\square$

(3) $63+25=\square$

(4) $51+24=\square$

(5) $56-13=\square$

(6) $14+72=\square$

(7) $23+66=\square$

(8) $35+64=\square$

(9) $62+34=\square$

(10) $77-15=\square$

(11) $88-37=\square$

(12) $25+12=\square$

(13) $14+41=\square$

(14) $67+12=\square$

(15) $79-44=\square$

(16) $94-71=\square$

(17) $67-56=\square$

(18) $12+46=\square$

(19) $96-83=\square$

(20) $23+52=\square$

선생님만 보세요

문제 3 이제 숫자로만 이루어진 두 자리 수들의 덧셈과 뺄셈이다. 가로셈으로 제시되었다. 굳이 세로셈으로 제시할 필요가 없기 때문이다.

10일차 받아올림과 받아내림이 없는 두 자리 수들끼리의 덧셈과 뺄셈(3)

공부한 날짜 월 일

문제 1 | 다음을 계산하시오.

보기

$$\begin{array}{r} 71 \\ +\ 17 \\ \hline 88 \end{array} \qquad \begin{array}{r} 53 \\ -\ 41 \\ \hline 12 \end{array}$$

(1) $\begin{array}{r} 42 \\ +\ 33 \\ \hline \end{array}$

(2) $\begin{array}{r} 55 \\ -\ 12 \\ \hline \end{array}$

(3) $\begin{array}{r} 72 \\ +\ 21 \\ \hline \end{array}$

(4) $\begin{array}{r} 62 \\ +\ 34 \\ \hline \end{array}$

(5) $\begin{array}{r} 43 \\ -\ 11 \\ \hline \end{array}$

(6) $\begin{array}{r} 52 \\ +\ 27 \\ \hline \end{array}$

(7) $\begin{array}{r} 71 \\ +\ 18 \\ \hline \end{array}$

(8) $\begin{array}{r} 62 \\ -\ 12 \\ \hline \end{array}$

(9) $\begin{array}{r} 63 \\ -\ 63 \\ \hline \end{array}$

(10) $\begin{array}{r} 42 \\ +\ 45 \\ \hline \end{array}$

선생님만 보세요

문제 1 받아올림과 받아내림이 없는 두 자리 수들끼리의 덧셈과 뺄셈 연습이다. 세로셈으로 제시되어 있다.

(11) $\begin{array}{r} 71 \\ +\ 24 \\ \hline \end{array}$

(12) $\begin{array}{r} 29 \\ -\ 18 \\ \hline \end{array}$

(13) $\begin{array}{r} 68 \\ -\ 25 \\ \hline \end{array}$

(14) $\begin{array}{r} 36 \\ +\ 13 \\ \hline \end{array}$

(15) $\begin{array}{r} 44 \\ +\ 23 \\ \hline \end{array}$

(16) $\begin{array}{r} 69 \\ -\ 42 \\ \hline \end{array}$

(17) $\begin{array}{r} 78 \\ -\ 12 \\ \hline \end{array}$

(18) $\begin{array}{r} 57 \\ -\ 35 \\ \hline \end{array}$

(19) $\begin{array}{r} 85 \\ -\ 73 \\ \hline \end{array}$

(20) $\begin{array}{r} 52 \\ +\ 31 \\ \hline \end{array}$

문제 2 | 다음을 계산하시오.

(1) $47-31=$ □

(2) $24+75=$ □

(3) $85-54=$ □

(4) $13+86=$ □

(5) $42+57=$ □

(6) $46-20=$ □

(7) $74-44=$ □

(8) $35+62=$ □

(9) $13+73=$ □

(10) $24+23=$ □

(11) $48-15=$ □

(12) $14+41=$ □

(13) $79-33=$ □

(14) $77-25=$ □

(15) $95-73=$ □

(16) $56+32=$ □

(17) $43+34=$ □

(18) $97-43=$ □

(19) $84-33=$ □

(20) $24+15=$ □

선생님만 보세요 **문제 2** 받아올림과 받아내림이 없는 두 자리 수들끼리의 덧셈과 뺄셈 연습이다. 가로셈으로 제시되어 있다.

11일차 받아올림과 받아내림이 없는 두 자리 수들끼리의 덧셈과 뺄셈(4)

공부한 날짜 월 일

문제 1 | 다음 숫자들을 옆으로 또는 아래로 더하시오.

보기

32	41	→	73
63	26	→	89
↓	↓		
95	67		

(1)

15	83	→	
64	13	→	
↓	↓		

(2)

24	54	→	
62	31	→	
↓	↓		

(3)

42	37	→	
56	21	→	
↓	↓		

선생님만 보세요

문제 1 직사각형 안에 있는 4개의 두 자리 수를 가로와 세로 방향으로 덧셈을 하는 연습 문제다.

문제 2 | 다음 숫자들을 옆으로 또는 아래로 빼시오.

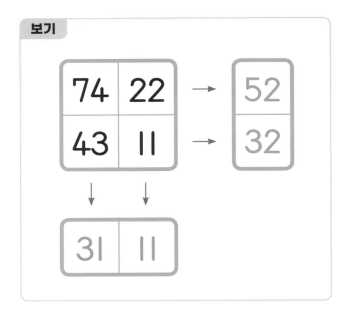

보기

74	22	→	52
43	11	→	32
↓	↓		
31	11		

(1)

85	43	→	
64	22	→	
↓	↓		

(2)

97	56	→	
65	34	→	
↓	↓		

(3)

89	66	→	
58	25	→	
↓	↓		

선생님만 보세요

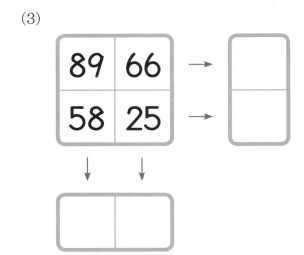

문제 2 직사각형 안에 있는 4개의 두 자리 수를 가로와 세로 방향으로 뺄셈을 하는 연습 문제다.

문제 3 | 직접 채점을 해보고, 틀린 답을 바르게 고치시오.

(1) $51+28=79$

(2) $35-13=$ ~~24~~ 21

(3) $73+21=85$

(4) $62+36=68$

(5) $73+12=85$

(6) $56-21=35$

(7) $48-37=11$

(8) $78-23=46$

(9) $26+12=36$

(10) $56+31=87$

(11) $48+11=59$

(12) $22+43=66$

(13) $68-45=21$

(14) $96-45=52$

(15) $15+21=25$

선생님만 보세요

문제 3 채점자가 되어 누군가의 풀이를 채점하는 활동을 한다. 일의 자리만 또는 십의 자리만 계산하는 오류, 일의 자리와 십의 자리를 바꿔 계산하는 오류 등등을 찾아내며 덧셈과 뺄셈 능력을 다진다.

문제 4 | 다음을 계산하시오.

(1)
$$\begin{array}{r} 35 \\ +\ 41 \\ \hline \end{array}$$

(2)
$$\begin{array}{r} 57 \\ -\ 31 \\ \hline \end{array}$$

(3)
$$\begin{array}{r} 23 \\ +\ 52 \\ \hline \end{array}$$

(4)
$$\begin{array}{r} 42 \\ +\ 42 \\ \hline \end{array}$$

(5)
$$\begin{array}{r} 36 \\ -\ 12 \\ \hline \end{array}$$

(6)
$$\begin{array}{r} 55 \\ -\ 15 \\ \hline \end{array}$$

(7)
$$\begin{array}{r} 23 \\ -\ 21 \\ \hline \end{array}$$

(8)
$$\begin{array}{r} 37 \\ +\ 22 \\ \hline \end{array}$$

(9)
$$\begin{array}{r} 67 \\ +\ 31 \\ \hline \end{array}$$

(10)
$$\begin{array}{r} 49 \\ -\ 23 \\ \hline \end{array}$$

(11)
$$\begin{array}{r} 24 \\ +\ 61 \\ \hline \end{array}$$

(12)
$$\begin{array}{r} 76 \\ -\ 76 \\ \hline \end{array}$$

선생님만 보세요

문제 4 받아올림과 받아내림이 없는 두 자리 수들끼리의 덧셈과 뺄셈에 대한 세로셈 연습이다.

12일차 세 수의 덧셈과 뺄셈

공부한 날짜 월 일

문제 1 | 다음을 계산하시오.

(1)
$$\begin{array}{r} 34 \\ +\ 32 \\ \hline \end{array}$$

(2)
$$\begin{array}{r} 23 \\ +\ 46 \\ \hline \end{array}$$

(3)
$$\begin{array}{r} 83 \\ -\ 32 \\ \hline \end{array}$$

(4)
$$\begin{array}{r} 77 \\ -\ 13 \\ \hline \end{array}$$

문제 2 | 보기와 같이 □ 안에 알맞은 수를 넣으시오.

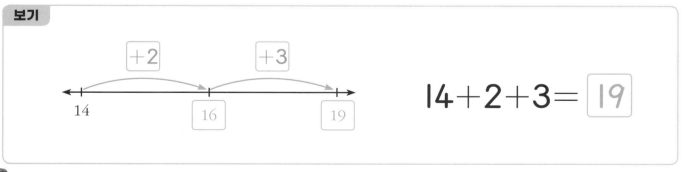

보기

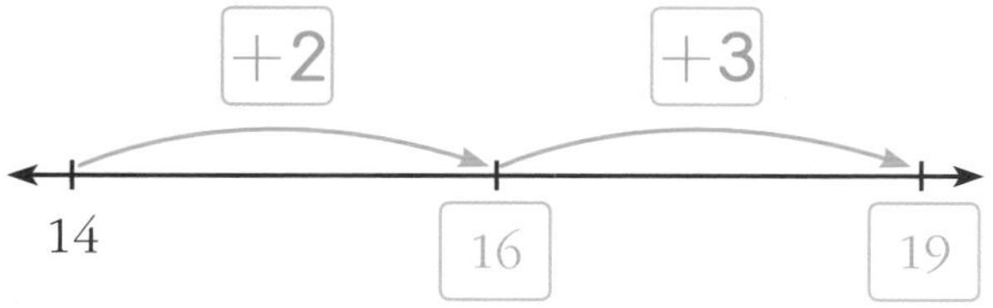

$14+2+3=\boxed{19}$

선생님만 보세요

문제 1 앞 차시의 세로셈에 의한 두 자리 수의 덧셈과 뺄셈을 연습한다.

문제 2 수직선 위에서 오른쪽으로 이동하며 세 수의 덧셈을 연습한다. 받아올림이 없어 십의 자리의 변화는 없다.

(1)

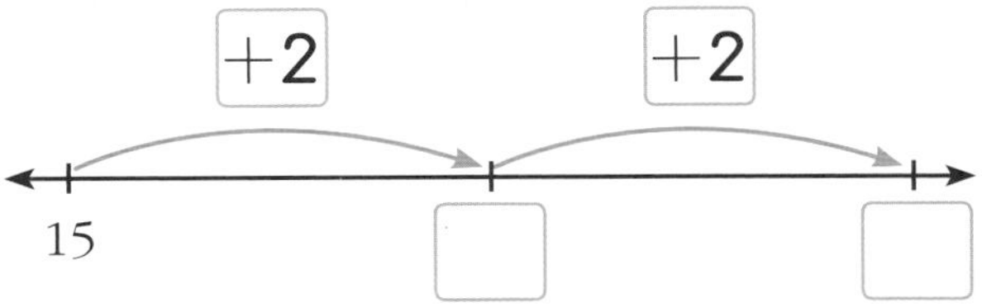

$15+2+2=\square$

(2)

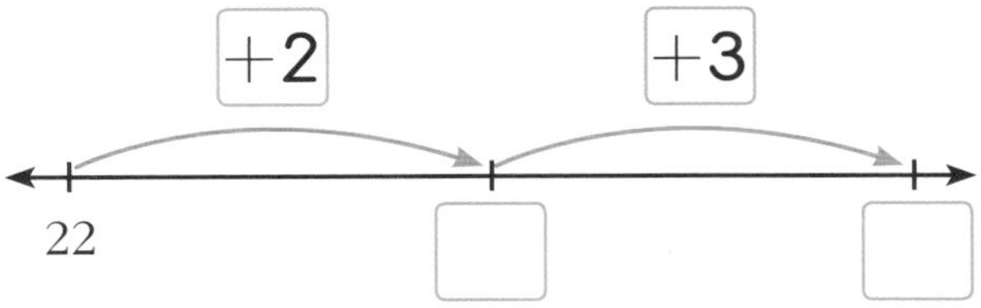

$22+2+3=\square$

(3)

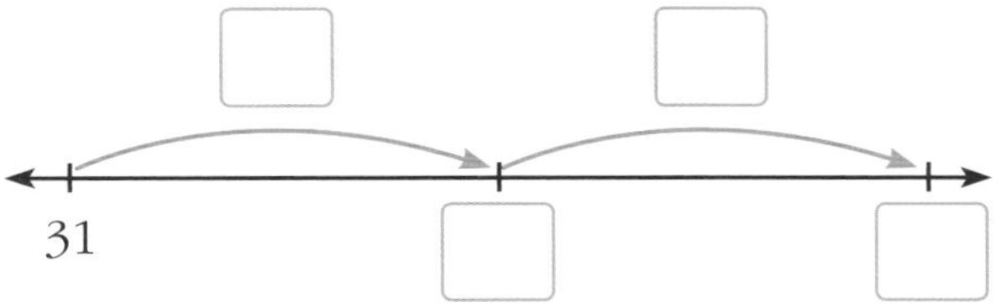

$31+2+4=\square$

(4)

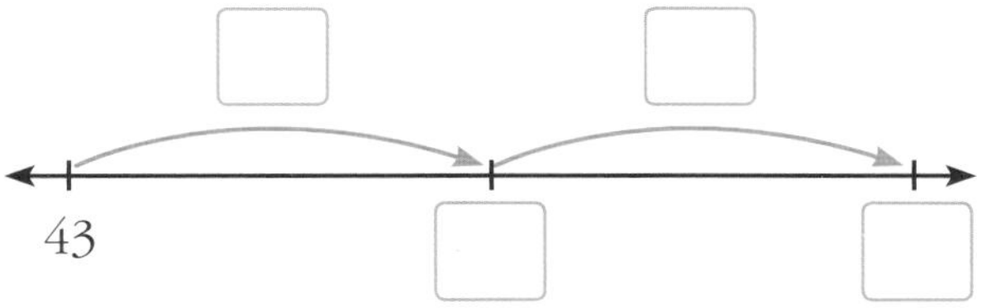

$43+1+3=\square$

(5)

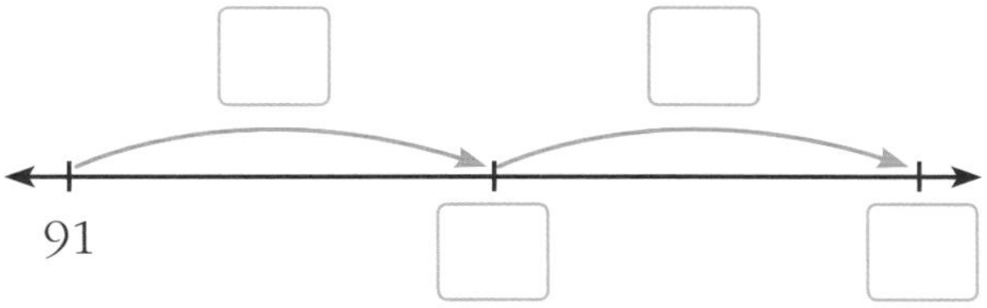

$91+4+4=\square$

문제 3 | 보기와 같이 □ 안에 알맞은 수를 넣으시오.

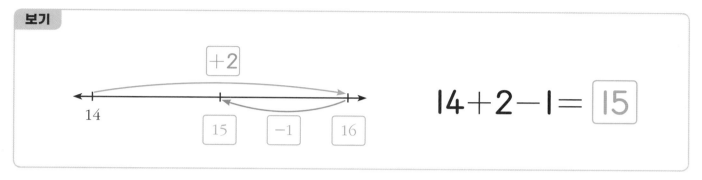

보기

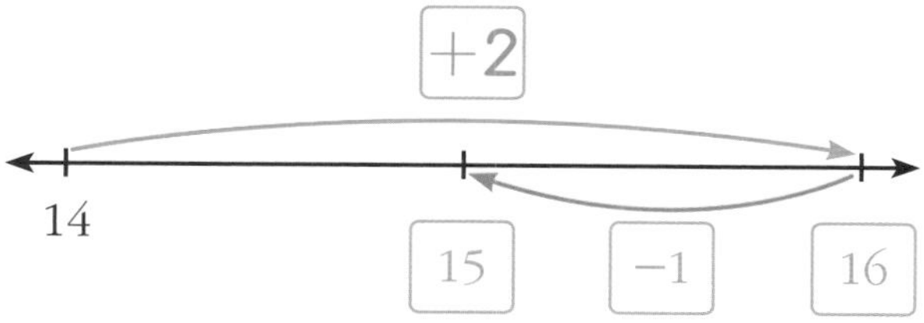

$14+2-1=$ 15

(1)

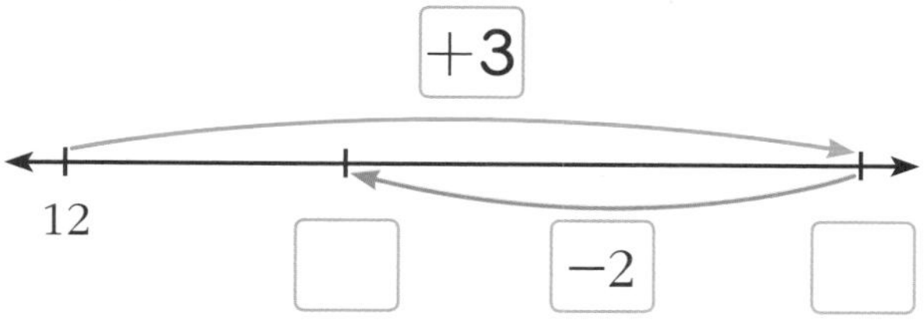

$12+3-2=$ □

(2)

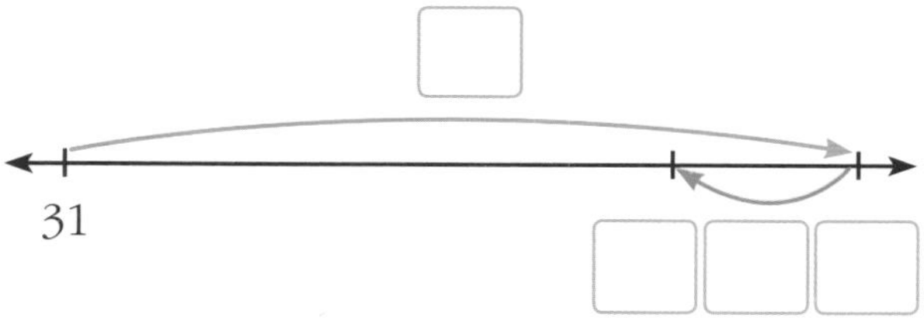

$31+5-1=$ □

(3)

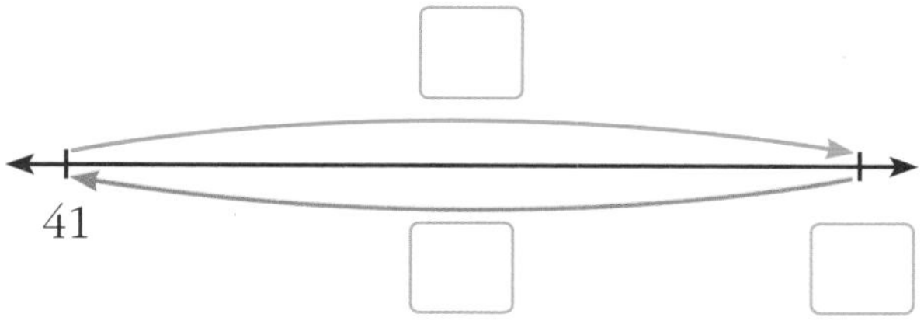

$41+2-2=$ □

선생님만 보세요

문제 3 수직선 위에서 덧셈은 오른쪽으로, 뺄셈은 왼쪽으로 이동하며 세 수의 덧셈과 뺄셈을 연습한다. 받아올림과 받아내림이 없어 십의 자리의 변화는 없다.

(4)

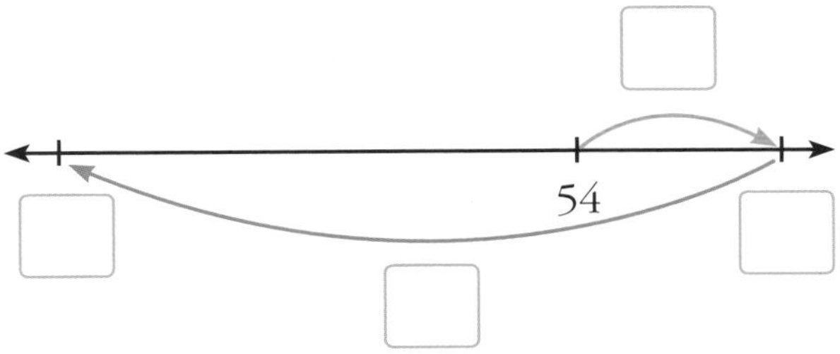

$54+1-4=\square$

(5)

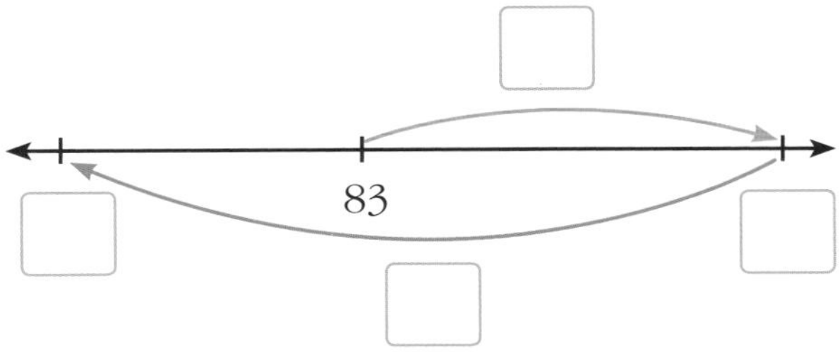

$83+5-7=\square$

문제 4 | 다음을 계산하시오.

(1)

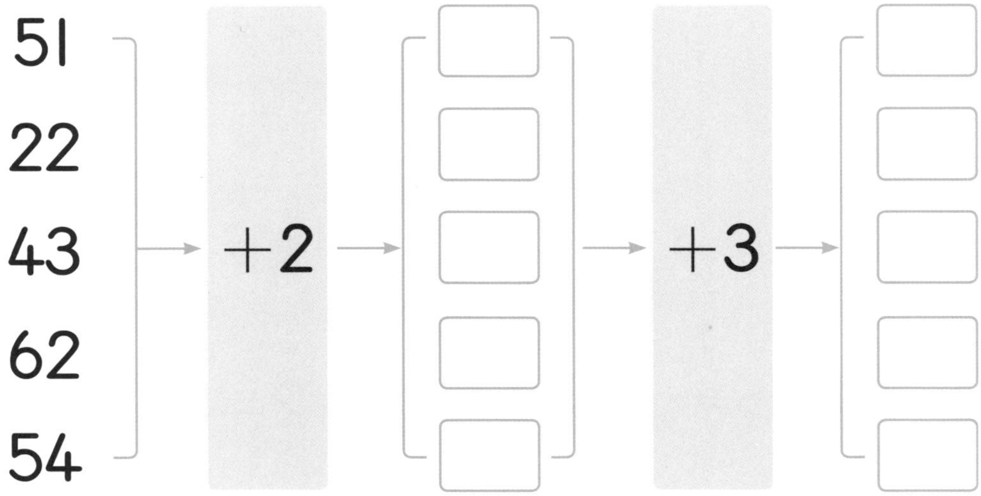

선생님만 보세요

문제 4 더하는 수와 빼는 수를 고정한 세 수의 덧셈과 뺄셈 연습이다.

(2)

15, 24, 35, 12, 92 → +4 → □ □ □ □ □ → −2 → □ □ □ □ □

(3)

11, 22, 33, 44, 55 → +3 → □ □ □ □ □ → −3 → □ □ □ □ □

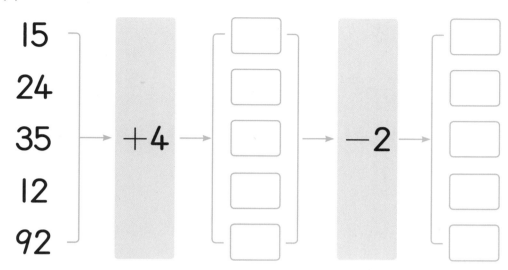

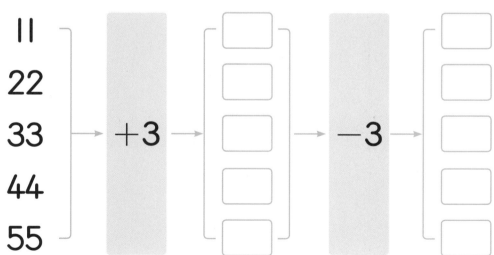

(4)

23, 45, 67, 54, 85 → +2 → ☐, ☐, ☐, ☐, ☐ → −4 → ☐, ☐, ☐, ☐, ☐

(5)

36, 45, 34, 25, 96 → +3 → ☐, ☐, ☐, ☐, ☐ → −6 → ☐, ☐, ☐, ☐, ☐

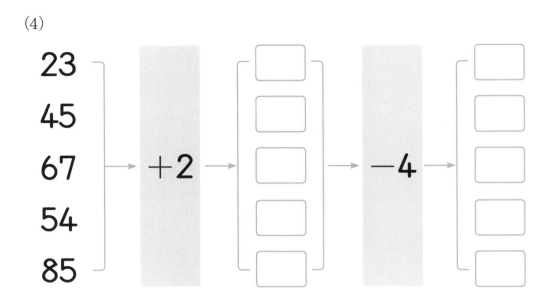

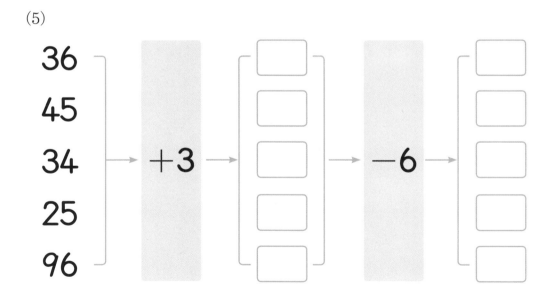

13일차 덧셈과 뺄셈의 의미

공부한 날짜 월 일

문제 1 | 다음을 계산하시오.

(1) $33+3+3=\square$

(2) $15+2-3=\square$

(3) $47+2-5=\square$

(4) $28-4+3=\square$

(5) $67-4-3=\square$

(6) $86+2-4=\square$

문제 2 | 알맞은 덧셈식 또는 뺄셈식을 쓰고, 계산하시오.

(1) 아이들이 놀이터에서 놀고 있습니다.
모두 27명이 있었는데,
이중 15명이 집으로 갔습니다.
놀이터에 남아 있는 아이들은 몇 명일까요?

식 ________ = ☐ **답:** ☐ 명

선생님만 보세요

문제 1 앞 차시의 가로셈으로 주어진 세 수의 덧셈과 뺄셈을 연습한다.

문제 2 서로 다른 덧셈과 뺄셈 상황의 구조를 파악하여 덧셈식과 뺄셈식으로 나타낸다.
(1) 제거에 의해 줄어드는 뺄셈 상황이다.

(2) 버스에 손님 16명이 타고 있었는데,
3명이 더 탔습니다.
버스에는 모두 몇 명의 손님이 타고 있을까요?

식 ______________ = ☐ **답:** ☐ **명**

(3) 엄마는 송편을 67개 만들었고,
이모는 송편을 53개 만들었습니다.
엄마는 이모보다 송편을 몇 개 더 만들었나요?

식 ______________ = ☐ **답:** ☐ **개**

(4) 우리 학년은 모두 67명입니다.
이중 남학생은 32명입니다.
여학생은 몇 명일까요?

식 ______________ = ☐ **답:** ☐ **명**

선생님만 보세요

문제 2 (2) 더하는 덧셈 상황이다. (3) 비교에 의한 차이를 구하는 뺄셈 상황이다. (4) 전체의 일부를 제외한 여집합의 개수를 구하는 뺄셈 상황이다.

문제 3 | 알맞은 덧셈식 또는 뺄셈식을 쓰고, 계산하시오.

(1) 버스에 손님 15명이 타고 있었는데,
정류장에서 5명이 내리고 3명이 탔습니다.
버스에는 모두 몇 명의 손님이 타고 있나요?

식 ______________ = ☐ **답:** ☐ **명**

(2) 아이들이 놀이터에서 놀고 있습니다.
25명이 있었는데, 이중 2명이 집으로 가고,
3명이 더 놀러왔습니다.
놀이터에 있는 아이들은 몇 명일까요?

식 ______________ = ☐ **답:** ☐ **명**

(3) 주차장에 자동차가 52대 있습니다.
이중 5대가 주차장에 들어오고,
3대가 빠져 나갔습니다.
모두 몇 대의 자동차가 주차장에 있을까요?

식 ______________ = ☐ **답:** ☐ **대**

선생님만 보세요

문제 3 앞의 문제와 같이 서로 다른 덧셈과 뺄셈 상황의 구조를 파악하여 덧셈식과 뺄셈식으로 나타낸다. 세 수의 덧셈식과 뺄셈식으로 바뀌었을 뿐이다. (1) 제거에 의해 줄어들고 다시 더하는 뺄셈과 덧셈 상황이다. (2) 앞의 문제와 같이 제거에 의해 줄어들고 다시 더하는 뺄셈과 덧셈 상황이다. (3) 더하고 다시 줄어드는 덧셈과 뺄셈 상황이다.

(4) 초콜릿을 28개 가지고 있었는데,
나도 4개 동생도 4개를 먹었습니다.
남아 있는 초콜릿은 몇 개일까요?

식 ______________ = ☐ **답:** ☐ **개**

(5) 빵집에 빵이 32개 있습니다.
주인아저씨는 빵을 4개 더 만들었고,
아주머니는 빵을 3개 더 만들었습니다.
빵은 모두 몇 개일까요?

식 ______________ = ☐ **답:** ☐ **개**

선생님만 보세요

문제 3 (4) 두 번 거듭해서 줄어드는 뺄셈 상황이다. (5) 두 번 거듭해서 더하는 덧셈 상황이다.

문제 1 | 표에 화살표를 그리고 계산하시오.

10	11	12	13	14	15	16	17	18	19
20	21	22	23	24	25	26	27	28	29
30	31	32	33	34	35	36	37	38	39
40	41	42	43	44	45	46	47	48	49
50	51	52	53	54	55	56	57	58	59

(1) $11+3=$ [14] (2) $22+6=$ [ ] (3) $30+4=$ [ ]

(4) $35+3=$ [ ] (5) $43+2=$ [ ] (6) $54+5=$ [ ]

문제 2 | 수직선에 표시하고 계산하시오.

(1) 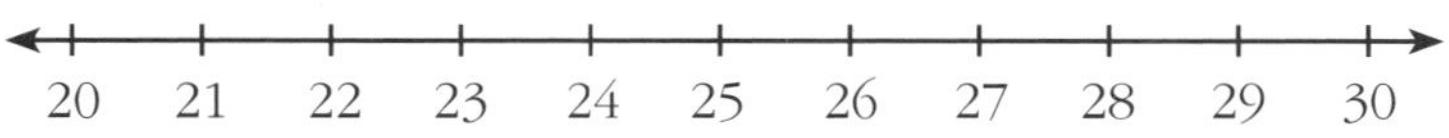

$21+4=$ [ ]

(2) 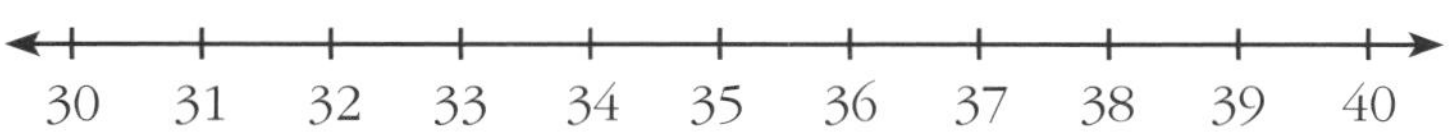

$32+7=$ [ ]

유사한 문제를 지나치게 많이 반복하는 것은 오히려 흥미를 떨어뜨리고 학습 효과를 저해하게 하는 역효과를 초래할 수 있습니다. 본문 문제를 충분히 이해했다면 보충문제까지 풀이할 필요는 없습니다. 필요한 경우에만 보충문제를 적절하게 활용하는 것을 권장합니다.

보충문제

(3) 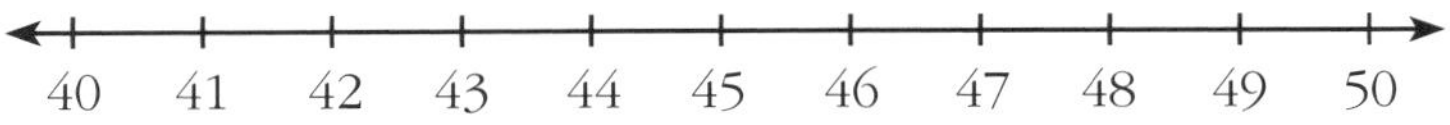

$44+3=\square$

(4) 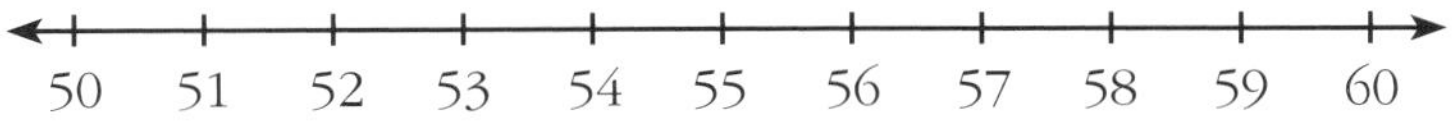

$53+5=\square$

문제 3 | 다음을 계산하시오.

(1) $23+4$

	십	일
	2	3
+		4

(2) $35+2$

	십	일
	3	5
+		2

(3) $47+1$

	십	일
	4	7
+		1

(4) $54+5$

	십	일
	5	4
+		5

(5) $72+6$

	십	일
	7	2
+		6

(6) $86+3$

	십	일
	8	6
+		3

문제 4 | 다음을 계산하시오.

(1) $24+3=\square$　(2) $37+2=\square$　(3) $55+4=\square$

(4) $48+1=\square$　(5) $73+5=\square$　(6) $81+8=\square$

(7) $92+7=\square$　(8) $13+6=\square$　(9) $66+2=\square$

문제 5 | 계산한 결과가 같은 것끼리 선으로 연결하시오.

(1)

26+1 •	• 28+1
22+4 •	• 24+4
26+3 •	• 25+2
20+8 •	• 23+3

(2)

73+6 •	• 70+7
71+3 •	• 71+5
72+4 •	• 72+2
75+2 •	• 75+4

보충문제

문제 6 | 표에 화살표를 그리고 계산하시오.

11	12	13	14	15	16	17	18	19	20
21	22	23	24	25	26	27	28	29	30
31	32	33	34	35	36	37	38	39	40
41	42	43	44	45	46	47	48	49	50
51	52	53	54	55	56	57	58	59	60

(1) $14-3=$ [11]　　(2) $19-2=$ [ ]　　(3) $26-5=$ [ ]

(4) $37-4=$ [ ]　　(5) $43-1=$ [ ]　　(6) $58-6=$ [ ]

문제 7 | 수직선에 표시하고 계산하시오.

(1) 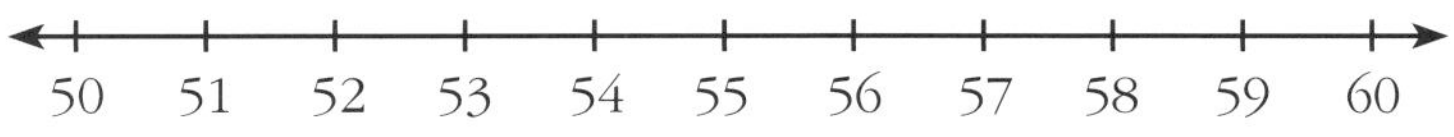

$57-3=$ [ ]

(2) 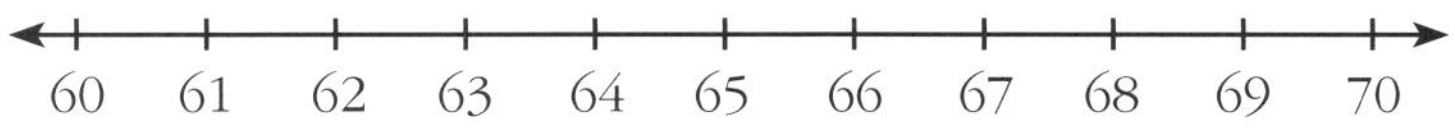

$68-4=$ [ ]

(3) 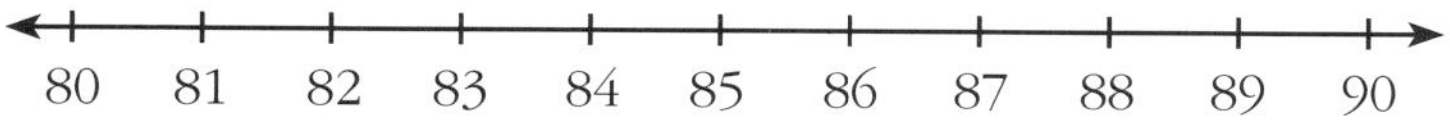

84－2＝☐

(4) 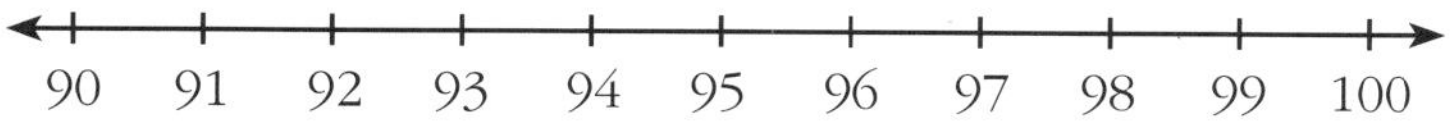

99－5＝☐

문제 8 | 다음을 계산하시오.

(1) 23－1

	십	일
	2	3
－		1

(2) 44－3

	십	일
	4	4
－		3

(3) 35－2

	십	일
	3	5
－		2

(4) 68－6

	십	일
	6	8
－		6

(5) 59－5

	십	일
	5	9
－		5

(6) 87－7

	십	일
	8	7
－		7

보충문제

문제 9 | 다음을 계산하시오.

(1) $35-3=\square$ (2) $42-1=\square$ (3) $55-4=\square$

(4) $67-2=\square$ (5) $98-5=\square$ (6) $77-3=\square$

(7) $25-5=\square$ (8) $86-2=\square$ (9) $19-8=\square$

문제 10 | 계산한 결과가 같은 것끼리 선으로 연결하시오.

(1)

$23-1$ •	• $22-1$
$26-6$ •	• $28-4$
$27-3$ •	• $24-2$
$29-8$ •	• $23-3$

(2)

$66-5$ •	• $67-5$
$65-3$ •	• $69-8$
$69-9$ •	• $65-1$
$68-4$ •	• $62-2$

문제 11 | 수직선에 알맞게 표시하고, □ 안을 채우시오.

(1)

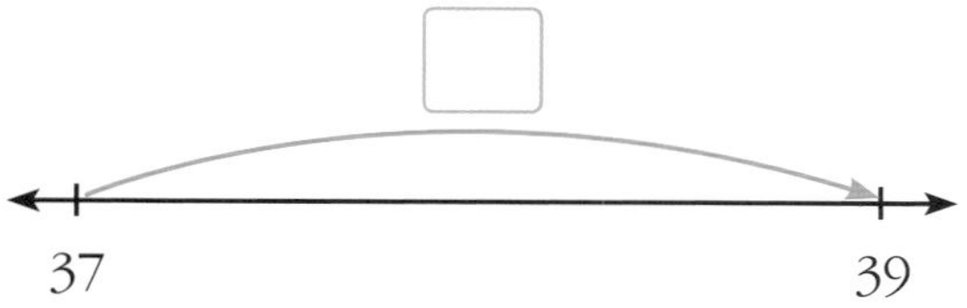

37＋□＝39

(2)

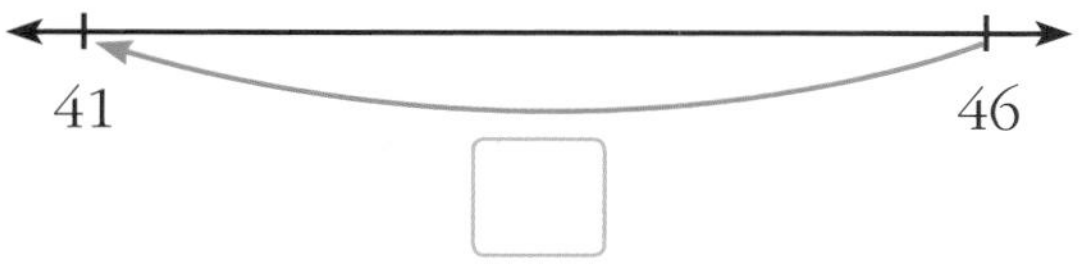

46－□＝41

(3)

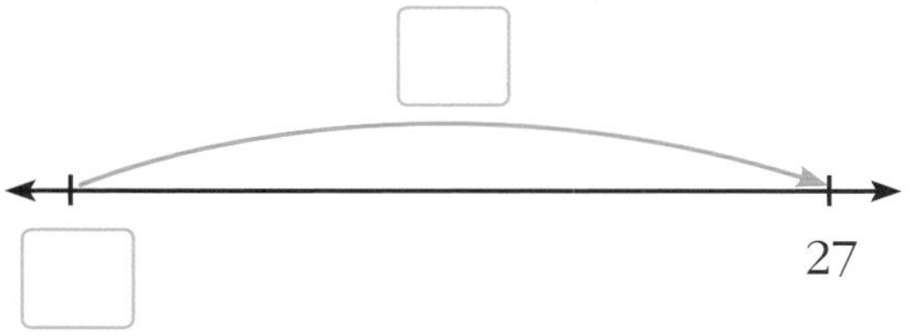

□＋4＝27

(4)

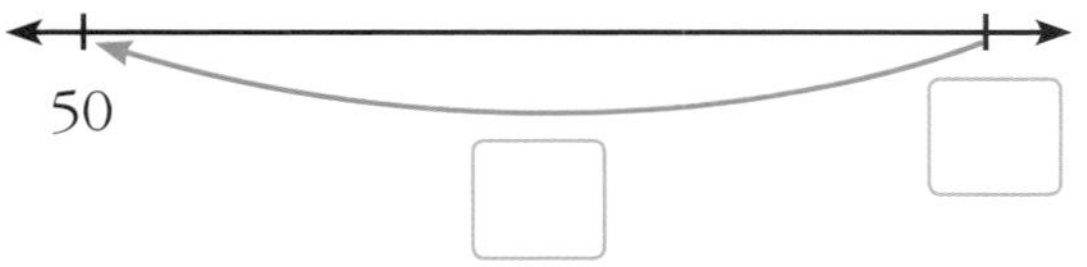

□－6＝50

보충문제

문제 12 | 빈 칸에 +, − 부호와 수를 알맞게 넣어 식을 완성하시오.

(1) 27 → □ → 21

(2) 65 → □ → 62

(3) □ → −4 → 10

(4) □ → +3 → 45

문제 13 | 색칠한 부분에 알맞은 수를 써 넣으시오.

(1)
$26+○=29$
$26+2=○$
$26+○=27$

(2)
$31+○=33$
$31+○=36$
$31+8=○$

(3)
$○-3=86$
$○-7=82$
$89-8=○$

(4)
$97-4=○$
$97-○=96$
$97-○=90$

문제 14 | 표에 화살표를 그리고, □ 안에 알맞은 수를 쓰시오.

(1)

11	12	13	14	15	16	17	18	19	20
21	22	23	24	25	26	27	28	29	30
31	32	33	34	35	36	37	38	39	40
41	42	43	44	45	46	47	48	49	50
51	52	53	54	55	56	57	58	59	60

$20+30=\square$

(2)

21	22	23	24	25	26	27	28	29	30
31	32	33	34	35	36	37	38	39	40
41	42	43	44	45	46	47	48	49	50
51	52	53	54	55	56	57	58	59	60
61	62	63	64	65	66	67	68	69	70

$30+40=\square$

(3)

31	32	33	34	35	36	37	38	39	40
41	42	43	44	45	46	47	48	49	50
51	52	53	54	55	56	57	58	59	60
61	62	63	64	65	66	67	68	69	70
71	72	73	74	75	76	77	78	79	80

$80-40=\square$

(4)

41	42	43	44	45	46	47	48	49	50
51	52	53	54	55	56	57	58	59	60
61	62	63	64	65	66	67	68	69	70
71	72	73	74	75	76	77	78	79	80
81	82	83	84	85	86	87	88	89	90

$90-30=\square$

보충문제

문제 15 | 수직선에 표시를 하고, □ 안에 알맞은 수를 넣으시오.

(1) 

$20+10=\square$

(2) 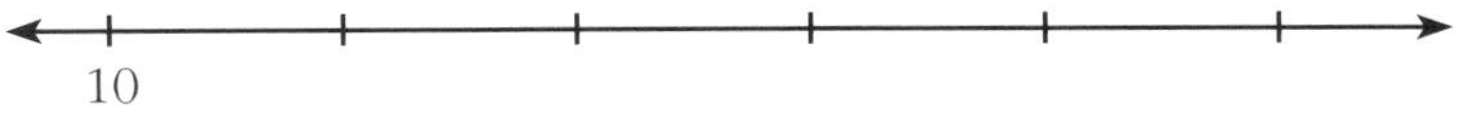

$10+40=\square$

(3) 

$80-30=\square$

(4) 

$70-50=\square$

문제 16 | 표에 화살표를 그리고, □ 안에 알맞은 수를 쓰시오.

11	12	13	14	15	16	17	18	19	20
21	22	23	24	25	26	27	28	29	30
31	32	33	34	35	36	37	38	39	40
41	42	43	44	45	46	47	48	49	50
51	52	53	54	55	56	57	58	59	60
61	62	63	64	65	66	67	68	69	70
71	72	73	74	75	76	77	78	79	80
81	82	83	84	85	86	87	88	89	90
91	92	93	94	95	96	97	98	99	100

(1) $21+32=\square$

(2) $65+24=\square$

(3) $57-41=\square$

(4) $94-13=\square$

보충문제

문제 17 | 수직선에 화살표를 그리고, □ 안에 알맞은 수를 쓰시오.

(1) 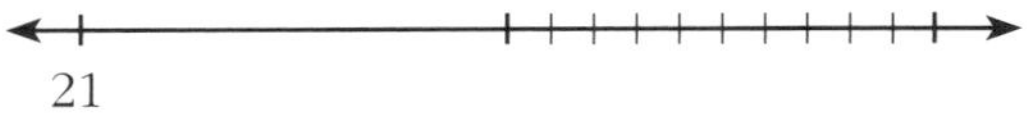

$21+15=\square$

(2) 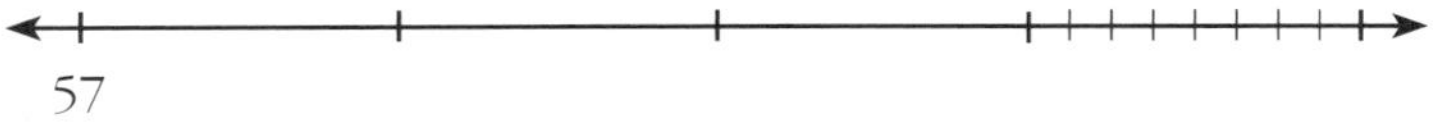

$57+32=\square$

(3) 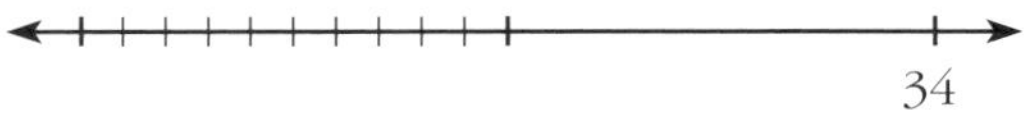

$34-13=\square$

(4) 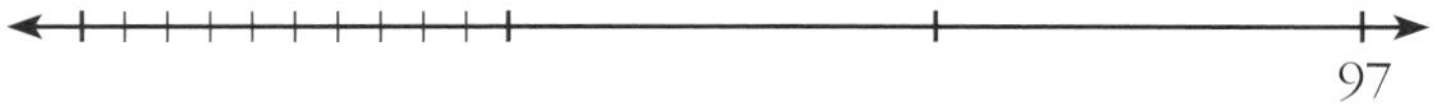

$97-25=\square$

문제 18 | 다음을 계산하시오.

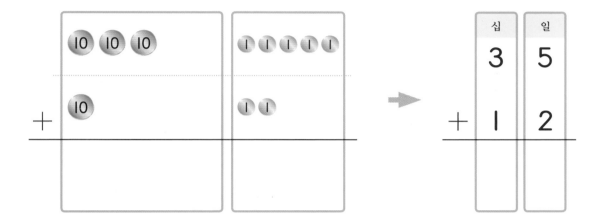

(1) 35+12

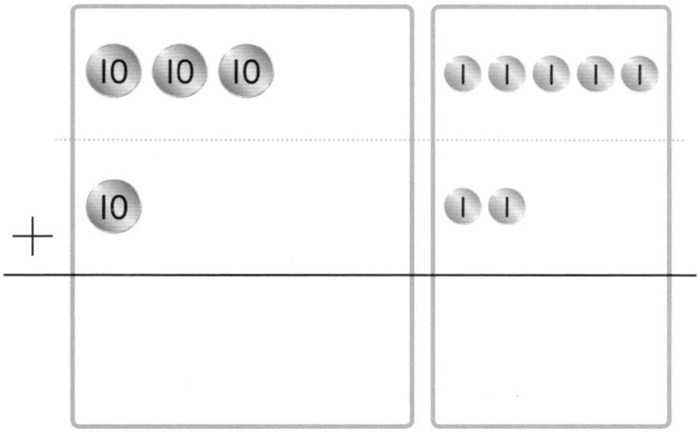

	십	일
	3	5
+	1	2

(2) 43+21

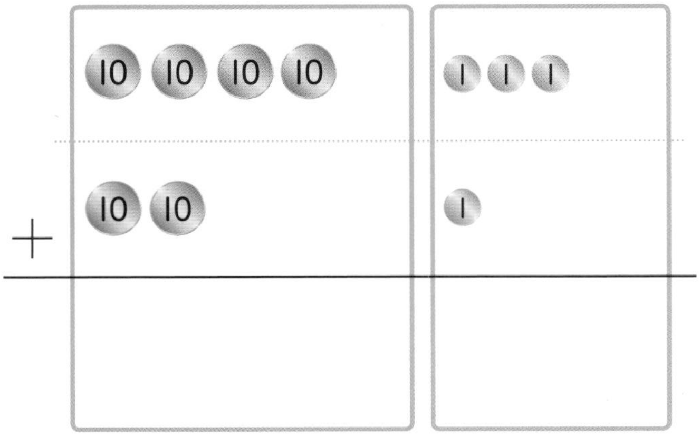

	십	일
	4	3
+	2	1

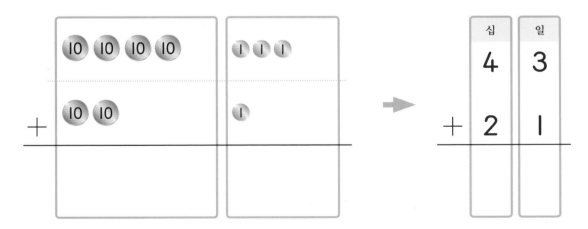

보충문제

(3) 24－13

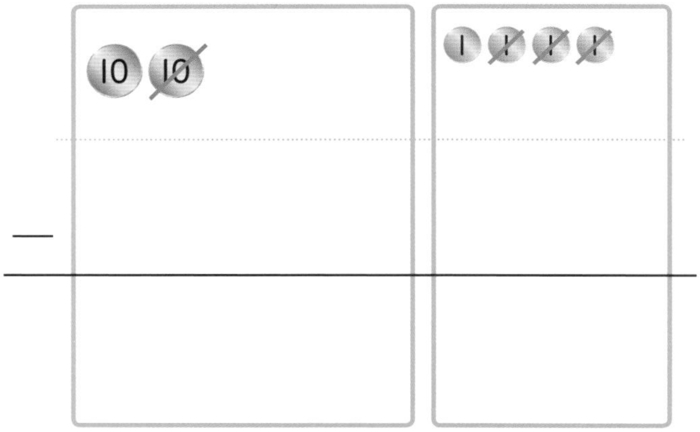

	십	일
	2	4
－	1	3

(4) 55－31

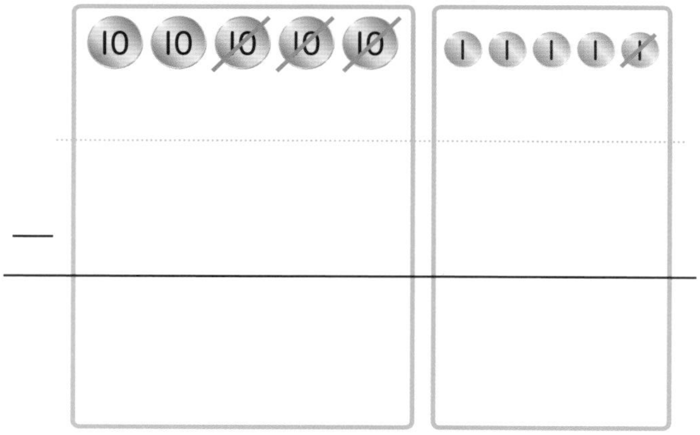

	십	일
	5	5
－	3	1

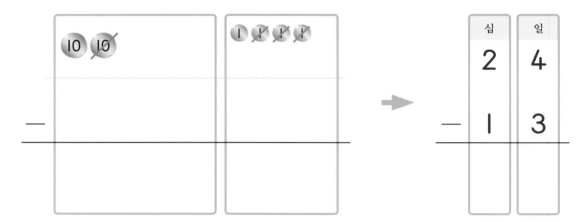

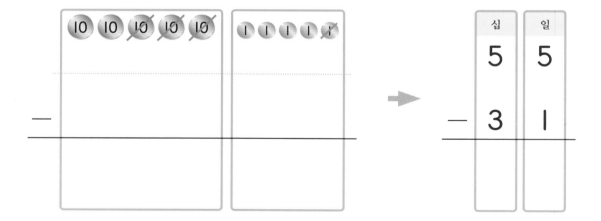

문제 19 | 다음을 계산하시오.

(1) $56+32=\square$ (2) $67-45=\square$ (3) $34+54=\square$

(4) $91-21=\square$ (5) $15+51=\square$ (6) $49-36=\square$

(7) $25-14=\square$ (8) $89-18=\square$ (9) $23+23=\square$

문제 20 | 다음을 계산하시오.

(1)
$$\begin{array}{r} 5\ 7 \\ +\ 1\ 2 \\ \hline \end{array}$$

(2)
$$\begin{array}{r} 3\ 9 \\ -\ 2\ 4 \\ \hline \end{array}$$

(3)
$$\begin{array}{r} 6\ 2 \\ +\ 3\ 4 \\ \hline \end{array}$$

(4)
$$\begin{array}{r} 4\ 8 \\ -\ 4\ 5 \\ \hline \end{array}$$

(5)
$$\begin{array}{r} 8\ 1 \\ +\ 1\ 4 \\ \hline \end{array}$$

(6)
$$\begin{array}{r} 9\ 9 \\ -\ 8\ 3 \\ \hline \end{array}$$

보충문제

문제 21 | 계산 결과가 같은 것끼리 선으로 연결하시오.

(1)

26−11 •	• 50+18
15+13 •	• 47−32
32+36 •	• 69−41
99−62 •	• 15+22

(2)

87+12 •	• 78−43
43−21 •	• 67−24
64−21 •	• 45+54
22+13 •	• 56−34

문제 22 | 계산 결과가 같으면 '=', 다르면 큰 쪽으로 '>' 나 '<' 표시를 하시오.

(1) 16−14 ☐ 39−35

(2) 47−13 ☐ 18+11

(3) 12+15 ☐ 58−22

(4) 37−12 ☐ 86−54

(5) 41+24 ☐ 96−31

(6) 15+31 ☐ 62−12

문제 23 | 직접 채점을 해보고, 틀린 답을 바르게 고치시오.

(1) 47+21=68

(2) 59−36=32 23

(3) 97−25=75

(4) 13+12=1

(5) 43−11=54

(6) 67+21=79

(7) 34−21=13

(8) 67−42=52

(9) 81+18=99

(10) 72+15=87

(11) 26+13=57

(12) 48−24=24

보충문제

문제 24 | 수직선에 알맞게 표시하고, □ 을 채우시오.

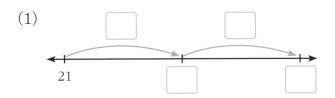

(1)

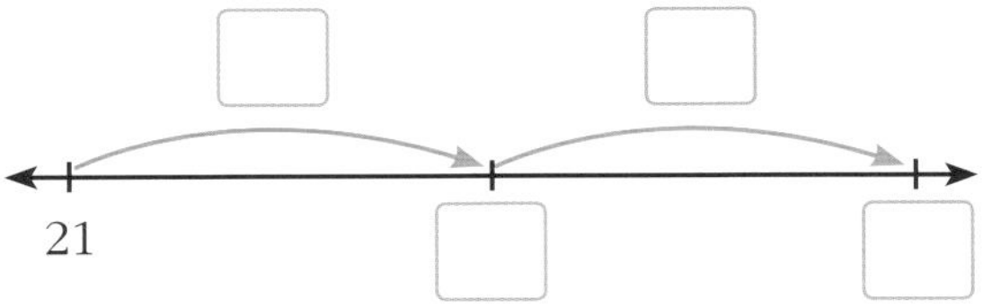

$21+3+5=\square$

(2)

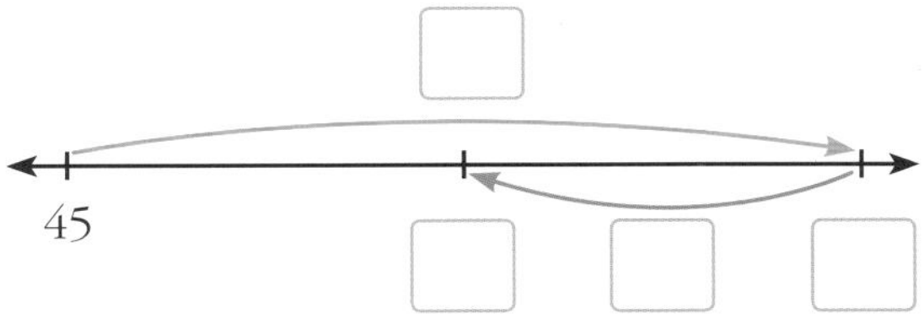

$45+4-3=\square$

(3)

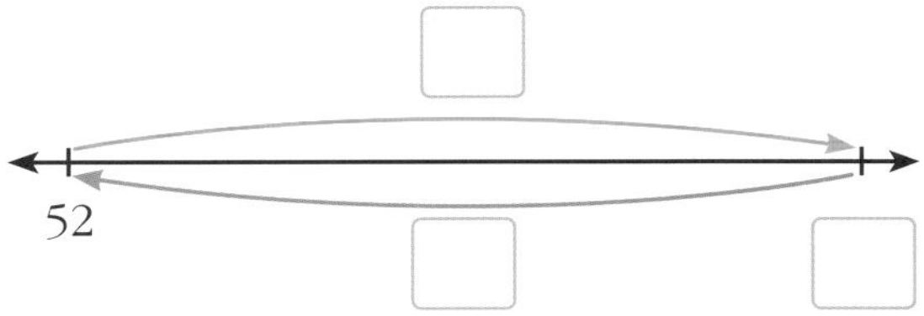

$52+6-6=\square$

(4)

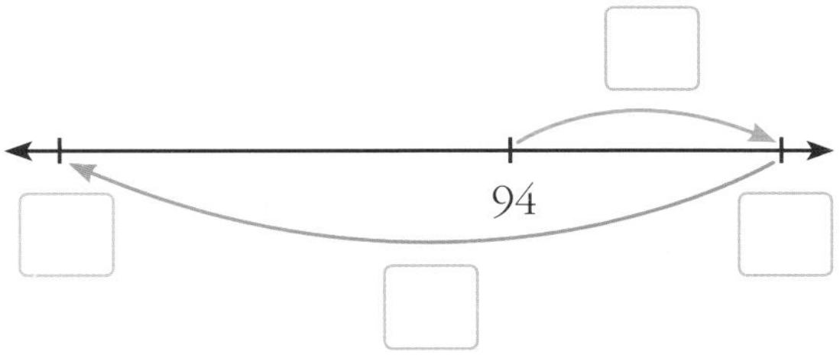

$94+5-9=\square$

문제 25 | 다음을 계산하시오.

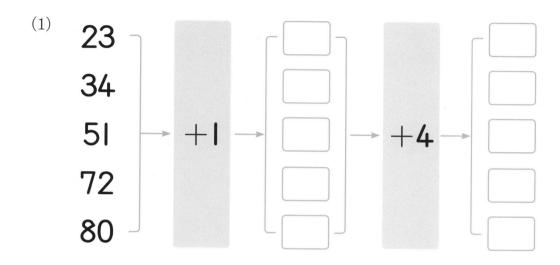

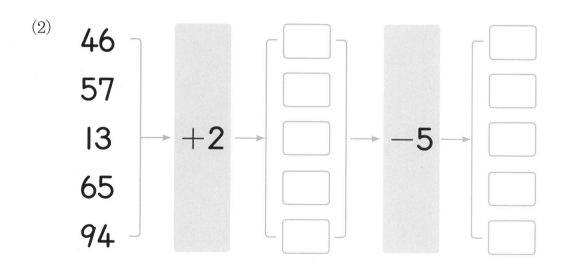

(1)

23, 34, 51, 72, 80 → +1 → □ □ □ □ □ → +4 → □ □ □ □ □

(2)

46, 57, 13, 65, 94 → +2 → □ □ □ □ □ → −5 → □ □ □ □ □

문제 26 | 알맞은 덧셈식 또는 뺄셈식을 쓰고, 계산하시오.

(1) 사탕을 37개 가지고 있었습니다. 친구에게 31개를 더 받았다면 나는 모두 몇 개의 사탕을 가지게 되었나요?

식 ______________ = ☐ **답:** ☐ 개

(2) 영수가 구슬 45개를 가지고 있고
미영이가 구슬 34개를 가지고 있습니다.
영수는 미영이보다 구슬을 몇 개 더 많이 가지고 있을까요?

식 ______________ = ☐ **답:** ☐ 개

(3) 알약 28알을 가지고 있었습니다.
아침에 3알 먹고 점심에 3알을 더 먹었습니다.
남아있는 알약은 몇 알일까요?

식 ______________ = ☐ **답:** ☐ 알

(4) 딱지 54장을 가지고 있었습니다.
친구에게 5장을 얻은 후에 8장을 잃었습니다.
지금 내가 가지고 있는 딱지는 모두 몇 개일까요?

식 ______________ = ☐ **답:** ☐ 장

+ 정답 ÷

1 한자리 수 덧셈

14p

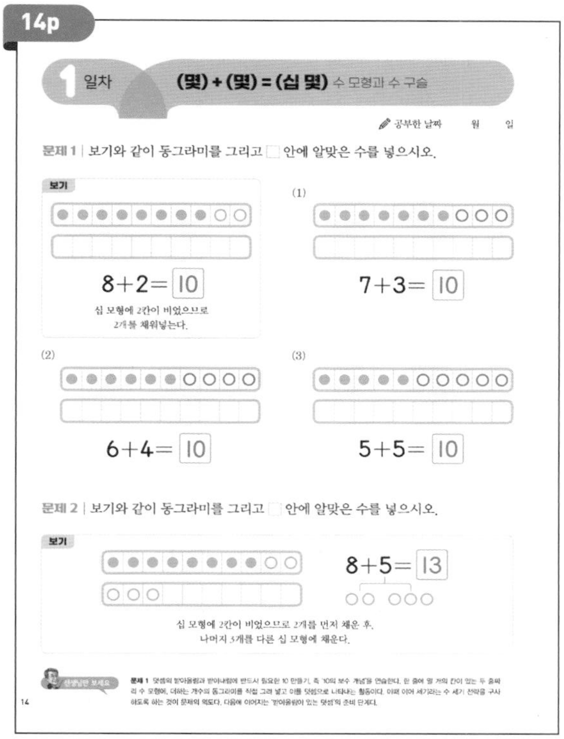

1일차 (몇)+(몇)=(십 몇) 수 모형과 수 구슬

공부한 날짜 월 일

문제 1 | 보기와 같이 동그라미를 그리고 □ 안에 알맞은 수를 넣으시오.

보기 8+2=10
십 모형에 2칸이 비었으므로 2개를 채워넣는다.

(1) 7+3=10

(2) 6+4=10

(3) 5+5=10

문제 2 | 보기와 같이 동그라미를 그리고 □ 안에 알맞은 수를 넣으시오.

보기 8+5=13
십 모형에 2칸이 비었으므로 2개를 먼저 채운 후, 나머지 3개를 다른 십 모형에 채운다.

15p

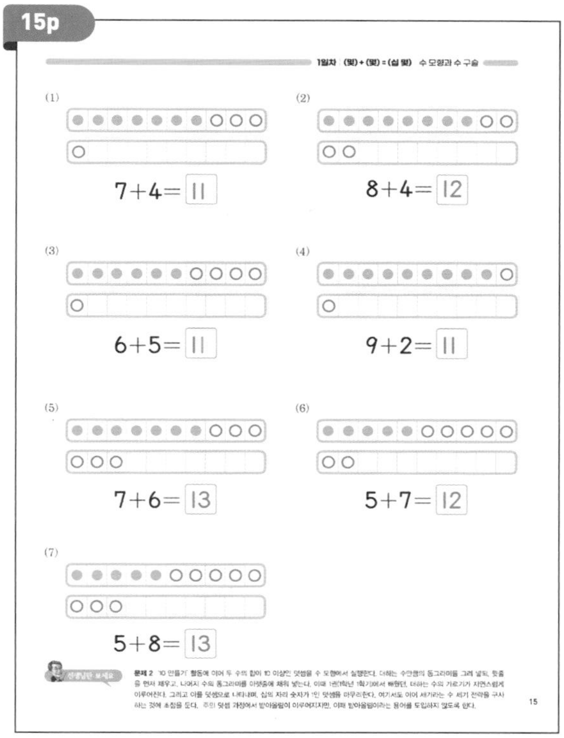

1일차 (몇)+(몇)=(십 몇) 수 모형과 수 구슬

(1) 7+4=11

(2) 8+4=12

(3) 6+5=11

(4) 9+2=11

(5) 7+6=13

(6) 5+7=12

(7) 5+8=13

16p

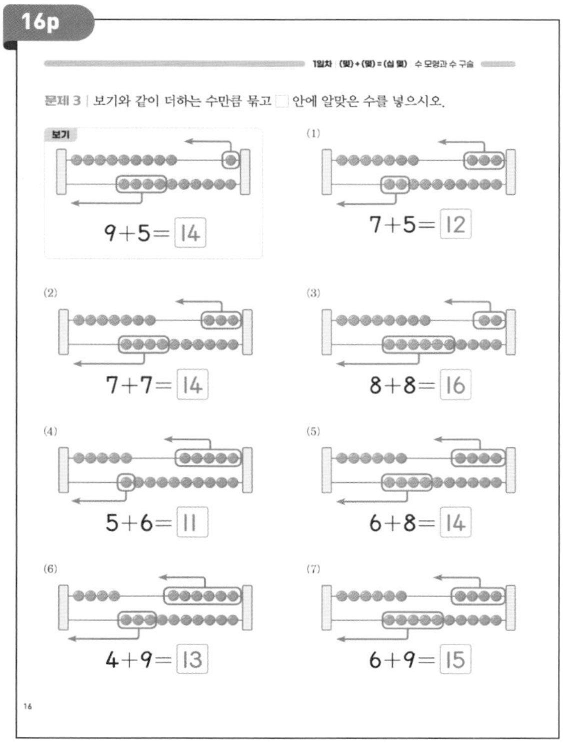

1일차 (몇)+(몇)=(십 몇) 수 모형과 수 구슬

문제 3 | 보기와 같이 더하는 수만큼 묶고 □ 안에 알맞은 수를 넣으시오.

보기 9+5=14

(1) 7+5=12

(2) 7+7=14

(3) 8+8=16

(4) 5+6=11

(5) 6+8=14

(6) 4+9=13

(7) 6+9=15

17p

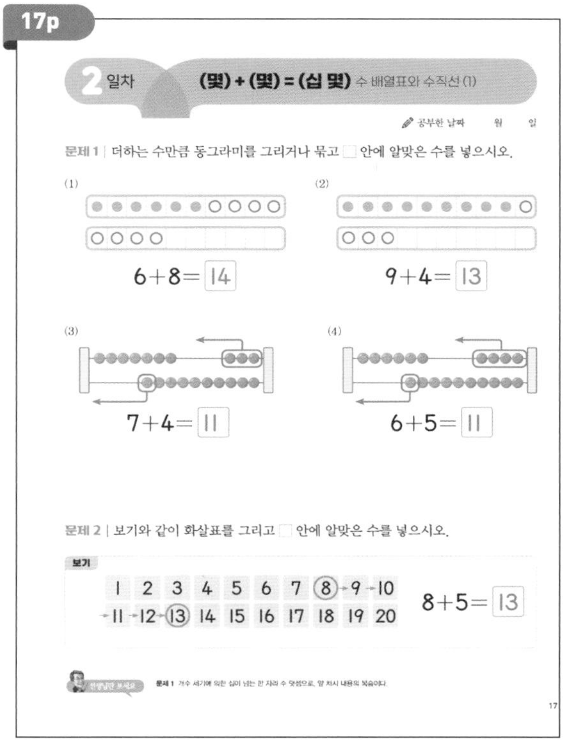

2일차 (몇)+(몇)=(십 몇) 수 배열표와 수직선 (1)

공부한 날짜 월 일

문제 1 | 더하는 수만큼 동그라미를 그리거나 묶고 □ 안에 알맞은 수를 넣으시오.

(1) 6+8=14

(2) 9+4=13

(3) 7+4=11

(4) 6+5=11

문제 2 | 보기와 같이 화살표를 그리고 □ 안에 알맞은 수를 넣으시오.

보기 8+5=13

+ 정답 ÷

18p

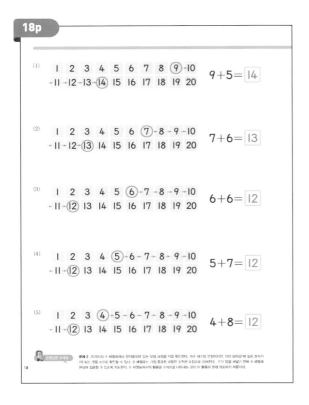

(1) 1 2 3 4 5 6 7 8 ⑨→10 →11→12→13→⑭ 15 16 17 18 19 20 　 9+5=14

(2) 1 2 3 4 5 6 ⑦→8→9→10 →11→12→⑬ 14 15 16 17 18 19 20 　 7+6=13

(3) 1 2 3 4 5 ⑥→7→8→9→10 →11→⑫ 13 14 15 16 17 18 19 20 　 6+6=12

(4) 1 2 3 4 ⑤→6→7→8→9→10 →11→⑫ 13 14 15 16 17 18 19 20 　 5+7=12

(5) 1 2 3 ④→5→6→7→8→9→10 →11→⑫ 13 14 15 16 17 18 19 20 　 4+8=12

19p

문제 3 | 보기와 같이 □ 안에 알맞은 수를 넣으시오.

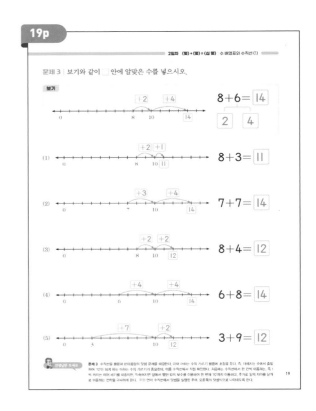

보기 　 +2 +4 (0, 8, 10, 14) 　 8+6=14 (2, 4)

(1) +2 +1 (0, 8, 10, 11) 　 8+3=11

(2) +3 +4 (0, 7, 10, 14) 　 7+7=14

(3) +2 +2 (0, 8, 10, 12) 　 8+4=12

(4) +4 +4 (0, 6, 10, 14) 　 6+8=14

(5) +7 +2 (0, 3, 10, 12) 　 3+9=12

20p

문제 4 | 수직선에 직접 화살표를 그려 넣고 □ 안에 알맞은 수를 넣으시오.

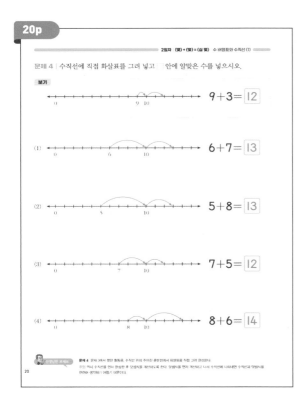

보기 　 (0, 9, 10) 　 9+3=12

(1) (0, 6, 10) 　 6+7=13

(2) (0, 5, 10) 　 5+8=13

(3) (0, 7, 10) 　 7+5=12

(4) (0, 8, 10) 　 8+6=14

21p

3일차 (몇)+(몇)=(십 몇) 수직선과 가로셈

공부한 날짜 　 월 　 일

문제 1 | 화살표를 그리거나 수직선에 표시를 하고 □ 안에 알맞은 수를 넣으시오.

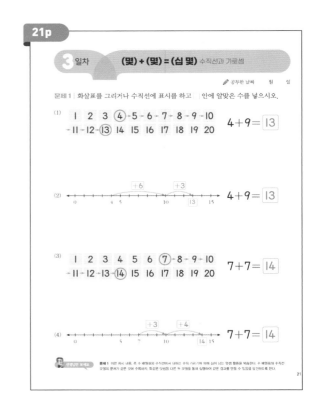

(1) 1 2 3 ④→5→6→7→8→9→10 →11→12→⑬ 14 15 16 17 18 19 20 　 4+9=13

(2) +6 +3 (0, 4, 5, 10, 13, 15) 　 4+9=13

(3) 1 2 3 4 5 6 ⑦→8→9→10 →11→12→13→⑭ 15 16 17 18 19 20 　 7+7=14

(4) +3 +4 (0, 5, 7, 10, 14, 15) 　 7+7=14

22p

문제 2 | 보기와 같이 수직선에 표시하고 □ 안에 알맞은 수를 넣으시오.

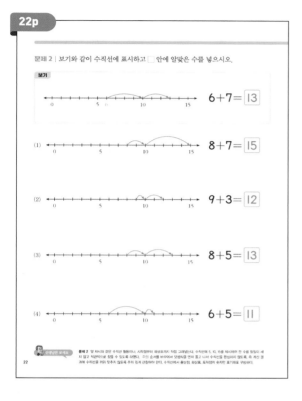

보기

6+7= 13

(1)  8+7= 15

(2)  9+3= 12

(3)  8+5= 13

(4) 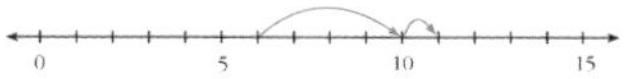 6+5= 11

선생님만 보세요 **문제 2** 앞 차시와 같은 수직선 활동이나, 시작점부터 화살표까지 직접 그려넣는다. 수직선에 5, 10, 15를 제시하여 칸 수를 일일이 세지 않고 직관적으로 찾을 수 있도록 하였다. 주의 순서를 바꾸어서 덧셈식을 먼저 풀고 나서 수직선을 완성하지 않도록, 즉 계산 결과에 수직선을 끼워 맞추지 않도록 주의 깊게 관찰해야 한다. 수직선에서 출발점, 화살표, 도착점의 숫자만 표기해도 무방하다.

22

23p

3일차 (몇)+(몇)=(십 몇) 수직선과 가르셈

(5)  7+4= 11

(6)  6+6= 12

(7) 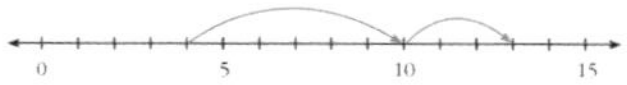 4+9= 13

(8) 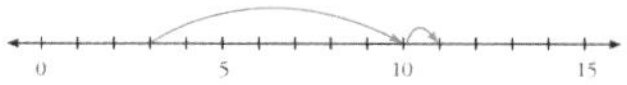 3+8= 11

23

24p

3일차 (몇)+(몇)=(십 몇) 수직선과 가르셈

문제 3 | 다음을 계산하시오.

(1) 8+7= 15

(2) 8+3= 11

(3) 8+8= 16

(4) 7+5= 12

(5) 5+6= 11

(6) 5+8= 13

(7) 4+8= 12

(8) 2+9= 11

(9) 9+9= 18

(10) 3+9= 12

선생님만 보세요 **문제 3** 수식으로만 제시된 '한 자리 수+한 자리 수'의 덧셈식이다. 앞에서 익힌 수 배열 또는 수직선 모형을 떠올리며 계산하기를 의도했다. 하지만 이미 덧셈 개념이 형성되었다면 암산으로 덧셈을 할 수 있기 때문에 어떤 방식을 사용해도 무방하다.

24

25p

4 일차 (몇)+(몇)=(십 몇) 수 배열표와 수직선(2)

공부한 날짜 월 일

문제 1 | 보기와 같이 표에 화살표를 그리고 □ 안에 알맞은 수를 넣으시오.

보기

1 2 3 4 5 6 7 (8)→9→10
→11→12→(13) 14 15 16 17 18 19 20

8+5= 13
2 3

(1)
1 2 3 4 5 6 7 8 (9)→10
→11→12→13→(14) 15 16 17 18 19 20

9+5= 14
1 4

(2)
1 2 3 4 (5)→6→7→8→9→10
→(11) 12 13 14 15 16 17 18 19 20

5+6= 11
5 1

(3)
1 2 3 (4)→5→6→7→8→9→10
→11→(12) 13 14 15 16 17 18 19 20

4+8= 12
6 2

선생님만 보세요 **문제 1** 이제 한 자리 수 덧셈 개념이 어느 정도 형성되었다고 할 수 있다. 여기서는 덧셈의 답을 구하는 것보다 받아올림의 과정을 이해하는 것에 초점을 둔다. 수 배열표에서 익혔던 덧셈을 식으로 나타내며 더하는 수의 가르기를 '숫자'로 나타내는 것에 중점을 둔다.

25

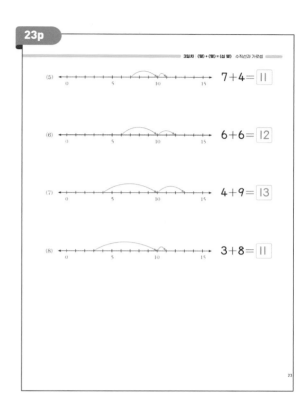

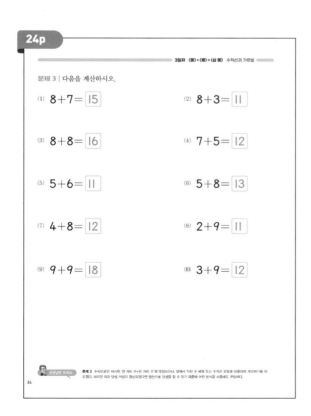

+ 정답 ÷

26p

(4) 1 2 3 4 5 6 ⑦ 8 9 10 11 12 ⑬ 14 15 16 17 18 19 20

7+6=13 (3, 3)

(5) 1 2 3 4 5 ⑥ 7 8 9 10 11 12 13 ⑭ 15 16 17 18 19 20

6+8=14 (4, 4)

(6) 1 2 3 4 ⑤ 6 7 8 9 10 11 ⑫ 13 14 15 16 17 18 19 20

5+7=12 (5, 2)

(7) 1 2 3 4 5 ⑥ 7 8 9 10 11 12 13 14 ⑮ 16 17 18 19 20

6+9=15 (4, 5)

26

27p

4일차 (몇)+(몇)=(십 몇) 수 배열표와 수직선(2)

문제 2 | 보기와 같이 수직선에 표시를 하고 □ 안에 알맞은 수를 넣으시오.

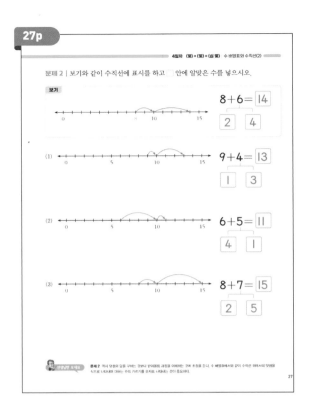

보기

8+6=14 (2, 4)

(1) 9+4=13 (1, 3)

(2) 6+5=11 (4, 1)

(3) 8+7=15 (2, 5)

선생님만 보세요 **문제 2** 역시 덧셈의 답을 구하는 것보다 받아올림 과정을 이해하는 것에 초점을 둔다. 수 배열표에서와 같이 수직선 위에서의 덧셈을 식으로 나타내며 더하는 수의 가르기를 숫자로 나타내는 것이 중요하다.

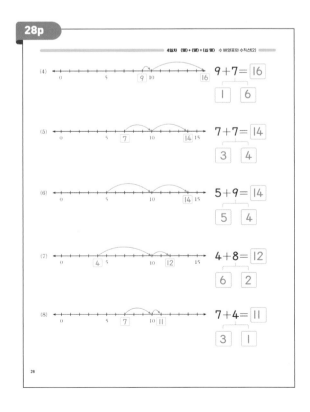

27

28p

4일차 (몇)+(몇)=(십 몇) 수 배열표와 수직선(2)

(4) 9, 16 — 9+7=16 (1, 6)

(5) 7, 14 — 7+7=14 (3, 4)

(6) 14 — 5+9=14 (5, 4)

(7) 4, 12 — 4+8=12 (6, 2)

(8) 7, 11 — 7+4=11 (3, 1)

28

29p

5일차 (몇)+(몇)=(십 몇) 수직선과 가로셈

공부한 날짜 월 일

문제 1 | 수직선을 이용하여 □ 안에 알맞은 수를 넣으시오.

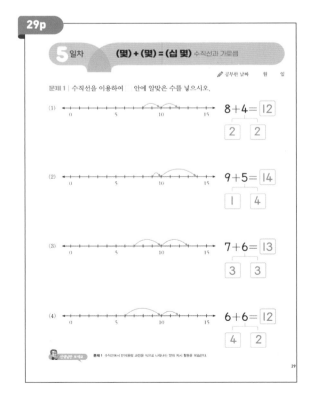

(1) 8+4=12 (2, 2)

(2) 9+5=14 (1, 4)

(3) 7+6=13 (3, 3)

(4) 6+6=12 (4, 2)

선생님만 보세요 **문제 1** 수직선에서 받아올림 과정을 식으로 나타내는 앞의 차시 활동을 복습한다.

29

30p

(5) 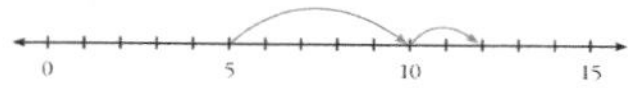 5+7=12 (5, 2)

(6) 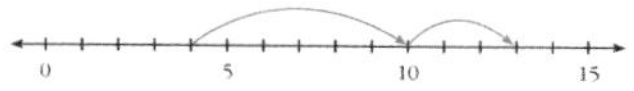 4+9=13 (6, 3)

문제 2 | 다음을 계산하시오.

(1) 7+7=14 (3, 4)　(2) 5+6=11 (5, 1)

(3) 5+8=13 (5, 3)　(4) 8+6=14 (2, 4)

(5) 7+9=16 (3, 6)　(6) 2+9=11 (8, 1)

선생님만 보세요

문제 2 가로셈으로 주어진 덧셈에서 더해지는 수가 10이 되도록 더하는 수의 가르기를 실행한다.

문제 3 가로셈으로 덧셈식 계산을 복습한다.

30

31p

5일차 (몇)+(몇)=(십 몇) 수직선과 가르셈

문제 3 | 다음을 계산하시오.

(1) 9+4=13　(2) 6+5=11

(3) 7+4=11　(4) 8+8=16

(5) 3+8=11　(6) 5+9=14

문제 4 | 두 수를 더해서 12이면 ○를, 13이면 △를, 14이면 □를 그리시오.

(1)		(2)		(3)		(4)	
5+7	○	5+8	△	8+6	□	9+5	□
5+9	□	3+9	○	7+6	△	4+9	△
9+3	○	7+7	□	8+4	○	6+7	△
9+4	△	6+8	□	8+5	△	6+6	○

선생님만 보세요

문제 4 덧셈 문제를 다른 형식으로 제시하였다. 이때 같은 답이 나오는 문제의 순서에 주목하면 모종의 패턴을 발견할 수도 있다. 예를 들어 '5+7=12'를 풀었는데 다음 문제가 '5+8'인 경우 '10 만들기'를 통해 계산할 수도 있고, 앞의 문제와 비교하여 7이 8로 바뀌었으니 +1이라고 생각하여 풀게 할 수도 있다. 어느 정도의 수 감각이 형성되면 스스로 이런 전략을 구사할 수도 있지만, 굳이 강요할 필요는 없다.

31

37p

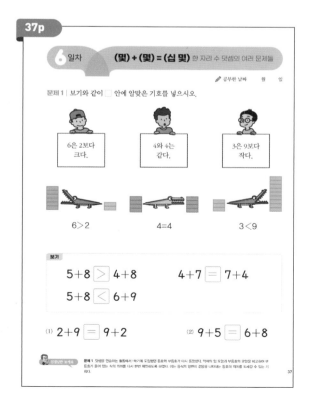

6일차 (몇)+(몇)=(십 몇) 한 자리 수 덧셈의 여러 문제들

공부한 날짜 월 일

문제 1 | 보기와 같이 □ 안에 알맞은 기호를 넣으시오.

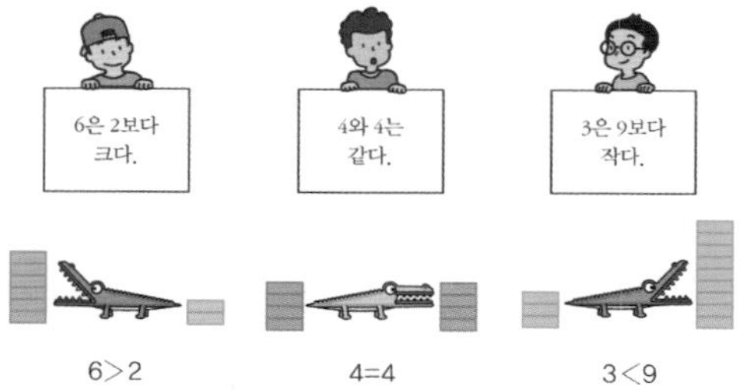

보기

5+8 > 4+8　4+7 = 7+4

5+8 < 6+9

(1) 2+9 = 9+2　(2) 9+5 = 6+8

선생님만 보세요

문제 1 덧셈을 연습하는 활동에서 1학기에 도입했던 등호와 부등호가 다시 등장한다. 악어의 입 모양과 부등호의 모양을 비교하여 부등호가 들어 있는 식의 의미를 다시 한번 확인하도록 하였다. 이는 등식의 양변이 같음을 나타내는 등호의 의미를 되새길 수 있는 기회다.

37

38p

(3) 4+7 < 5+8　(4) 6+6 = 7+5

(5) 3+9 > 2+9　(6) 9+4 > 8+3

(7) 8+4 < 5+8　(8) 8+5 = 7+6

(9) 5+6 = 6+5　(10) 9+3 < 7+7

문제 2 | 직접 채점을 해보고, 틀린 답을 바르게 고치시오.

(1) 7+4=~~13~~ 11　(2) 6+8=14　(3) 5+9=~~17~~ 14

(4) 8+3=~~12~~ 11　(5) 9+4=13　(6) 9+3=12

(7) 6+9=~~16~~ 15　(8) 5+8=~~14~~ 13　(9) 9+2=11

(10) 4+7=~~14~~ 11　(11) 3+9=12　(12) 8+8=~~18~~ 16

(13) 9+7=16　(14) 9+9=18　(15) 7+7=~~17~~ 14

(16) 7+6=13　(17) 8+6=~~12~~ 14　(18) 4+8=12

선생님만 보세요

문제 2 누군가가 이미 풀어 놓은 덧셈식을 제시하여 채점해 보는 기회를 제공한다. 지금까지는 늘 채점을 당하는 입장이었지만, 역할을 바꿔 채점자의 역할을 담당하게 한다. 이 과정에서 어떤 오류가 나오는지도 확인할 수 있어 오답이 반면교사가 될 수 있다.

38

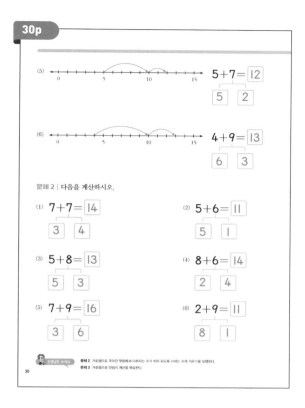

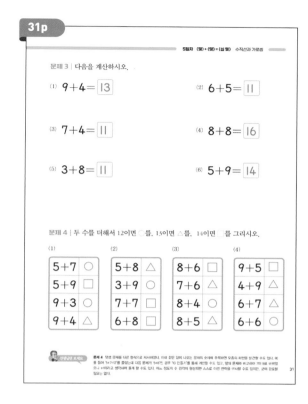

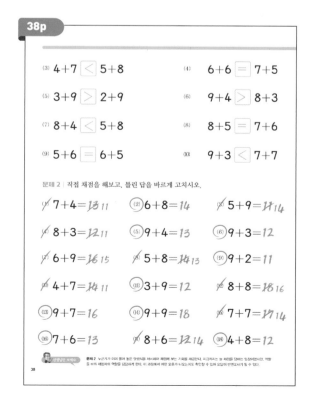

정답

39p

문제 3 | 보기와 같이 □ 안에 알맞은 수를 넣으시오.

보기 4+6+3= 13 (10 +3)

(1) 5+2+8= 15 (10 +5)

(2) 9+3+1= 13 (10 +3)

(3) 7+6+4= 17 (10 +7)

(4) 3+1+7= 11 (10 +1)

(5) 6+5+5= 16 (10 +6)

(6) 5+7+3= 15 (10 +5)

(7) 8+5+2= 15 (10 +5)

선생님만 보세요

문제 3 두 수의 모으기로 '10 만들기'를 나타내는 활동이다. 두 수의 덧셈식이 아닌 세 수의 덧셈식으로, 조금 복잡하게 느낄 수 있다. 그러나 '10 만들기'에 해당하는 두 수를 화살표로 제시해주어 어렵지 않게 접근할 수 있다. 세 수의 덧셈을 할 때 무조건 앞에서부터 계산하는 것이 아니라, 먼저 '10 만들기'가 가능한 두 수가 있는지 관찰하는 것이 더 중요함을 깨닫게 하려는 의도를 담았다.

40p

7 일차 (몇)+(몇)=(십 몇) 한 자리 수의 덧셈 복습(1)

공부한 날짜 월 일

문제 1 | 다음을 계산하시오.

(1) 7+6= 13
(2) 6+5= 11
(3) 6+6= 12
(4) 9+7= 16
(5) 3+9= 12
(6) 9+9= 18

문제 2 | 보기와 같이 두 수의 합이 같으면 =, 다르면 < 또는 >를 넣으시오.

보기 3+9 > 5+6

(1) 7+9 > 8+4
(2) 4+9 > 7+5
(3) 7+7 > 9+3
(4) 6+7 = 8+5
(5) 5+9 < 8+8

선생님만 보세요

문제 1 두 수의 덧셈을 반복 연습하는 복습 활동이다.
문제 2 두 수의 덧셈 결과를 등호 또는 부등호로 비교하는 활동이다. 덧셈의 반복 연습이다.

41p

문제 3 | □ 안에 알맞은 수를 넣으시오.

(1) 7+8= 15 =8+7 (3 5, 2 5)

(2) 9+5= 14 =5+9 (1 4, 5 4)

(3) 9+2= 11 =2+9 (1 1, 8 1)

(4) 4+8= 12 =8+4 (6 2, 2 2)

문제 4 | 채점하고, 틀린 답을 바르게 고치시오.

(1) 3+8=10 → 11
(2) 9+4=13
(3) 6+7=13
(4) 5+9=15 → 14
(5) 6+9=15
(6) 9+3=12
(7) 2+9=11
(8) 8+8=18 → 16
(9) 8+5=14 → 13

선생님만 보세요

문제 3 '10 만들기'를 위한 가르기 활동을 통해 두 수의 덧셈에 대한 교환법칙을 익힌다. 수 감각의 향상을 위한 복습이다.
문제 4 누군가의 덧셈을 채점하여 오류를 정정해주는 복습 문제다. 앞에서 언급한 것과 같이 피채점자에서 벗어나 채점자가 되어 봄으로써 지적 흥미를 고양할 수 있다.

42p

(10) 5+7=12
(11) 4+7=11
(12) 9+9=18
(13) 6+6=16 → 12
(14) 7+7=14
(15) 8+4=12

문제 5 | 보기와 같이 □ 안에 알맞은 수를 넣으시오.

보기 1+5+9= 15

(1) 8+2+4= 14
(2) 3+4+6= 13
(3) 6+5+4= 15
(4) 5+2+5= 12
(5) 7+1+9= 17

선생님만 보세요

문제 5 세 수 더하기의 반복 연습이다. 순서대로 차례로 덧셈을 할 수도 있으나, 먼저 10이 되는 두 수의 합을 발견하여 계산하는 것을 권한다.

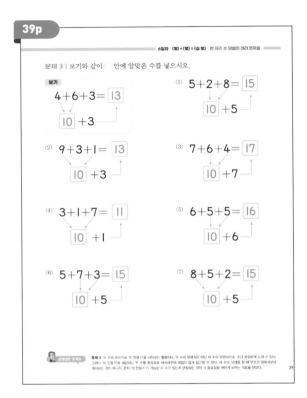

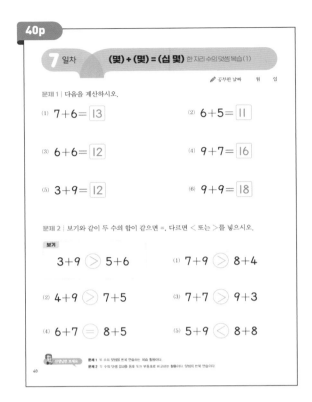

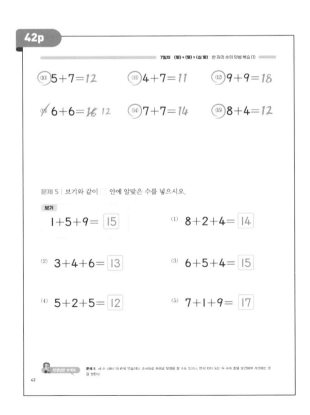

43p

8 일차 **(몇)+(몇)=(십 몇)** 한 자리 수의 덧셈 복습(2)

공부한 날짜 월 일

문제 1 | 다음을 계산하시오.

(1) 9+4= 13 (2) 7+6= 13 (3) 7+4= 11

(4) 3+8= 11 (5) 2+9= 11 (6) 6+5= 11

(7) 8+4= 12 (8) 6+6= 12 (9) 8+7= 15

(10) 5+9= 14 (11) 9+6= 15 (12) 8+6= 14

(13) 7+7= 14 (14) 3+9= 12 (15) 9+7= 16

(16) 8+9= 17 (17) 8+8= 16 (18) 5+6= 11

선생님만 보세요

문제 1 두 수의 덧셈을 반복 연습하는 복습 활동이다. 주의 시간을 측정하거나 빨리 계산할 것을 강요하지 말자. 덧셈을 배우는 단계에서 빠른 속도를 강요하는 어른들의 욕심은 자칫 학습자가 올바른 연산 능력을 완성하는 데 지장을 초래할 수 있다. 계산 속도는 원리를 터득하면 저절로 완성되므로 가르치는 사람의 인내심이 요구된다.

43

44p

(19) 7+8= 15 (20) 6+8= 14 (21) 9+2= 11

(22) 4+8= 12 (23) 5+8= 13 (24) 6+7= 13

(25) 9+5= 14 (26) 9+3= 12 (27) 6+9= 15

(28) 9+8= 17 (29) 7+9= 16 (30) 8+5= 13

문제 2 | 보기와 같이 빈 칸을 채우시오.

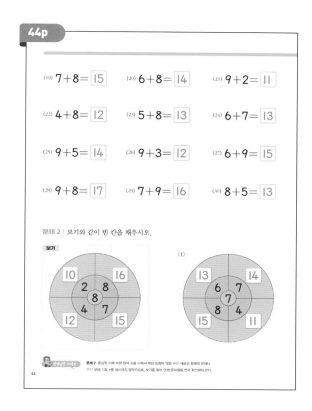

보기

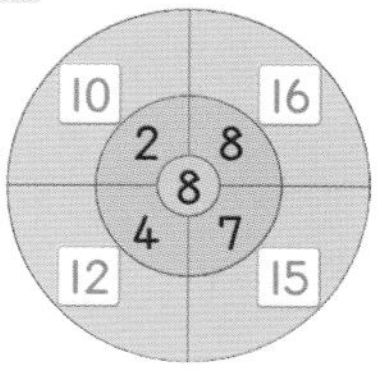

(1)

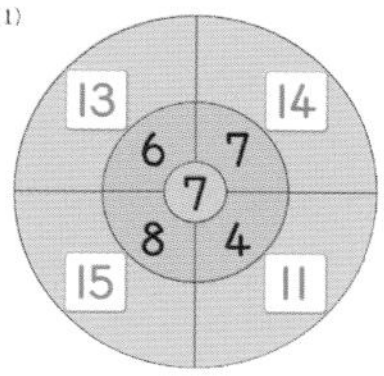

선생님만 보세요

문제 2 중심원 수에 바깥 원의 수를 더해서 해당 방향에 답을 쓰는 새로운 형태의 문제다.
주의 덧셈 기호 +를 제시하지 않았으므로, 보기를 통해 덧셈 문제임을 먼저 확인해야 한다.

44

45p

10일차 (몇)+(몇)=(십 몇) 한 자리 수의 덧셈 복습(2)

(2)

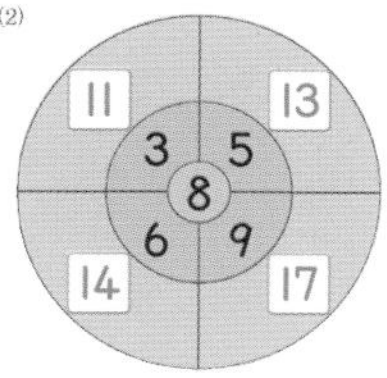

(3)

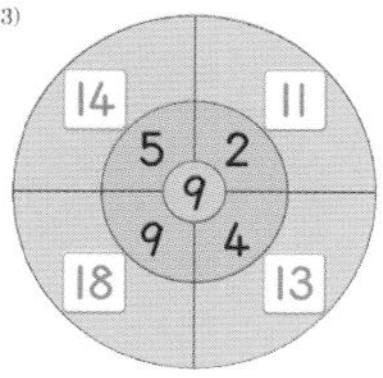

(4)

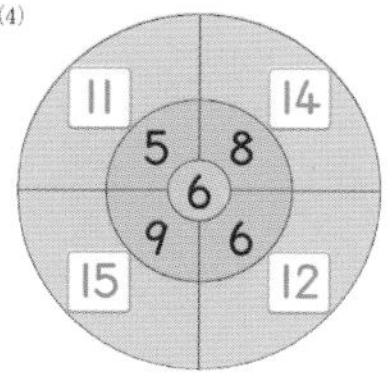

(5)

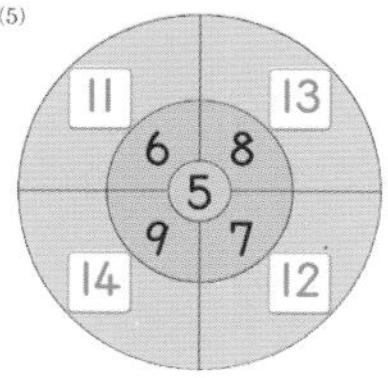

(6)

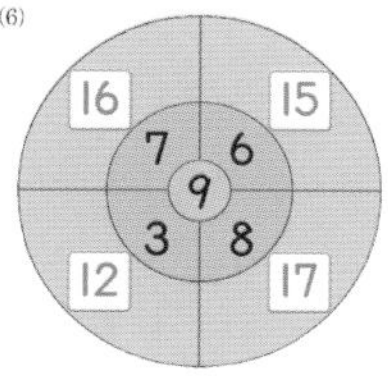

45

46p

보충문제

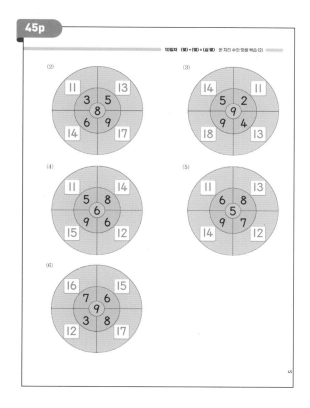

문제 1 | 동그라미를 그리고 □ 안에 알맞은 수를 쓰시오.

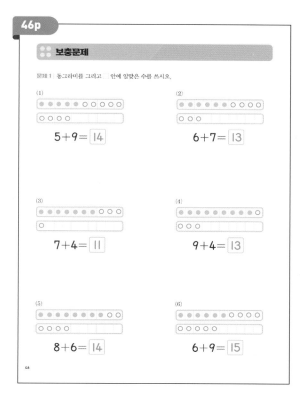

(1)

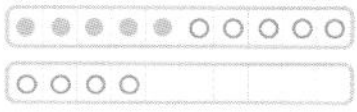

5+9= 14

(2)

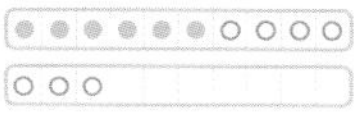

6+7= 13

(3)

7+4= 11

(4)

9+4= 13

(5)

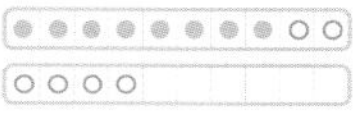

8+6= 14

(6)

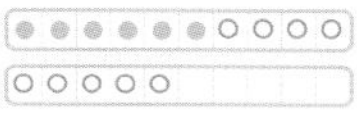

6+9= 15

46

+ 정답 ÷

47p

문제 2 | 화살표를 그리고 □ 안에 알맞은 수를 쓰시오.

(1)
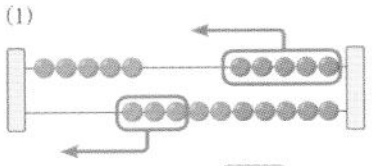
5+8= 13

(2)
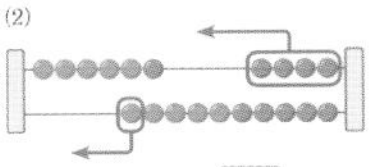
6+5= 11

(3)
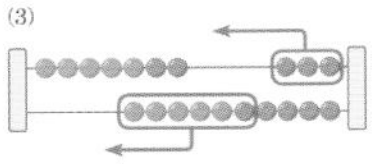
7+9= 16

(4)
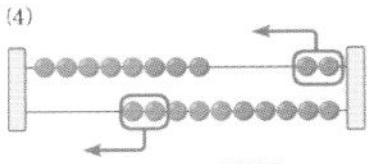
8+4= 12

(5)
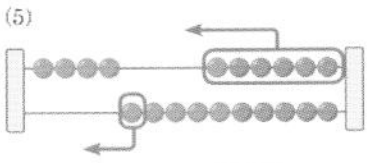
4+7= 11

(6)
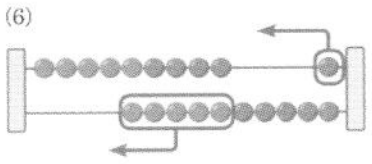
9+6= 15

48p

보충문제

문제 3 | 화살표를 그리고 □ 안에 알맞은 수를 쓰시오.

(1) 1 2 3 4 5 6 7 ⑧→9→10 →11→12→13→14→⑮ 16 17 18 19 20 8+7= 15

(2) 1 2 3 4 ⑤→6→7→8→9→10 →⑪ 12 13 14 15 16 17 18 19 20 5+6= 11

(3) 1 2 3 4 5 6 ⑦→8→9→10 →11→12→13→14→15→⑯ 17 18 19 20 7+9= 16

(4) 1 2 3 4 5 ⑥→7→8→9→10 →11→12→13→⑭ 15 16 17 18 19 20 6+8= 14

문제 4 | □ 안에 알맞은 수를 쓰시오.

(1) 0, 5, 10, 14, 15 (+5, +4) 5+9= 14

49p

(2) 0, 5, 7, 10, 15 (+3, +5) 7+8= 15

(3) 0, 5, 6, 10, 13, 15 (+4, +3) 6+7= 13

(4) 0, 5, 9, 10, 13, 15 (+1, +3) 9+4= 13

문제 5 | 수직선에 표시하고 □ 안에 알맞은 수를 쓰시오.

(1) 0, 5, 10, 15 — 5+8= 13 (5, 3)

(2) 0, 5, 10, 15 — 6+7= 13 (4, 3)

50p

보충문제

(3) 0, 5, 10, 15 — 7+5= 12 (3, 2)

(4) 0, 5, 10, 15 — 9+6= 15 (1, 5)

문제 6 | 다음을 계산하시오.

(1) 7+6= 13 (3, 3)

(2) 6+6= 12 (4, 2)

(3) 8+7= 15 (2, 5)

(4) 9+9= 18 (1, 8)

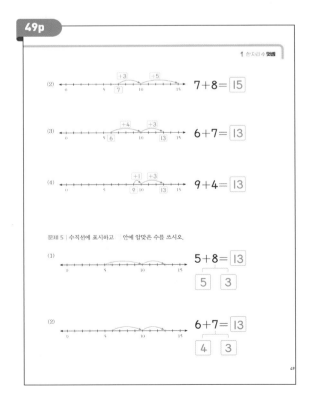

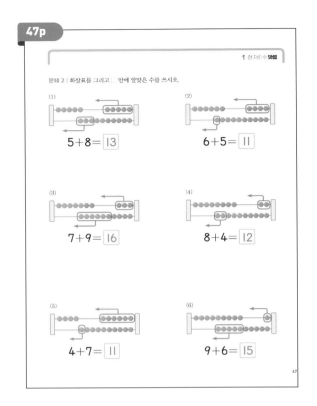

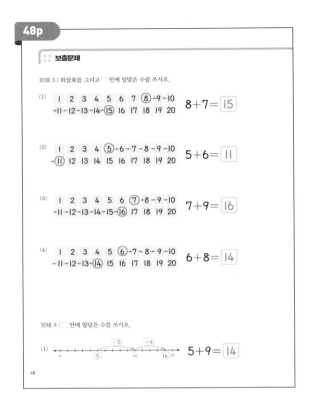

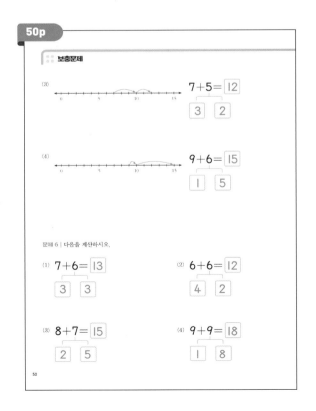

51p

문제 7 | 수직선을 이용하여 □ 안에 알맞은 수를 넣고 비교하시오.

(1)

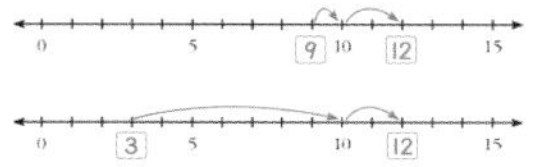

9+3= 12

3+9= 12

(2)

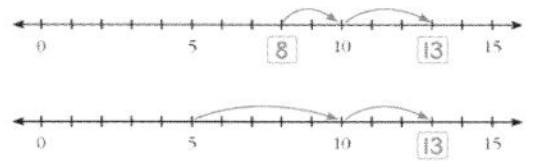

8+5= 13

5+8= 13

(3)

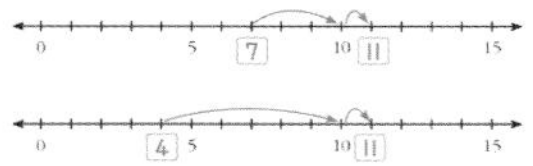

7+4= 11

4+7= 11

(4)

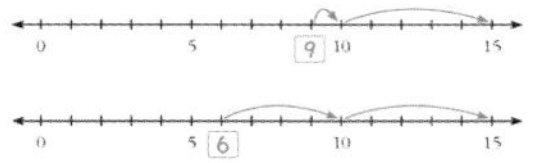

9+6= 15

6+9= 15

52p

보충문제

문제 8 | □ 안에 알맞은 수를 쓰시오.

(1) 5+6= 11 =6+5

(2) 7+8= 15 =8+7

(3) 7+9= 16 =9+7

(4) 8+9= 17 =9+8

문제 9 | □ 안에 알맞은 수를 넣고 덧셈식을 완성하시오.

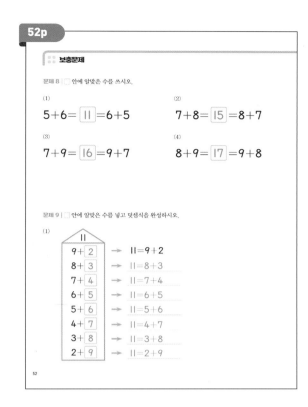

(1)

11

9+ 2 → 11=9+2
8+ 3 → 11=8+3
7+ 4 → 11=7+4
6+ 5 → 11=6+5
5+ 6 → 11=5+6
4+ 7 → 11=4+7
3+ 8 → 11=3+8
2+ 9 → 11=2+9

53p

(2)

16

9+ 7 → 16=9+7
8+ 8 → 16=8+8
7+ 9 → 16=7+9

(3)

17

9+ 8 → 17=9+8
8+ 9 → 17=8+9

문제 10 | □ 안에 알맞은 기호를 적으시오.

(1) 2+6 < 3+8

(2) 5+9 > 5+7

(3) 4+7 = 7+4

(4) 7+9 > 8+6

(5) 8+4 = 9+3

(6) 9+5 > 7+6

54p

보충문제

(7) 6+7 = 7+6

(8) 5+8 > 8+4

(9) 6+5 < 5+9

문제 11 | □ 안에 알맞은 수를 쓰시오.

(1) 4+2+6= 12
10 +2

(2) 6+3+7= 16
10 +6

(3) 2+4+8= 14
10 +4

(4) 9+5+5= 19
10 +9

+ 정답 ÷

55p

문제 12 | □ 안에 알맞은 수를 쓰시오.

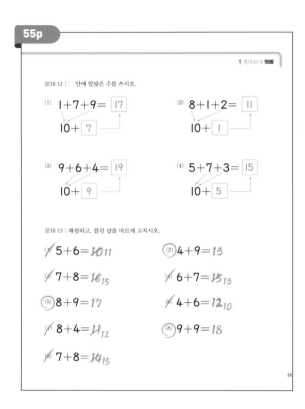

(1) 1+7+9= 17
10+ 7

(2) 8+1+2= 11
10+ 1

(3) 9+6+4= 19
10+ 9

(4) 5+7+3= 15
10+ 5

문제 13 | 채점하고, 틀린 답을 바르게 고치시오.

(1) 5+6=~~10~~ 11

(2) 4+9=13

(3) 7+8=~~16~~ 15

(4) 6+7=~~15~~ 13

(5) 8+9=17

(6) 4+6=~~12~~ 10

(7) 8+4=~~11~~ 12

(8) 9+9=18

(9) 7+8=~~14~~ 15

2 뺄셈 (십몇)-(몇), 그리고 덧셈과 뺄셈의 관계

58p

1 일차 **(십몇)-(몇)=(몇)** 십에서 먼저 빼기

공부한 날짜 월 일

문제 1 | 보기와 같이 동그라미를 지우고 □ 안에 알맞은 수를 넣으시오.

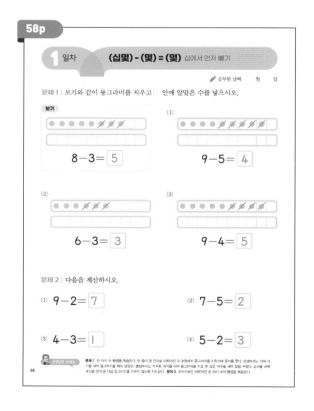

보기 8−3= 5

(1) 9−5= 4

(2) 6−3= 3

(3) 9−4= 5

문제 2 | 다음을 계산하시오.

(1) 9−2= 7

(2) 7−5= 2

(3) 4−3= 1

(4) 5−2= 3

선생님만 보세요

문제 1 한 자리 수 뺄셈을 복습한다. 한 줄이 열 칸으로 이루어진 수 모형에서 동그라미를 지워가며 문제를 푼다. 덧셈에서는 이어 세기를 하며 동그라미를 채워 넣었고, 뺄셈에서는 거꾸로 세기를 하며 동그라미를 지운 후 남은 개수를 세어 답을 구한다. 순서를 바꿔 계산을 먼저 한 다음 동그라미를 지우지 않도록 지도한다. **문제 2** 수식으로만 이루어진 한 자리 수의 뺄셈을 복습한다.

59p

문제 3 | 보기와 같이 윗줄에서 동그라미를 지우고 □ 안에 알맞은 수를 넣으시오.

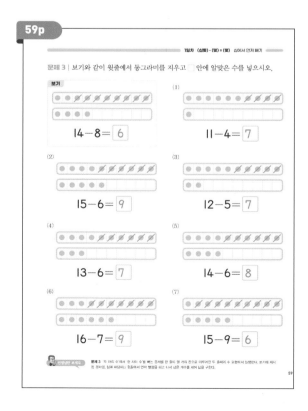

보기 14−8= 6

(1) 11−4= 7

(2) 15−6= 9

(3) 12−5= 7

(4) 13−6= 7

(5) 14−6= 8

(6) 16−7= 9

(7) 15−9= 6

선생님만 보세요

문제 3 '두 자리 수'에서 '한 자리 수'를 빼는 문제를 한 줄이 열 개의 칸으로 이루어진 두 줄짜리 수 모형에서 실행한다. 보기에 제시된 것처럼, 십에 해당하는 윗줄에서 먼저 뺄셈을 하고 나서 남은 개수를 세어 답을 구한다.

60p

문제 4 | 보기와 같이 빼는 수를 윗줄에서 묶고 □ 안에 알맞은 수를 넣으시오.

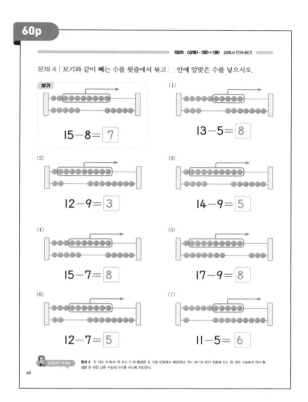

보기

15−8= 7

(1) 13−5= 8

(2) 12−9= 3

(3) 14−9= 5

(4) 15−7= 8

(5) 17−9= 8

(6) 12−7= 5

(7) 11−5= 6

선생님만 보세요 문제 4

61p

2일차 (십몇)-(몇)=(몇) 일의 자리 수에서 먼저 빼기 (수 모형과 수 구슬)

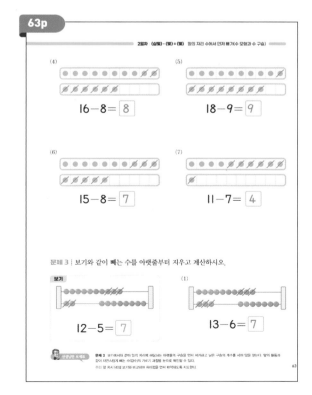

공부한 날짜 월 일

문제 1 | 빼는 수를 윗줄에서 지우고 □ 안에 알맞은 수를 넣으시오.

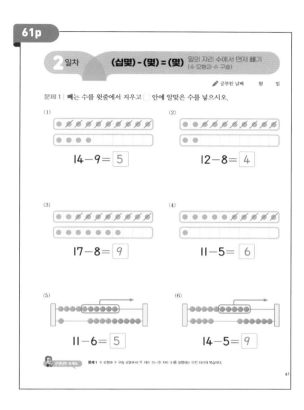

(1) 14−9= 5

(2) 12−8= 4

(3) 17−8= 9

(4) 11−5= 6

(5) 11−6= 5

(6) 14−5= 9

선생님만 보세요 문제 1

62p

(7) 12−8= 4

(8) 11−9= 2

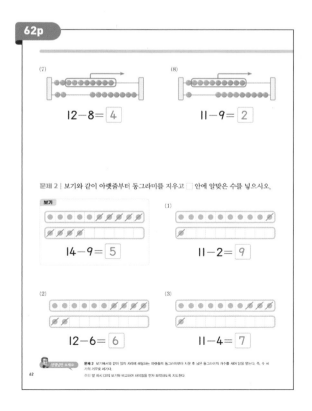

문제 2 | 보기와 같이 아랫줄부터 동그라미를 지우고 □ 안에 알맞은 수를 넣으시오.

보기

14−9= 5

(1) 11−2= 9

(2) 12−6= 6

(3) 11−4= 7

선생님만 보세요 문제 2

63p

(4) 16−8= 8

(5) 18−9= 9

(6) 15−8= 7

(7) 11−7= 4

문제 3 | 보기와 같이 빼는 수를 아랫줄부터 지우고 계산하시오.

보기

12−5= 7

(1) 13−6= 7

선생님만 보세요 문제 3

+ 정답 ÷

64p

(2)

14−6=8

(3)

13−4=9

(4)

16−7=9

(5)

14−7=7

(6)

12−3=9

(7)

15−9=6

64

65p

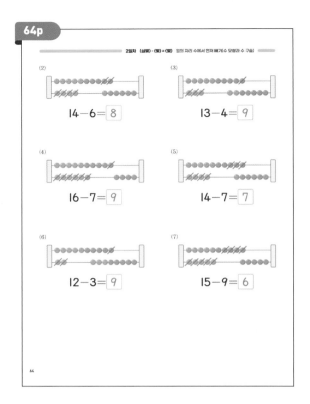

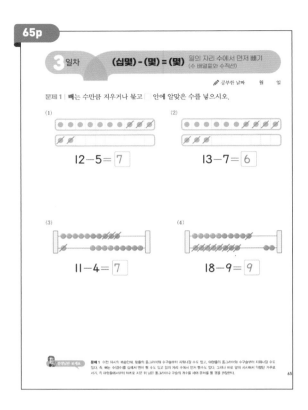

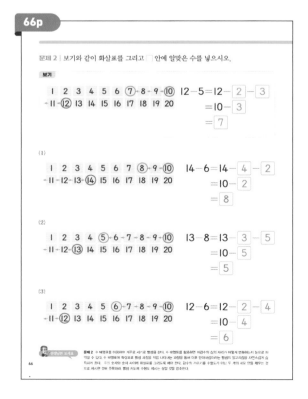

3일차 (십몇)-(몇)=(몇) 일의 자리 수에서 먼저 빼기 (수 배열표와 수직선)

공부한 날짜 월 일

문제 1 | 빼는 수만큼 지우거나 묶고 □ 안에 알맞은 수를 넣으시오.

(1)

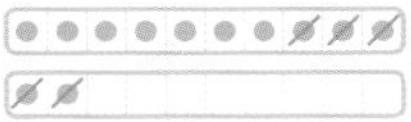

12−5=7

(2)

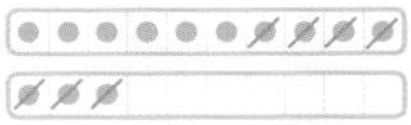

13−7=6

(3)

11−4=7

(4)

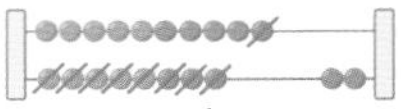

18−9=9

선생님만 보세요

문제 1 이전 차시의 복습인데, 윗줄의 동그라미와 수구슬부터 지워나갈 수도 있고, 아랫줄의 동그라미와 수구슬부터 지워나갈 수도 있다. 즉, 빼는 수(감수)를 십에서 먼저 뺄 수도 있고 일의 자리 수에서 먼저 뺄 수도 있다. 그러나 바로 앞의 차시에서 익혔던 거꾸로 세기, 즉 아랫줄에서부터 차례로 지운 뒤 남은 동그라미나 구슬의 개수를 세어 문제를 풀 것을 권장한다.

65

66p

문제 2 | 보기와 같이 화살표를 그리고 □ 안에 알맞은 수를 넣으시오.

보기

1 2 3 4 5 6 ⑦←8←9←⑩
←11←⑫ 13 14 15 16 17 18 19 20

12−5=12−2−3
=10−3
=7

(1)

1 2 3 4 5 6 7 ⑧←9←⑩
←11←12←13←⑭ 15 16 17 18 19 20

14−6=14−4−2
=10−2
=8

(2)

1 2 3 4 ⑤←6←7←8←9←⑩
←11←12←⑬ 14 15 16 17 18 19 20

13−8=13−3−5
=10−5
=5

(3)

1 2 3 4 5 ⑥←7←8←9←⑩
←11←⑫ 13 14 15 16 17 18 19 20

12−6=12−2−4
=10−4
=6

선생님만 보세요

문제 2 수 배열표를 이용하여 거꾸로 세기로 뺄셈을 한다. 수 배열표를 활용하면 피감수의 십의 자리가 어떻게 변화하는지 눈으로 파악할 수 있다. 수 배열표에 화살표로 뺄셈 과정을 직접 나타내는 과정을 통해 이후 받아내림이라는 뺄셈의 알고리즘을 자연스럽게 습득하게 된다. 주의 숫자와 숫자 사이에 화살표를 그리도록 해야 한다. 감수의 가르기를 수형도가 아닌 두 개의 네모 안을 채우는 것으로 제시한 것에 주목하라. 뺄셈 지도에 수형도 제시는 삼갈 것을 강조한다.

66

67p

(4)

1 2 3 4 5 6 7 8 ⑨←⑩
←11←12←13←14←⑮ 16 17 18 19 20

15−6=15−5−1
=10−1
=9

(5)

1 2 3 4 ⑤←6←7←8←9←⑩
←11←12←13←⑭ 15 16 17 18 19 20

14−9=14−4−5
=10−5
=5

문제 3 | 보기와 같이 수직선에 표시를 하고 □ 안에 알맞은 수를 넣으시오.

보기

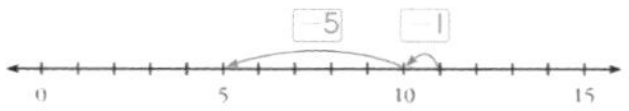

11−6=5

(1)

15−7=8

선생님만 보세요

문제 3 수직선을 이용하여, 먼저 빼어지는 수(피감수)가 10이 되도록 하고 나서 나머지 빼는 수(감수)를 10에서 빼는, 즉 받아내림을 익힌다. 이때 이루어지는 거꾸로 세기를 눈으로 확인할 수 있다. 주의 반드시 수직선을 먼저 그리고 뺄셈식을 나중에 세우도록 해야 한다. 수직선에서 받아내림 과정을 익힌 후에 이를 뺄셈식에 적용하기 위함이다.

67

68p

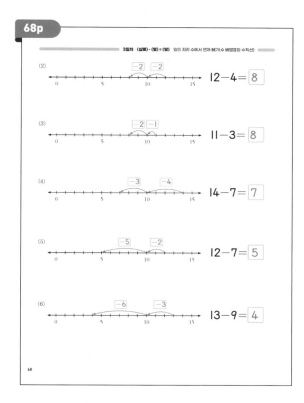

3일차 (십몇)-(몇)=(몇) 일의 자리 수에서 먼저 빼기(수 배열표와 수직선)

(2) −2 −2 12−4= 8

(3) −2 −1 11−3= 8

(4) −3 −4 14−7= 7

(5) −5 −2 12−7= 5

(6) −6 −3 13−9= 4

69p

4일차 (십몇)-(몇)=(몇) 수직선과 가로셈에서의 뺄셈

공부한 날짜 월 일

문제 1 | 표에 화살표를 그리거나 수직선에 표시하고 □ 안에 알맞은 수를 넣으시오.

(1)

1 2 3 4 5 ⑥ 7 8 9 ⑩
11 12 13 14 ⑮ 16 17 18 19 20

15−9=15− 5 − 4
= 10− 4
= 6

−4 −5 (6, 15) 15−9= 6

(2)

1 2 3 4 5 ⑥ 7 8 9 ⑩
11 12 13 ⑭ 15 16 17 18 19 20

14−8=14− 4 − 4
= 10− 4
= 6

−4 −4 (6, 14) 14−8= 6

선생님만 보세요 문제 1 수 배열표와 수직선을 이용, 수 가르기를 통해 (십몇)-(몇)을 복습하는 문제다.

70p

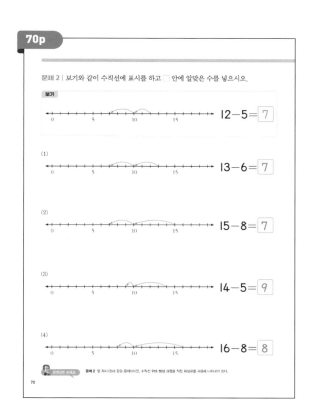

문제 2 | 보기와 같이 수직선에 표시를 하고 □ 안에 알맞은 수를 넣으시오.

보기 12−5= 7

(1) 13−6= 7

(2) 15−8= 7

(3) 14−5= 9

(4) 16−8= 8

선생님만 보세요 문제 2 앞 차시 (3)과 같은 문제이지만, 수직선 위에 뺄셈 과정을 직접 화살표를 사용해 나타내야 한다.

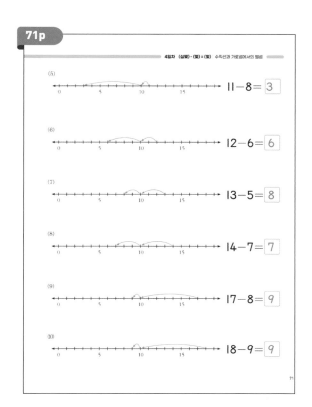

71p

4일차 (십몇)-(몇)=(몇) 수직선과 가로셈에서의 뺄셈

(5) 11−8= 3

(6) 12−6= 6

(7) 13−5= 8

(8) 14−7= 7

(9) 17−8= 9

(10) 18−9= 9

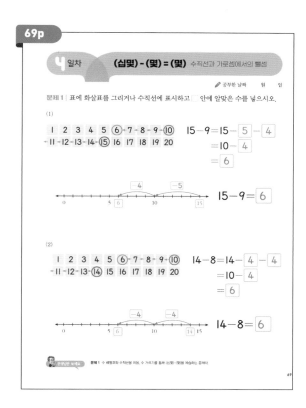

+ 정답 ÷

72p

문제 3 | 다음을 계산하시오.

(1) 11−2= 9　(2) 13−4= 9

(3) 11−4= 7　(4) 12−5= 7

(5) 16−9= 7　(6) 12−8= 4

(7) 15−6= 9　(8) 11−9= 2

선생님께 보세요

문제 3 본격적인 뺄셈식 풀기다. 빼는 수(감수)를 십에서 먼저 뺄 수도 있고, 일의 자리에서 빼고 나서 남은 수를 10에서 뺄 수도 있다. 어떻게 풀이했는지 자신의 풀이 과정을 언어로 산술하도록 한다. 주의 계산기는 계산의 답을 구하는 기능을 갖춘 도구다. 그에 반해 아이들은 기계가 아니며 스스로 사고하는 존재다. 자신의 풀이 과정을 언어로 표현하는 것도 매우 중요한 수학적 활동이다.

76p

5일차 (십몇)-(몇)=(몇) 여러 형태의 뺄셈 문제 연습(1)

공부한 날짜 월 일

문제 1 | 수직선에 표시하고 □ 안에 알맞은 수를 넣으시오.

(1)

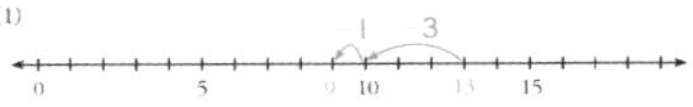

13−4= 9

(2)

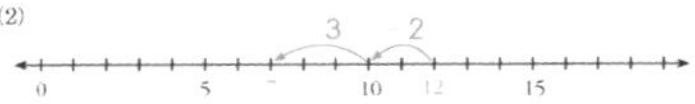

12−5= 7

(3)

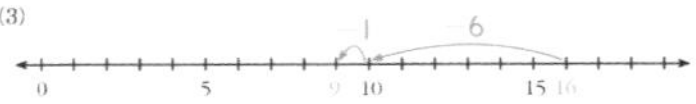

16−7= 9

문제 2 | 다음을 계산하시오.

(1) 13−5= 8　(2) 12−6= 6

(3) 16−8= 8　(4) 11−3= 8

선생님께 보세요

문제 1 수직선에서 (십몇)-(몇)의 뺄셈을 복습한다.

문제 2 (십몇)-(몇)의 수식으로 이루어진 뺄셈 복습이다.

77p

문제 3 | 빼기를 해서 5가 나오면 ○를, 6이 나오면 △를, 7이 나오면 □를 그리시오.

(1)

14−9	○
13−7	△
11−4	□
14−8	△
11−6	○

(2)

12−7	○
15−8	□
11−5	△
14−7	□
13−6	□

(3)

12−6	△
16−9	□
12−5	□
13−8	○
15−9	△

문제 4 | 보기와 같이 □ 안에 알맞은 기호를 적으시오.

6은 2보다 크다
4와 4는 같다
3은 9보다 작다

6>2　4=4　3<9

선생님께 보세요

문제 3 (십몇)-(몇)의 수식으로 이루어진 뺄셈 활동이다. 일일이 모두 계산하여 답을 찾을 수도 있으나, 같은 값이 나오는 패턴을 찾을 수 있게 빼어지는 수(피감수)와 빼는 수(감수)를 1씩의 차이로 연계하여 제시하였다. 아이가 단순 계산으로 답을 구했다면, 빼어지는 수(피감수)와 빼는 수(감수)를 관찰하여 패턴을 찾아보도록 지도하기를 권한다.

78p

보기

16−9 > 14−8　13−4 = 14−5

14−7 < 15−6

(1) 18−9 = 17−8　(2) 16−9 = 11−4

(3) 13−7 < 14−6　(4) 16−8 < 17−7

(5) 12−9 < 13−8　(6) 12−5 = 13−6

(7) 16−7 > 14−8　(8) 17−8 > 16−9

(9) 12−4 = 17−9　(10) 11−8 < 13−9

선생님께 보세요

문제 4 두 뺄셈식을 계산하여 그 결과를 비교하여 등호와 부등호로 나타낸다. 이 문제 역시 일일이 계산할 수도 있지만, 앞의 활동에서와 같이 빼어지는 수(피감수)와 빼는 수(감수)의 크기를 비교하여 두 뺄셈식 결과를 비교할 수도 있다. 이제 아이의 수 감각은 놀라울 만큼 향상되었을 것이다.

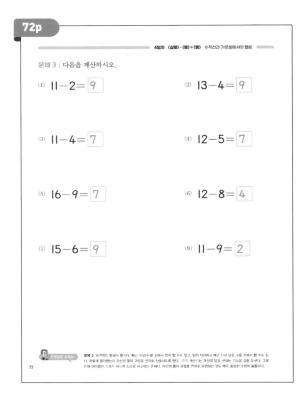

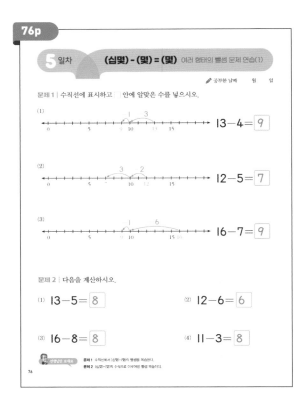

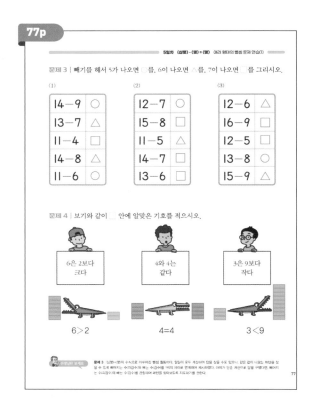

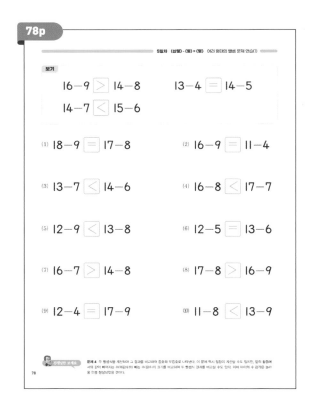

79p

6일차 (십몇) - (몇) = (몇) 여러 형태의 뺄셈 문제 연습(2)

공부한 날짜 월 일

문제 1 | 다음을 계산하시오.

(1) 11−6= 5　　(2) 15−9= 6

(3) 14−5= 9　　(4) 16−8= 8

(5) 12−8= 4　　(6) 14−8= 6

(7) 13−9= 4　　(8) 15−7= 8

(9) 18−9= 9　　(10) 13−6= 7

문제 2 | 직접 채점을 해보고, 틀린 답을 바르게 고치시오.

(1) 15−9=~~5~~ 6　　(2) 13−9=4　　(3) 12−8=~~5~~ 4

(4) 14−6=8　　(5) 11−8=~~4~~ 3　　(6) 13−7=~~9~~ 6

선생님만 보세요

문제 1 (십몇)-(몇)의 수식으로 이루어진 뺄셈을 연습한다.

문제 2 덧셈에서와 같이 뺄셈 계산의 답을 채점하여 뺄셈을 연습하는 활동이다.

79

80p

(7) 11−10=1　　(8) 12−6=6　　(9) 11−4=7

(10) 12−7=~~6~~ 5　　(11) 15−7=8　　(12) 14−7=7

(13) 14−10=~~5~~ 4　　(14) 14−5=9　　(15) 17−10=7

문제 3 | 빈 칸에 알맞은 수를 넣으시오.

보기

6

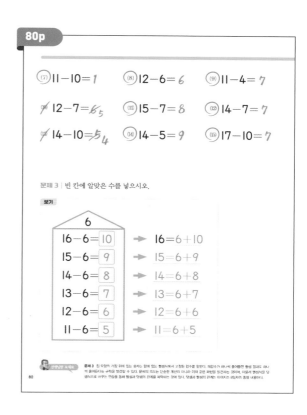

16−6= 10	→ 16=6+10
15−6= 9	→ 15=6+9
14−6= 8	→ 14=6+8
13−6= 7	→ 13=6+7
12−6= 6	→ 12=6+6
11−6= 5	→ 11=6+5

선생님만 보세요

문제 3 집 모양의 가장 위에 있는 숫자는 밑에 있는 뺄셈식에서 고정된 감수를 말한다. 피감수가 하나씩 줄어들면 뺄셈 결과도 하나씩 줄어든다는 규칙을 발견할 수 있다. 문제의 의도는 단순한 계산이 아니라 이와 같은 패턴을 발견하는 것이며, 아울러 뺄셈식을 덧셈식으로 바꾸는 연습을 통해 뺄셈과 덧셈의 관계를 파악하는 것에 있다. 덧셈과 뺄셈의 관계는 이어지는 8일차의 중점 내용이다.

80

81p

6일차 (십몇) - (몇) = (몇) 여러 형태의 뺄셈 문제 연습 (2)

(1)

5

15−5= 10	→ 15=5+10
14−5= 9	→ 14=5+9
13−5= 8	→ 13=5+8
12−5= 7	→ 12=5+7
11−5= 6	→ 11=5+6
10−5= 5	→ 10=5+5

(2)

9

19−9= 10	→ 19=9+10
18−9= 9	→ 18=9+9
17−9= 8	→ 17=9+8
16−9= 7	→ 16=9+7
15−9= 6	→ 15=9+6
14−9= 5	→ 14=9+5
13−9= 4	→ 13=9+4

81

82p

6일차 (십몇) - (몇) = (몇) 여러 형태의 뺄셈 문제 연습 (2)

(3)

7

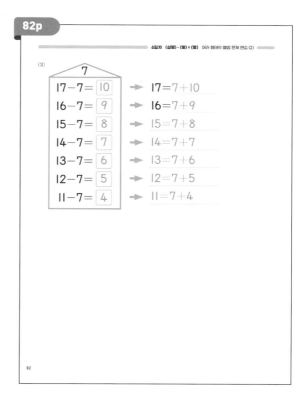

17−7= 10	→ 17=7+10
16−7= 9	→ 16=7+9
15−7= 8	→ 15=7+8
14−7= 7	→ 14=7+7
13−7= 6	→ 13=7+6
12−7= 5	→ 12=7+5
11−7= 4	→ 11=7+4

82

+ 정답 ÷

83p

7일차 덧셈과 뺄셈의 관계

공부한 날짜 월 일

문제 1 | □ 안에 알맞은 수를 넣으시오.

(1)

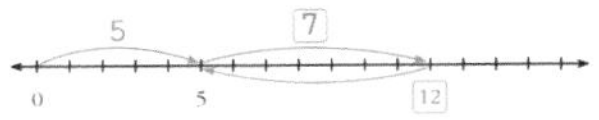

5+7=12
12−7=5

(2)

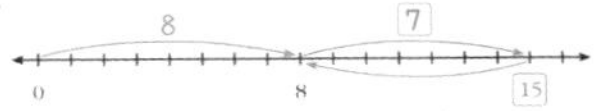

8+7=15
15−7=8

(3)
5+6=11
11−6=5

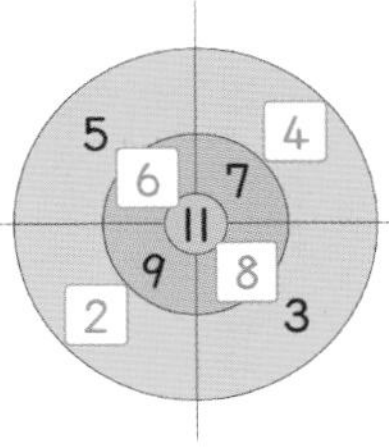

(4)
4+7=11
11−7=4

(5)
2+9=11
11−9=2

(6)
3+8=11
11−8=3

선생님만 보세요 **문제 1** 수직선과 원 모양의 수판에 적절한 수를 넣으면서 덧셈과 뺄셈의 관계를 파악한다.

83

84p

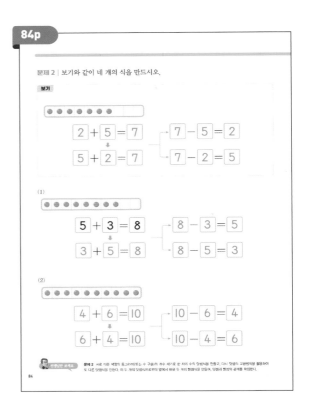

문제 2 | 보기와 같이 네 개의 식을 만드시오.

보기

2+5=7 → 7−5=2
5+2=7 → 7−2=5

(1)

5+3=8 → 8−3=5
3+5=8 → 8−5=3

(2)

4+6=10 → 10−6=4
6+4=10 → 10−4=6

선생님만 보세요 **문제 2** 서로 다른 색깔의 동그라미(또는 수 구슬)의 개수 세기로 한 자리 수의 덧셈식을 만들고, 다시 덧셈의 교환법칙을 활용하여 또 다른 덧셈식을 만든다. 이 두 개의 덧셈식으로부터 앞에서 배운 두 개의 뺄셈식을 만들어, 덧셈과 뺄셈의 관계를 확립한다.

84

85p

7일차 덧셈과 뺄셈의 관계

(3)

5+6=11 → 11−6=5
6+5=11 → 11−5=6

(4)

7+5=12 → 12−5=7
5+7=12 → 12−7=5

문제 3 | 보기와 같이 세 개의 식을 더 만드시오.

보기

6+1=7
1+6=7
7−1=6
7−6=1

(1)

5+1=6
1+5=6
6−1=5
6−5=1

선생님만 보세요 **문제 3** □ 안에 계산 결과를 써넣는 것이 아니라, 뺄 수 또는 더할 수를 넣어야 하기 때문에 수직선을 떠올리면 효과적으로 풀 수 있다. 또는 수직선을 생각하지 않고, 덧셈은 이어 세기 그리고 뺄셈은 거꾸로 세기를 활용할 수도 있다.

85

86p

(2)

2+3=5
3+2=5
5−3=2
5−2=3

(3)

7+4=11
4+7=11
11−4=7
11−7=4

(4)

3+9=12
9+3=12
12−9=3
12−3=9

(5)

4+8=12
8+4=12
12−8=4
12−4=8

86

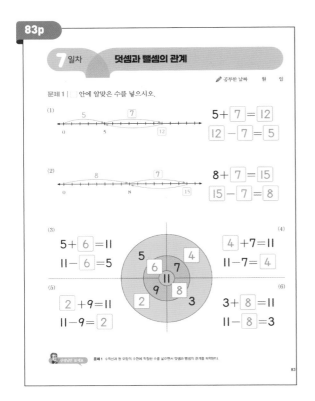

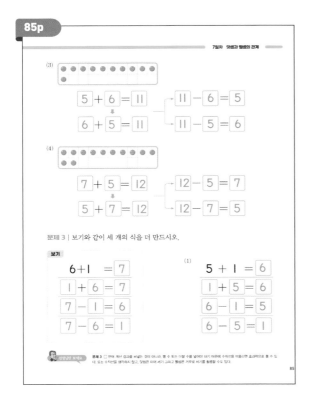

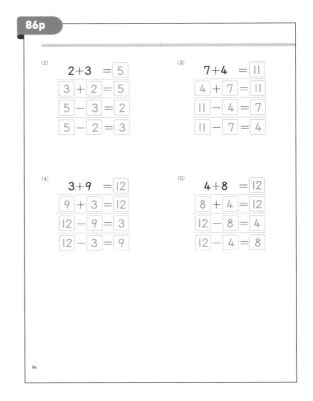

87p

문제 4 | □ 안에 알맞은 수를 넣으시오.

(1) 3−[1]=2 (2) 2+[4]=6 (3) 9−[4]=5

(4) 7+[3]=10 (5) 4+[1]=5 (6) 8−[4]=4

(7) 11−[6]=5 (8) 7+[9]=16 (9) 5+[5]=10

선생님만 보세요 **문제 4** 덧셈식의 더하는 수와 뺄셈식의 빼는 수(감수)를 채움으로써 덧셈과 뺄셈을 자유롭게 구사할 수 있다.

89p

8일차 덧셈과 뺄셈의 의미(1)

공부한 날짜 월 일

문제 1 | □ 안에 알맞은 수를 넣으시오.

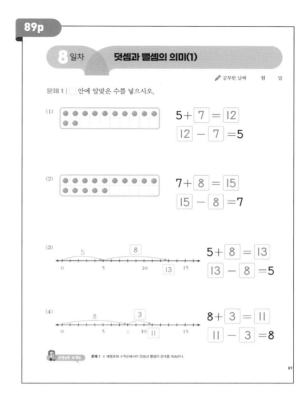

(1)

5+[7]=[12]
[12]−[7]=5

(2)

7+[8]=[15]
[15]−[8]=7

(3)

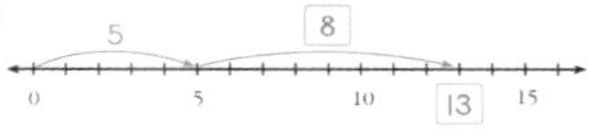

5+[8]=[13]
[13]−[8]=5

(4)

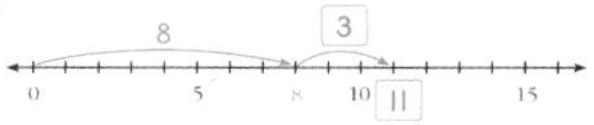

8+[3]=[11]
[11]−[3]=8

선생님만 보세요 **문제 1** 수 배열표와 수직선에서의 덧셈과 뺄셈의 관계를 복습한다.

90p

문제 2 | 알맞은 덧셈식과 뺄셈식을 보기에서 찾아 넣으시오.

보기

8+7	11−2	14−9
4+9	18−9	8+4
12−4	6+8	7+4

(1) 버스에 손님이 4명이 타고 있습니다.
이번 정류장에서 9명이 더 탔습니다.
손님은 모두 몇 명일까요?

식 4+9 = [13] 답: [13] 명

(2) 나는 연필을 8자루 가지고 있습니다.
동생은 연필을 4자루 가지고 있어요.
나와 동생은 연필을 모두 몇 자루
가지고 있을까요?

식 8+4 = [12] 답: [12] 자루

선생님만 보세요 **문제 2** 같은 덧셈식과 뺄셈식도 각기 다른 상황을 나타낸다. 서로 다른 덧셈과 뺄셈 상황의 구조를 파악하여 덧셈식과 뺄셈식으로 나타낸다. 주의 아이들에게 이를 구별하도록 강요하는 것은 바람직하지 않다. 단지 덧셈과 뺄셈을 구별하는 것만으로 충분하다.
(1) 더하는 덧셈 상황이다.
(2) 더하는 덧셈 상황이다.

91p

(3) 버스에 손님이 14명 타고 있습니다.
이번 정류장에서 9명이 내렸습니다.
버스에 남아 있는 손님은 모두 몇 명일까요?

식 14−9 = [5] 답: [5] 명

(4) 우리반은 모두 18명입니다.
이중 남학생은 9명이에요.
여학생은 몇 명일까요?

식 18−9 = [9] 답: [9] 명

(5) 사과 12개가 있고, 배 4개가 있습니다.
사과는 배보다 몇 개가 더 많은가요?

식 12−4 = [8] 답: [8] 개

선생님만 보세요 (3) 제거에 의해 줄어드는 뺄셈 상황이다.
(4) 전체의 일부를 제외한 여집합의 개수를 구하는 뺄셈 상황이다.
(5) 비교에 의한 차이를 구하는 뺄셈 상황이다.

+ 정답 ÷

92p

문제 3 | 알맞은 덧셈식 또는 뺄셈식을 쓰고, 계산하시오.

(1) 빵집에 빵이 8개 있습니다.
주인은 빵을 7개 더 만들었습니다.
빵은 모두 몇 개일까요?

식 8+7 = 15 답: 15 개

(2) 주차장에 자동차가 17대 있습니다.
자동차 8대가 빠져 나갔습니다.
주차장에 남은 자동차는 몇 대일까요?

식 17−8 = 9 답: 9 대

(3) 강아지가 9마리,
고양이가 5마리 있습니다.
모두 몇 마리일까요?

식 9+5 = 14 답: 14 마리

선생님만 보세요

문제 3 문제 2와 같은 문제다. 이번에는 보기가 없이 직접 식으로 나타낸다.
주의 아이들에게 이를 구별하도록 강요하는 것은 바람직하지 않다. 단지 덧셈과 뺄셈을 구별하는 것만으로 충분하다
(1) 더하는 덧셈 상황이다.
(2) 제거에 의해 줄어드는 뺄셈 상황이다.

92

93p

8일차 덧셈과 뺄셈의 의미 (1)

(4) 강아지와 고양이가 모두 16마리 있습니다.
이중 강아지는 7마리입니다.
고양이는 몇 마리일까요?

식 16−7 = 9 답: 9 마리

(5) 형은 초콜릿이 11개 있고,
동생은 초콜릿이 9개 있습니다.
형은 동생보다 초콜릿을
몇 개 더 가지고 있나요?

식 11−9 = 2 답: 2 개

선생님만 보세요

(3) 두 집합의 합집합의 원소 개수를 구하는 덧셈상황이다.
(4) 전체의 일부를 제외한 여집합의 개수를 구하는 뺄셈 상황이다.
(5) 비교에 의한 차이를 구하는 뺄셈 상황이다.

93

94p

9 일차 덧셈과 뺄셈의 의미(2)

공부한 날짜 월 일

문제 1 | □ 안에 알맞은 수를 넣으시오.

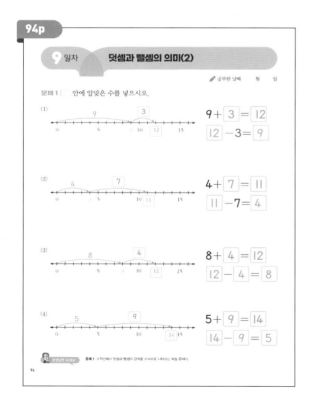

(1)

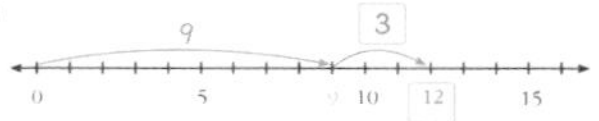

9+ 3 = 12
12 −3= 9

(2)

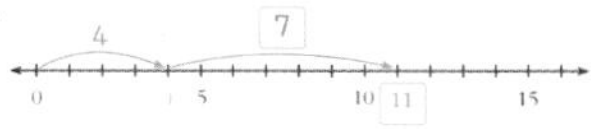

4+ 7 = 11
11 −7= 4

(3)

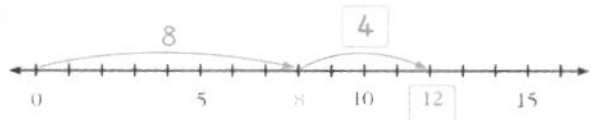

8+ 4 = 12
12 − 4 = 8

(4)

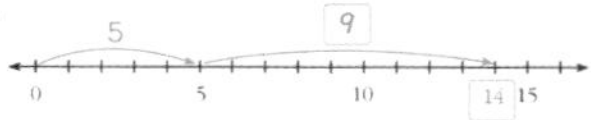

5+ 9 = 14
14 − 9 = 5

선생님만 보세요

문제 1 수직선에서 덧셈과 뺄셈의 관계를 수식으로 나타내는 복습 문제다.

94

95p

9일차 덧셈과 뺄셈의 의미 (2)

문제 2 | □ 안에 알맞은 수를 넣으시오.

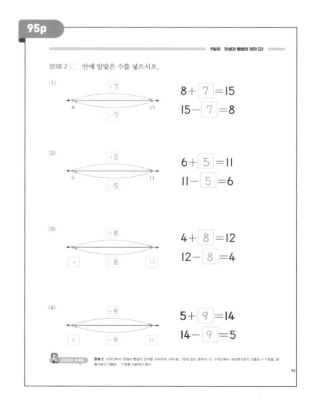

(1)

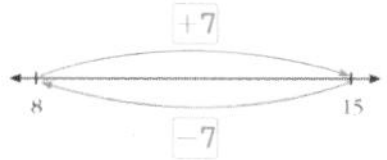

8+ 7 =15
15− 7 =8

(2)

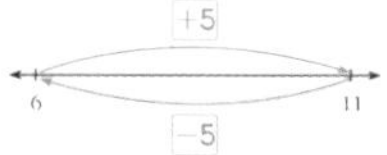

6+ 5 =11
11− 5 =6

(3)

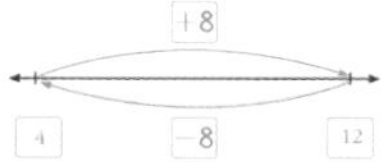

4+ 8 =12
12− 8 =4

(4)

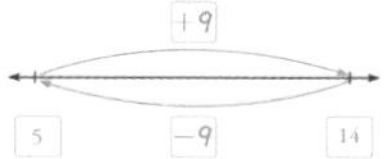

5+ 9 =14
14− 9 =5

선생님만 보세요

문제 2 수직선에서 덧셈과 뺄셈의 관계를 수식으로 나타내는 1번과 같은 문제다. 단, 수직선에서 오른쪽으로의 이동은 + 기호를, 왼쪽으로의 이동은 − 기호를 덧붙여야 한다.

95

96p

문제 3 | 보기와 같이 수직선에 알맞게 표시하고, □ 안에 알맞은 수를 넣으시오.

보기

12대까지 주차할 수 있는 주차장에 자동차가 7대 있습니다.
자동차 몇 대를 더 주차할 수 있을까요?

+5 / 7, 12 / −5

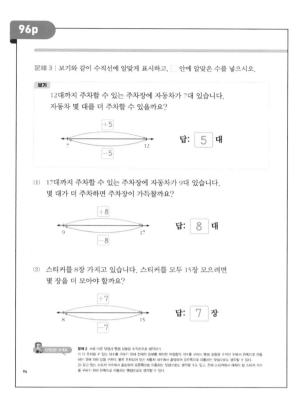

답: 5 대

(1) 17대까지 주차할 수 있는 주차장에 자동차가 9대 있습니다.
몇 대가 더 주차하면 주차장이 가득찰까요?

+8 / 9, 17 / −8

답: 8 대

(2) 스티커를 8장 가지고 있습니다. 스티커를 모두 15장 모으려면
몇 장을 더 모아야 할까요?

+7 / 8, 15 / −7

답: 7 장

선생님만 보세요

문제 3 서로 다른 덧셈과 뺄셈 상황을 수직선으로 생각하기
(1) 더 주차할 수 있는 대수를 구하기 위해 전체의 일부를 제외한 여집합의 개수를 구하는 뺄셈 상황을 수직선 위에서 왼쪽으로 이동하는 것에 의해 답을 구한다. 물론 주차되어 있는 자동차 대수에서 출발하여 오른쪽으로 이동하는 덧셈으로도 생각할 수 있다.
(2) 갖고 있는 스티커 개수에서 출발하여 오른쪽으로 이동하는 덧셈으로도 생각할 수도 있고, 전체 스티커에서 채워야 할 스티커 개수를 구하기 위해 왼쪽으로 이동하는 뺄셈으로도 생각할 수 있다.

96

97p

9일차 덧셈과 뺄셈의 의미 (2)

(3) 오늘까지 8권의 책을 읽었습니다.
16권의 책을 모두 읽으려면, 몇 권을 더 읽어야 할까요?

+8 / 8, 16 / −8

답: 8 권

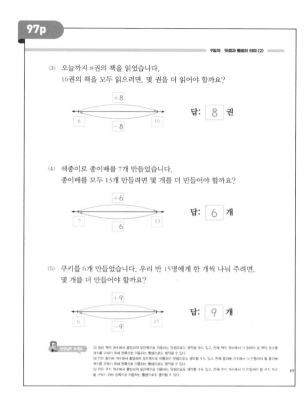

(4) 색종이로 종이배를 7개 만들었습니다.
종이배를 모두 13개 만들려면 몇 개를 더 만들어야 할까요?

+6 / 7, 13 / −6

답: 6 개

(5) 쿠키를 6개 만들었습니다. 우리 반 15명에게 한 개씩 나눠 주려면,
몇 개를 더 만들어야 할까요?

+9 / 6, 15 / −9

답: 9 개

선생님만 보세요

(3) 읽은 책의 권수에서 출발하여 오른쪽으로 이동하는 덧셈으로도 생각할 수도 있고, 전체 책의 권수에서 더 읽어야 할 책의 권수를 개수를 구하기 위해 왼쪽으로 이동하는 뺄셈으로도 생각할 수 있다.
(4) 만든 종이배 개수에서 출발하여 오른쪽으로 이동하는 덧셈으로도 생각할 수도 있고, 전체 종이배 개수에서 더 만들어야 할 종이배 개수를 구하기 위해 왼쪽으로 이동하는 뺄셈으로도 생각할 수 있다.
(5) 만든 쿠키 개수에서 출발하여 오른쪽으로 이동하는 덧셈으로도 생각할 수도 있고, 전체 쿠키 개수에서 더 만들어야 할 쿠키 개수를 구하기 위해 왼쪽으로 이동하는 뺄셈으로도 생각할 수 있다.

97

98p

9일차 덧셈과 뺄셈의 의미 (2)

문제 4 | 보기에서 알맞은 덧셈식과 뺄셈식을 골라 쓰고, 계산하시오.

보기

8+□=14	9+□=17
6+□=13	14−□=7
17−□=8	13−□=6

(1) 버스에 8명의 사람이 타고 있습니다.
이번 정류장에서 몇 명의 사람이 더 탔더니, 14명이 되었습니다.
몇 명의 사람이 탔을까요?

식 8+6=14 14−8=6 답: 6 명

(2) 초콜릿 17개를 가지고 있었는데
몇 개를 먹었더니 9개가 남았습니다.
초콜릿을 몇 개 먹었을까요?

식 9+8=17 17−9=8 답: 8 개

98

99p

보충문제 2 뺄셈 (십몇)−(몇) 그리고 덧셈과 뺄셈의 관계

문제 1 | 동그라미를 지우고 □ 안에 알맞은 수를 넣으시오.

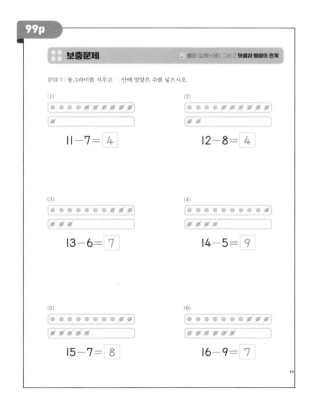

(1) 11−7=4

(2) 12−8=4

(3) 13−6=7

(4) 14−5=9

(5) 15−7=8

(6) 16−9=7

99

+ 정답 ÷

100p

보충문제

문제 2 | 뺄셈에 맞는 구슬의 묶고 ☐ 안에 알맞은 수를 넣으시오.

(1)

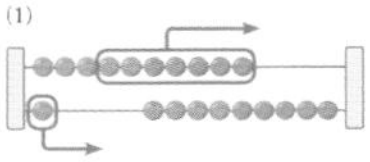

11－8＝3

(2)

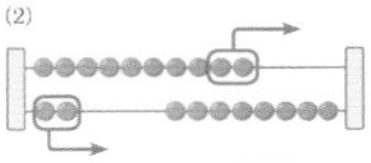

12－4＝8

(3)

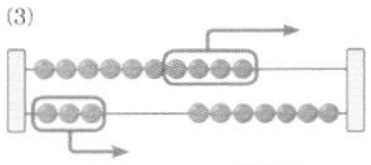

13－7＝6

(4)

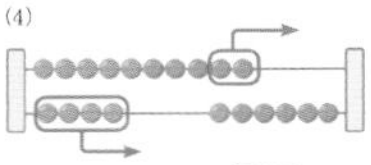

14－6＝8

(5)

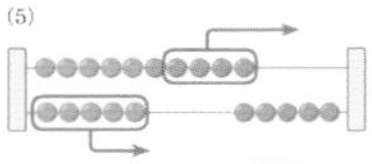

15－9＝6

(6)

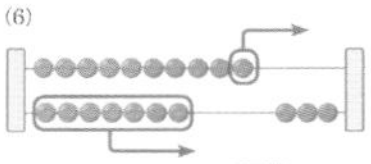

17－8＝9

100

101p

2 뺄셈(십몇)－(몇), 그리고 덧셈과 뺄셈의 관계

문제 3 | 표에 화살표를 그리고 ☐ 안에 알맞은 수를 넣으시오.

(1)

1 2 3 4 5 6 7 ⑧ 9 10
11 12 ⑬ 14 15 16 17 18 19 20

13－5＝13－3－2
＝10－2
＝8

(2)

1 2 3 4 5 6 ⑦ 8 9 10
11 12 13 14 ⑮ 16 17 18 19 20

15－8＝15－5－3
＝10－3
＝7

(3)

1 2 3 4 5 6 7 8 ⑨ 10
11 12 13 14 15 ⑯ 17 18 19 20

16－7＝16－6－1
＝10－1
＝9

(4)

1 2 3 4 5 6 7 ⑧ 9 10
11 12 13 14 15 16 ⑰ 18 19 20

17－9＝17－7－2
＝10－2
＝8

101

102p

보충문제

문제 4 | 수직선에 표시를 하고 ☐ 안에 알맞은 수를 넣으시오.

(1)

12－7＝5

(2)

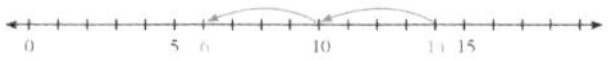

14－8＝6

(3)

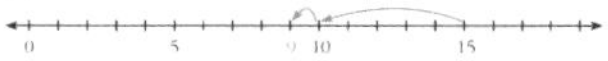

15－6＝9

(4)

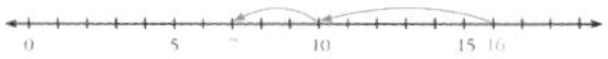

16－9＝7

102

103p

2 뺄셈(십몇)－(몇), 그리고 덧셈과 뺄셈의 관계

문제 5 | 직접 채점을 해보고, 틀린 답을 바르게 고치시오.

(1) 15－8＝~~3~~ 7

(2) 11－5＝6

(3) 12－4＝~~2~~ 8

(4) 16－7＝9

(5) 13－9＝~~6~~ 4

(6) 14－8＝~~4~~ 6

(7) 10－6＝4

(8) 11－3＝~~2~~ 8

(9) 12－8＝~~6~~ 4

103

104p

보충문제

문제 6 | □ 안에 알맞은 수를 쓰고 덧셈식으로 고치시오.

(1) 6

16−6=10	→ 16= 6+10
15−6=9	→ 15= 6+9
14−6=8	→ 14= 6+8
13−6=7	→ 13= 6+7
12−6=6	→ 12= 6+6
11−6=5	→ 11= 6+5
10−6=4	→ 10= 6+4

(2) 8

18−8=10	→ 18= 8+10
17−8=9	→ 17= 8+9
16−8=8	→ 16= 8+8
15−8=7	→ 15= 8+7
14−8=6	→ 14= 8+6
13−8=5	→ 13= 8+5
12−8=4	→ 12= 8+4

104

105p

2 뺄셈(십몇)-(몇), 그리고 덧셈과 뺄셈의 관계

문제 7 | □ 안에 알맞은 수를 넣으시오.

(1)
5+1=6
6−1=5

(2)
4+3=7
7−3=4

(3)
2+5=7
7−5=2

(4)
6+4=10
10−4=6

105

106p

보충문제

문제 8 | 수직선을 보고 □ 안에 알맞은 수를 넣으시오.

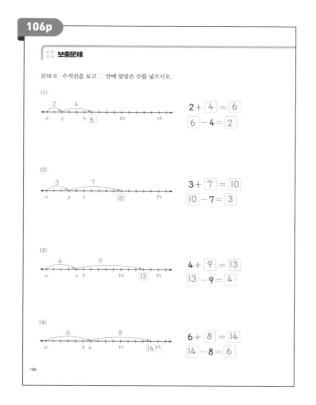

(1)

2+4=6
6−4=2

(2)

3+7=10
10−7=3

(3)

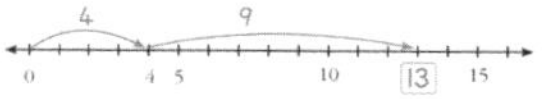

4+9=13
13−9=4

(4)

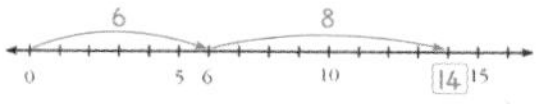

6+8=14
14−8=6

106

107p

2 뺄셈(십몇)-(몇), 그리고 덧셈과 뺄셈의 관계

문제 9 | □ 안에 알맞은 수를 넣으시오.

(1)

4+8=12
12−8=4

6+6=12
12−6=6

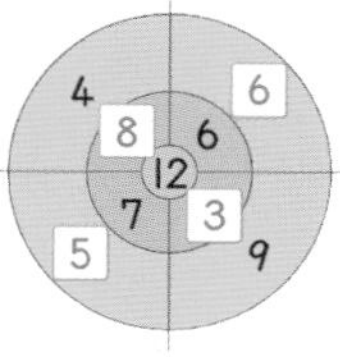

5+7=12
12−7=5

9+3=12
12−3=9

(2)

4+9=13
13−9=4

7+6=13
13−6=7

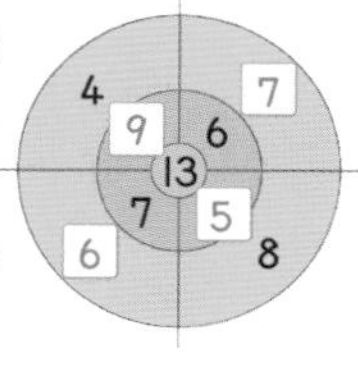

6+7=13
13−7=6

8+5=13
13−5=8

107

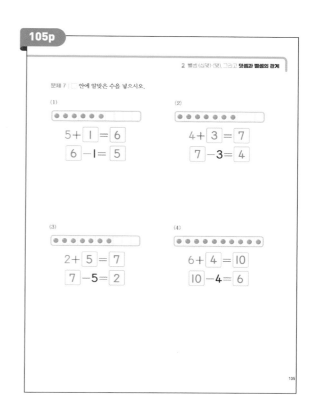

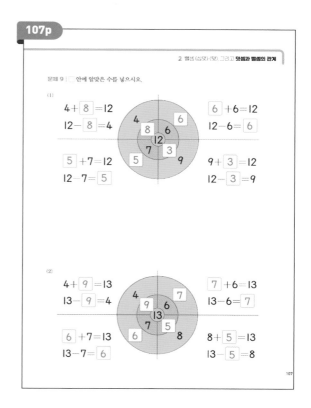

+ 정답 ÷

108p

보충문제

문제 10 | 네 개의 식을 만드시오.

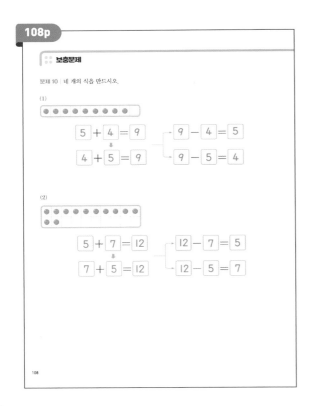

(1)

5 + 4 = 9 → 4 + 5 = 9

9 − 4 = 5

9 − 5 = 4

(2)

5 + 7 = 12 → 7 + 5 = 12

12 − 7 = 5

12 − 5 = 7

109p

문제 11 | 세 개의 식을 더 만드시오.

(1) 5+2 = 7
2 + 5 = 7
7 − 5 = 2
7 − 2 = 5

(2) 6+3 = 9
3 + 6 = 9
9 − 6 = 3
9 − 3 = 6

(3) 8+4 = 12
4 + 8 = 12
12 − 8 = 4
12 − 4 = 8

(4) 9+7 = 16
7 + 9 = 16
16 − 9 = 7
16 − 7 = 9

110p

보충문제

문제 12 | □ 안에 알맞은 수를 쓰고 덧셈식을 만드시오.

(1) 6

16− 10 =6 → 16=6+10
15− 9 =6 → 15=6+9
14− 8 =6 → 14=6+8
13− 7 =6 → 13=6+7
12− 6 =6 → 12=6+6
11− 5 =6 → 11=6+5

(2) 8

18− 10 =8 → 18=8+10
17− 9 =8 → 17=8+9
16− 8 =8 → 16=8+8
15− 7 =8 → 15=8+7
14− 6 =8 → 14=8+6
13− 5 =8 → 13=8+5

111p

문제 13 | □ 안에 알맞은 수를 넣으시오.

(1) 4− 1 =3 (2) 5+ 7 =12 (3) 9− 3 =6

(4) 6+ 4 =10 (5) 7− 2 =5 (6) 8− 6 =2

(7) 9+ 6 =15 (8) 8+ 6 =14 (9) 12− 7 =5

문제 14 | 알맞은 덧셈식 또는 뺄셈식을 쓰고 계산하시오.

(1) 스티커가 9개가 있었습니다.
6개의 스티커를 더 모았다면 스티커는 모두 몇 개인가요?

식 9+6 = 15 답: 15 개

(2) 12개의 사탕 중에서 7개의 사탕을 먹었습니다.
사탕은 몇 개 남았을까요?

식 12−7 = 5 답: 5 개

112p

보충문제

(3) 한 반에 남학생이 6명, 여학생이 8명이 있습니다.
모두 몇 명일까요?

식 6+8 = 14 답: 14 명

(4) 15개의 바둑돌이 있습니다. 이 중 흰색 바둑돌은 9개라면
검은색 바둑돌은 몇 개인가요?

식 15−9 = 6 답: 6 개

(5) 나는 8살이고 언니는 13살입니다.
언니와 나는 몇 살 차이가 날까요?

식 13−8 = 5 답: 5 살

113p

문제 15 | 수직선에 알맞게 표시하고, □을 채우시오.

(1) 줄넘기를 모두 12번 하려고 합니다.
지금까지 5번 했다면 앞으로 몇 번을 더 해야 할까요?

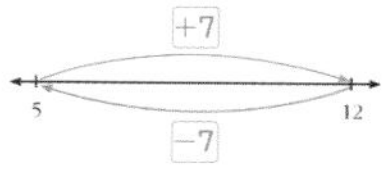

답: 7 번

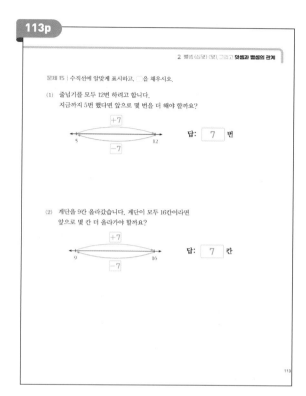

(2) 계단을 9칸 올라갔습니다. 계단이 모두 16칸이라면
앞으로 몇 칸 더 올라가야 할까요?

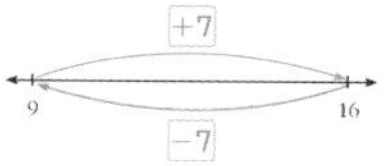

답: 7 칸

114p

보충문제

문제 16 | 보기에서 알맞은 덧셈식과 뺄셈식을 골라 쓰고 계산하시오.

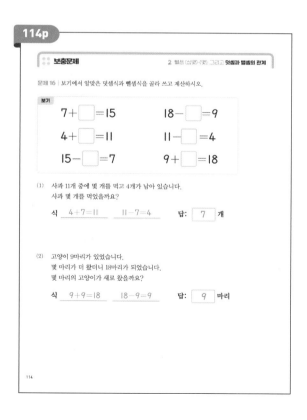

보기

7+□=15	18−□=9
4+□=11	11−□=4
15−□=7	9+□=18

(1) 사과 11개 중에 몇 개를 먹고 4개가 남아 있습니다.
사과 몇 개를 먹었을까요?

식 4+7=11 11−7=4 답: 7 개

(2) 고양이 9마리가 있었습니다.
몇 마리가 더 왔더니 18마리가 되었습니다.
몇 마리의 고양이가 새로 왔을까요?

식 9+9=18 18−9=9 답: 9 마리

+ 정답 ÷

3 받아올림이 없는 덧셈과 받아내림이 없는 뺄셈

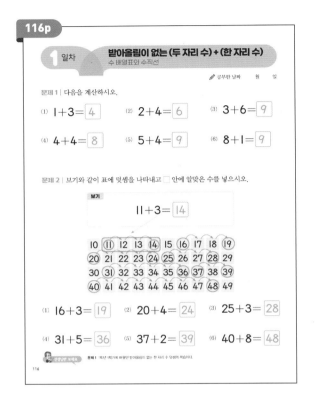

116p

1일차 받아올림이 없는 (두 자리 수)+(한 자리 수)
수 배열표와 수직선

공부한 날짜 월 일

문제 1 | 다음을 계산하시오.

(1) 1+3= 4 (2) 2+4= 6 (3) 3+6= 9

(4) 4+4= 8 (5) 5+4= 9 (6) 8+1= 9

문제 2 | 보기와 같이 표에 덧셈을 나타내고 □ 안에 알맞은 수를 넣으시오.

보기 11+3= 14

10	11	12	13	14	15	16	17	18	19
20	21	22	23	24	25	26	27	28	29
30	31	32	33	34	35	36	37	38	39
40	41	42	43	44	45	46	47	48	49

(1) 16+3= 19 (2) 20+4= 24 (3) 25+3= 28

(4) 31+5= 36 (5) 37+2= 39 (6) 40+8= 48

선생님만 보세요 문제 1 1학년 1학기에 배웠던 받아올림이 없는 한 자리 수 덧셈의 복습이다.

116

117p

1일차 받아올림이 없는 (두 자리 수)+(한 자리 수) 수 배열표와 수직선

50	51	52	53	54	55	56	57	58	59
60	61	62	63	64	65	66	67	68	69
70	71	72	73	74	75	76	77	78	79

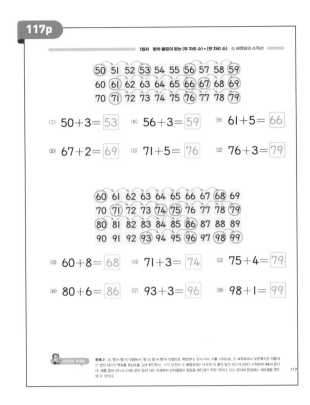

(7) 50+3= 53 (8) 56+3= 59 (9) 61+5= 66

(10) 67+2= 69 (11) 71+5= 76 (12) 76+3= 79

60	61	62	63	64	65	66	67	68	69
70	71	72	73	74	75	76	77	78	79
80	81	82	83	84	85	86	87	88	89
90	91	92	93	94	95	96	97	98	99

(13) 60+8= 68 (14) 71+3= 74 (15) 75+4= 79

(16) 80+6= 86 (17) 93+3= 96 (18) 98+1= 99

선생님만 보세요 문제 2 (십 몇)+(몇)의 덧셈에서 (몇 십 몇)+(몇)의 덧셈으로 확장한다. 일의 자리 수를 더하므로, 수 배열표에서 오른쪽으로 이동하는 일의 자리의 변화를 화살표를 그려 확인한다. 주의 이전의 수 배열표와는 다르게 각 줄의 일의 자리가 0부터 시작하여 9에서 끝난다. 예를 들어 20+4=24와 같이 일의 자리 덧셈에서 받아올림이 없음을 확인하기 위한 것이다. 이는 곧이어 등장하는 세로셈을 염두에 둔 것이다.

117

118p

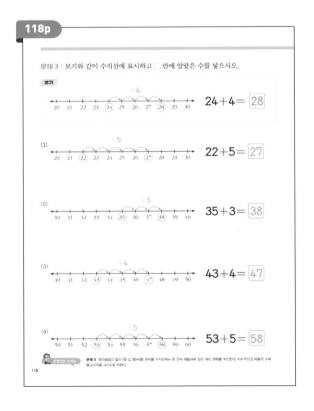

문제 3 | 보기와 같이 수직선에 표시하고 □ 안에 알맞은 수를 넣으시오.

보기 +4 (20 21 22 23 24 25 26 27 28 29 30) 24+4= 28

(1) +5 (20 21 22 23 24 25 26 27 28 29 30) 22+5= 27

(2) +3 (30 31 32 33 34 35 36 37 38 39 40) 35+3= 38

(3) +4 (40 41 42 43 44 45 46 47 48 49 50) 43+4= 47

(4) +5 (50 51 52 53 54 55 56 57 58 59 60) 53+5= 58

선생님만 보세요 문제 3 받아올림이 없는 (몇 십 몇)+(몇) 문제를 수직선에서 한 칸씩 이동하며 일의 자리 변화를 확인한다. 마지막으로 이동한 수에 동그라미를 그리도록 권한다.

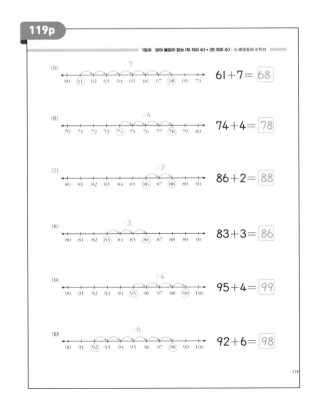

118

119p

1일차 받아올림이 없는 (두 자리 수)+(한 자리 수) 수 배열표와 수직선

(5) +7 (60 61 62 63 64 65 66 67 68 69 70) 61+7= 68

(6) +4 (70 71 72 73 74 75 76 77 78 79 80) 74+4= 78

(7) +2 (80 81 82 83 84 85 86 87 88 89 90) 86+2= 88

(8) +3 (80 81 82 83 84 85 86 87 88 89 90) 83+3= 86

(9) +4 (90 91 92 93 94 95 96 97 98 99 100) 95+4= 99

(10) +6 (90 91 92 93 94 95 96 97 98 99 100) 92+6= 98

119

120p

2일차 받아 올림이 없는 (두 자리 수)+(한 자리 수) 세로셈

공부한 날짜 월 일

문제 1 | 수 배열표와 수직선에 화살표를 표시하고 □ 안에 알맞은 수를 넣으시오.

81	(82)	83	84	85	86	87	(88)	89	90
91	92	93	94	95	(96)	97	98	(99)	100

(1) 82+6= 88　　(2) 96+3= 99

(3)

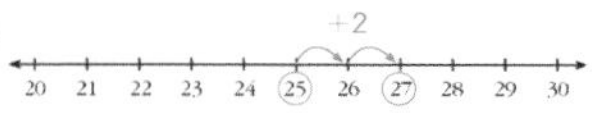

25+2= 27

(4)

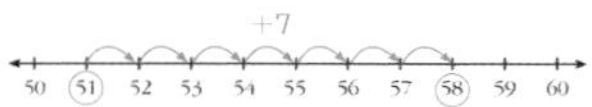

51+7= 58

(5)

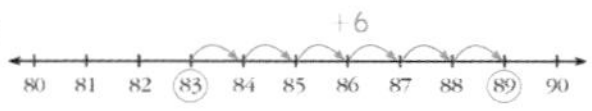

83+6= 89

선생님만 보세요

문제 1 받아올림이 없는 (두 자리 수)+(한 자리 수)의 이전 차시의 덧셈을 수 배열표와 수직선에서 복습한다.

문제 2 받아올림이 없는 (두 자리 수)+(한 자리 수)를 세로셈으로 해결하는 문제다. 세로셈은 '같은 자릿값의 수들끼리 더한다'는 자연수 덧셈의 기본 원리를 구현할 수 있는 간편한 계산 도구다. 따라서 한 자리 수의 연산에는 세로셈이 필요 없고, 두 자리 이상의 수에 대한 덧셈과 뺄셈에 처음 등장한다. 세로셈이 처음 제시되므로 〈보기〉에서 동전 모델을 이용한다.

120

121p

2일차 받아 올림이 없는 (두 자리 수)+(한 자리 수) 세로셈

문제 2 | 보기와 같이 계산하시오.

보기

32+6

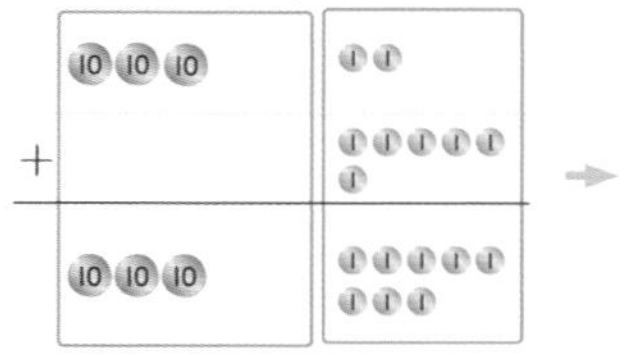

	십	일
	3	2
+		6
	3	8

(1) 32+4

	십	일
	3	2
+		4
	3	6

(2) 21+6

	십	일
	2	1
+		6
	2	7

(3) 45+4

	십	일
	4	5
+		4
	4	9

(4) 73+6

	십	일
	7	3
+		6
	7	9

(5) 57+2

	십	일
	5	7
+		2
	5	9

(6) 63+3

	십	일
	6	3
+		3
	6	6

선생님만 보세요

주의 계산 순서가 안내되어 있지 않아서 십의 자리 수부터 계산할 수도 있다. 그렇다고 굳이 일의 자리 수부터 계산하도록 강요할 필요는 없다. 중요한 것은 각 자리에 있는 수들끼리 더한다는 덧셈의 원리를 파악하는 것이고, 그 이후 받아올림이 있는 경우에 일의 자리 수의 덧셈부터 실행하는 것이 편리함을 깨달을 수 있다면 충분하다.

121

122p

2일차 받아 올림이 없는 (두 자리 수)+(한 자리 수) 세로셈

(7) 14+3

	십	일
	1	4
+		3
	1	7

(8) 92+7

	십	일
	9	2
+		7
	9	9

(9) 84+4

	십	일
	8	4
+		4
	8	8

문제 3 | 다음을 계산하시오.

(1) 72+4= 76　　(2) 63+1= 64　　(3) 25+4= 29

(4) 11+2= 13　　(5) 84+2= 86　　(6) 45+3= 48

(7) 56+1= 57　　(8) 63+4= 67　　(9) 31+6= 37

(10) 94+3= 97　　(11) 55+2= 57　　(12) 21+3= 24

선생님만 보세요

문제 3 받아올림이 없는 (두 자리 수)+(한 자리 수)가 가로셈으로 제시되어 있다. 그렇다고 하여 이를 앞의 문제에서와 같이 세로셈으로 바꿔 계산할 필요는 없다. 받아올림이 없기 때문에 일의 자리 수만 더하면 되므로 암산으로 문제 해결이 가능하다.

122

123p

3일차 받아 올림이 없는 (두 자리 수)+(한 자리 수)의 연습

공부한 날짜 월 일

문제 1 | 다음을 계산하시오.

(1) 64+4

	십	일
	6	4
+		4
	6	8

(2) 12+7

	십	일
	1	2
+		7
	1	9

(3) 83+2

	십	일
	8	3
+		2
	8	5

(4) 11+7= 18　　(5) 92+3= 95　　(6) 58+1= 59

(7) 67+2= 69　　(8) 33+3= 36　　(9) 82+1= 83

문제 2 | 보기와 같이 계산한 결과가 같은 것끼리 선으로 연결하시오.

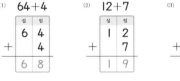

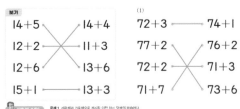

보기

14+5 — 13+6
12+2 — 11+3
12+6 — 14+4
15+1 — 13+3

(1)

72+3 — 74+1
77+2 — 73+6
72+2 — 71+3
71+7 — 76+2

선생님만 보세요

문제 1 세로셈과 가로셈으로 제시된 이전 차시 덧셈의 복습이다.

문제 2 덧셈의 답이 같은 것끼리 짝짓는 문제다. 받아올림이 없어 십의 자리가 모두 같으므로, 일의 자리 덧셈 결과만 비교하면 문제를 풀 수 있다. 단순 계산으로 답을 구하는 것에만 그치지 않고 문제 풀이에 나타나는 이런 패턴의 발견도 중요하다.

123

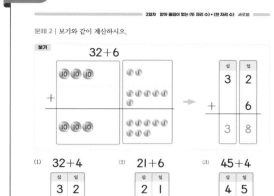

+ 정답 ÷

124p

(2)

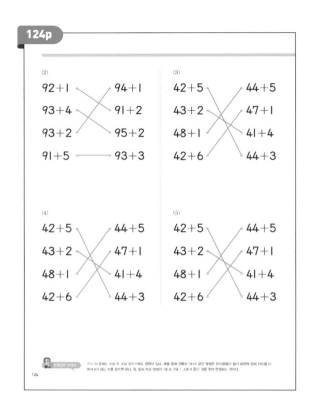

92+1	94+1
93+4	91+2
93+2	95+2
91+5	93+3

(3)

42+5	44+5
43+2	47+1
48+1	41+4
42+6	44+3

(4)

42+5	44+5
43+2	47+1
48+1	41+4
42+6	44+3

(5)

42+5	44+5
43+2	47+1
48+1	41+4
42+6	44+3

선생님만 보세요 주의 이 문제는 사실 두 수의 모으기와도 관련이 있다. 예를 들어 왼쪽의 14+5 같은 덧셈은 받아올림이 없기 때문에 일의 자리를 더해서 9가 되는 수를 찾으면 된다. 즉, 일의 자리 덧셈이 1과 8, 2와 7, 3과 6 등인 것을 찾아 연결하는 것이다.

124

125p

3일차 받아 올림이 없는(두 자리 수)+(한 자리 수)의 연습

문제 3 | 보기와 같이 계산하시오.

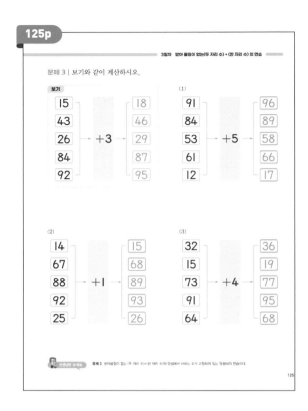

보기

15	+3	18
43		46
26		29
84		87
92		95

(1)

91	+5	96
84		89
53		58
61		66
12		17

(2)

14	+1	15
67		68
88		89
92		93
25		26

(3)

32	+4	36
15		19
73		77
91		95
64		68

선생님만 보세요 문제 3 받아올림이 없는 (두 자리 수)+(한 자리 수)의 덧셈에서 더하는 수가 고정되어 있는 덧셈식의 연습이다.

125

126p

3일차 받아 올림이 없는(두 자리 수)+(한 자리 수)의 연습

(4)

96	+2	98
74		76
17		19
23		25
45		47

(5)

86	+3	89
11		14
32		35
75		78
63		66

126

131p

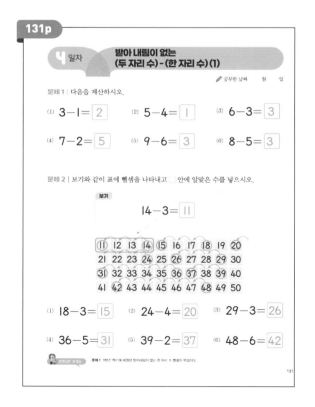

4일차 받아 내림이 없는 (두 자리 수)-(한 자리 수)(1)

공부한 날짜 월 일

문제 1 | 다음을 계산하시오.

(1) 3−1=2 (2) 5−4=1 (3) 6−3=3

(4) 7−2=5 (5) 9−6=3 (6) 8−5=3

문제 2 | 보기와 같이 표에 뺄셈을 나타내고 □ 안에 알맞은 수를 넣으시오.

보기

14−3=11

11	12	13	14	15	16	17	18	19	20
21	22	23	24	25	26	27	28	29	30
31	32	33	34	35	36	37	38	39	40
41	42	43	44	45	46	47	48	49	50

(1) 18−3=15 (2) 24−4=20 (3) 29−3=26

(4) 36−5=31 (5) 39−2=37 (6) 48−6=42

선생님만 보세요 문제 1 1학년 1학기에 배웠던 받아내림이 없는 한 자리 수 뺄셈의 복습이다.

131

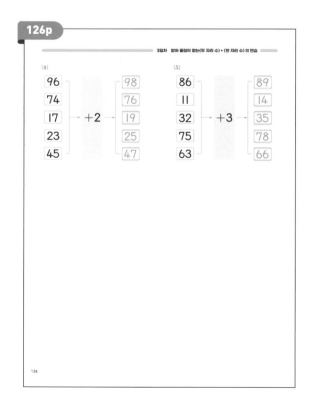

132p

51 52 53 54 55 56 57 58 59 60
61 62 63 64 65 66 67 68 69 70
71 72 73 74 75 76 77 78 79 80

(7) 53−2= 51　(8) 58−4= 54　(9) 66−5= 61

(10) 69−2= 67　(11) 72−2= 70　(12) 78−5= 73

61 62 63 64 65 66 67 68 69 70
71 72 73 74 75 76 77 78 79 80
81 82 83 84 85 86 87 88 89 90
91 92 93 94 95 96 97 98 99 100

(13) 68−7= 61　(14) 74−3= 71　(15) 79−4= 75

(16) 87−6= 81　(17) 95−3= 92　(18) 98−2= 96

선생님만 보세요 문제 2 받아내림이 없는 (몇십 몇)−(몇)의 문제를 수 배열표를 이용해 해결한다. 일의 자리 수를 빼는 것이므로, 수 배열표에서 왼쪽으로 이동하는 일의 자리에 대한 변화를 화살표를 그리며 확인하여 뺄셈의 답을 구한다. 주의 앞의 덧셈에서 제시된 수 배열표와는 다르게 각 줄의 일의 자리가 1부터 시작하여 0에서 끝난다. 하지만 받아내림이 없는 뺄셈이므로 굳이 이를 의식할 필요는 없다.

132

133p

4일차 받아 내림이 없는 (두 자리 수)−(한 자리 수)(1)

문제 3 | 보기와 같이 수직선에 표시하고 계산하시오.

보기

−3
80 81 82 83 84 85 86 87 88 89 90　88−3= 85

(1) 3
70 71 72 73 74 75 76 77 78 79 80　74−3= 71

(2) 4
10 11 12 13 14 15 16 17 18 19 20　18−4= 14

(3) 5
20 21 22 23 24 25 26 27 28 29 30　29−5= 24

(4) −2
60 61 62 63 64 65 66 67 68 69 70　65−2= 63

(5) −2
40 41 42 43 44 45 46 47 48 49 50　46−2= 44

선생님만 보세요 문제 3 받아올림이 없는 (몇십몇)−(몇) 문제를 수직선에서 한 칸씩 이동하여 일의 자리 변화를 확인한다. 마지막으로 이동한 수에 동그라미를 그리도록 권한다.

133

134p

4일차 받아 내림이 없는 (두 자리 수)−(한 자리 수)(1)

(6) −7
90 91 92 93 94 95 96 97 98 99 100　99−7= 92

(7) −3
50 51 52 53 54 55 56 57 58 59 60　55−3= 52

(8) 6
30 31 32 33 34 35 36 37 38 39 40　38−6= 32

(9) −4
80 81 82 83 84 85 86 87 88 89 90　84−4= 80

(10) −5
90 91 92 93 94 95 96 97 98 99 100　97−5= 92

134

135p

5일차 받아 내림이 없는 (두 자리 수)−(한 자리 수)(2)

공부한 날짜　월　일

문제 1 | 수 배열표와 수직선에 화살표를 표시하고 빈칸을 채우시오.

81 82 83 84 85 86 87 88 89 90
91 92 93 94 95 96 97 98 99 100

(1) 96−4= 92　(2) 89−5= 84

(3)
40 41 42 43 44 45 46 47 48 49 50　46−2= 44

(4)
90 91 92 93 94 95 96 97 98 99 100　99−7= 92

(5)
50 51 52 53 54 55 56 57 58 59 60　56−3= 53

선생님만 보세요 문제 1 받아내림이 없는 (두 자리 수)−(한 자리 수)의 이전 차시의 뺄셈을 수 배열표와 수직선에서 복습한다.

135

정답

136p

문제 2 | 보기와 같이 계산하시오.

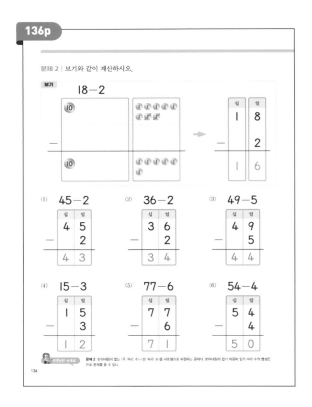

보기 18−2

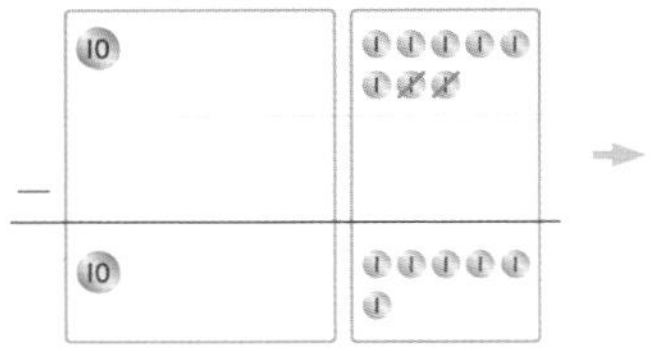

	십	일
	1	8
−		2
	1	6

(1) 45−2

	십	일
	4	5
−		2
	4	3

(2) 36−2

	십	일
	3	6
−		2
	3	4

(3) 49−5

	십	일
	4	9
−		5
	4	4

(4) 15−3

	십	일
	1	5
−		3
	1	2

(5) 77−6

	십	일
	7	7
−		6
	7	1

(6) 54−4

	십	일
	5	4
−		4
	5	0

선생님만 보세요 **문제 2** 받아내림이 없는 (두 자리 수)−(한 자리 수)를 세로셈으로 해결하는 문제다. 받아내림이 없기 때문에 일의 자리 수의 뺄셈만으로 문제를 풀 수 있다.

137p

(7) 28−7

	십	일
	2	8
−		7
	2	1

(8) 15−4

	십	일
	1	5
−		4
	1	1

(9) 66−3

	십	일
	6	6
−		3
	6	3

문제 3 | 다음을 계산하시오.

(1) 94−1= 93

(2) 29−5= 24

(3) 86−5= 81

(4) 77−4= 73

(5) 35−2= 33

(6) 66−2= 64

선생님만 보세요 **문제 3** 받아내림이 없는 (두 자리 수)−(한 자리 수)이 가로셈으로 제시되어 있다.

138p

(7) 43−1= 42

(8) 59−4= 55

(9) 19−3= 16

(10) 76−6= 70

(11) 89−5= 84

(12) 67−3= 64

139p

6일차 받아 내림이 없는 (두 자리 수) - (한 자리 수) (3)

공부한 날짜 월 일

문제 1 | 다음을 계산하시오.

(1) 17−5

	십	일
	1	7
−		5
	1	2

(2) 78−2

	십	일
	7	8
−		2
	7	6

(3) 99−5

	십	일
	9	9
−		5
	9	4

(4) 28−3= 25

(5) 55−1= 54

(6) 46−4= 42

(7) 29−8= 21

(8) 83−2= 81

(9) 88−6= 82

선생님만 보세요 **문제 1** 세로셈과 가로셈으로 제시된 이전 차시 뺄셈의 복습이다.

140 p

문제 2 | 계산한 결과가 같은 것끼리 선으로 연결하시오.

(1)

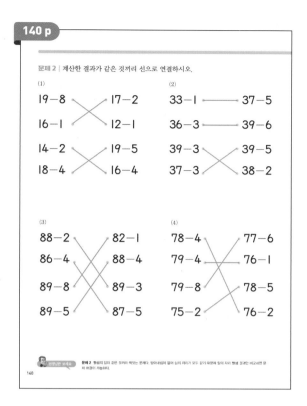

19−8	17−2
16−1	12−1
14−2	19−5
18−4	16−4

(2)

33−1	37−5
36−3	39−6
39−3	39−5
37−3	38−2

(3)

88−2	82−1
86−4	88−4
89−8	89−3
89−5	87−5

(4)

78−4	77−6
79−4	76−1
79−8	78−5
75−2	76−2

Answer lines: (1) 19−8 ↔ 12−1, 16−1 ↔ 17−2, 14−2 ↔ 16−4, 18−4 ↔ 19−5; (2) 33−1 ↔ 37−5, 36−3 ↔ 39−6, 39−3 ↔ 38−2, 37−3 ↔ 39−5; (3) 88−2 ↔ 89−3, 86−4 ↔ 87−5, 89−8 ↔ 82−1, 89−5 ↔ 88−4; (4) 78−4 ↔ 76−2, 79−4 ↔ 76−1, 79−8 ↔ 77−6, 75−2 ↔ 78−5

선생님만 보세요 문제 2 뺄셈의 답이 같은 것끼리 짝짓는 문제다. 받아내림이 없어 십의 자리가 모두 같기 때문에 일의 자리 뺄셈 결과만 비교하면 문제 해결이 가능하다.

140

141 p

(5)

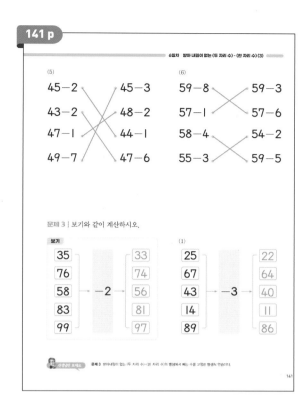

45−2	45−3
43−2	48−2
47−1	44−1
49−7	47−6

(6)

59−8	59−3
57−1	57−6
58−4	54−2
55−3	59−5

Answer lines: (5) 45−2 ↔ 44−1, 43−2 ↔ 47−6, 47−1 ↔ 48−2, 49−7 ↔ 45−3; (6) 59−8 ↔ 57−6, 57−1 ↔ 59−3, 58−4 ↔ 59−5, 55−3 ↔ 54−2

문제 3 | 보기와 같이 계산하시오.

보기

35	−2	33
76		74
58		56
83		81
99		97

(1)

25	−3	22
67		64
43		40
14		11
89		86

선생님만 보세요 문제 3 받아내림이 없는 (두 자리 수)-(한 자리 수)의 뺄셈에서 빼는 수를 고정한 뺄셈식 연습이다.

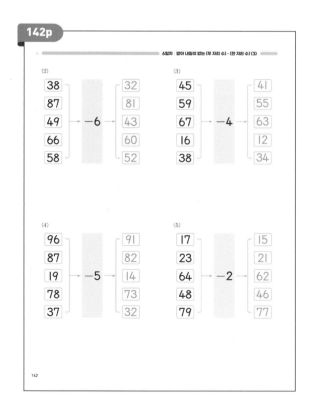

141

142p

(2)

38	−6	32
87		81
49		43
66		60
58		52

(3)

45	−4	41
59		55
67		63
16		12
38		34

(4)

96	−5	91
87		82
19		14
78		73
37		32

(5)

17	−2	15
23		21
64		62
48		46
79		77

142

143p

7일차 일의 자리가 0인 수들끼리의 덧셈과 뺄셈

공부한 날짜 월 일

문제 1 | 보기와 같이 표에 화살표를 그리고 □ 안에 알맞은 수를 넣으시오.

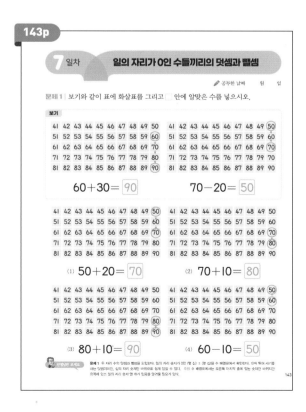

보기

41	42	43	44	45	46	47	48	49	50
51	52	53	54	55	56	57	58	59	60
61	62	63	64	65	66	67	68	69	70
71	72	73	74	75	76	77	78	79	80
81	82	83	84	85	86	87	88	89	90

60+30= 90

41	42	43	44	45	46	47	48	49	50
51	52	53	54	55	56	57	58	59	60
61	62	63	64	65	66	67	68	69	70
71	72	73	74	75	76	77	78	79	80
81	82	83	84	85	86	87	88	89	90

70−20= 50

41	42	43	44	45	46	47	48	49	50
51	52	53	54	55	56	57	58	59	60
61	62	63	64	65	66	67	68	69	70
71	72	73	74	75	76	77	78	79	80
81	82	83	84	85	86	87	88	89	90

(1) 50+20= 70

41	42	43	44	45	46	47	48	49	50
51	52	53	54	55	56	57	58	59	60
61	62	63	64	65	66	67	68	69	70
71	72	73	74	75	76	77	78	79	80
81	82	83	84	85	86	87	88	89	90

(2) 70+10= 80

41	42	43	44	45	46	47	48	49	50
51	52	53	54	55	56	57	58	59	60
61	62	63	64	65	66	67	68	69	70
71	72	73	74	75	76	77	78	79	80
81	82	83	84	85	86	87	88	89	90

(3) 80+10= 90

41	42	43	44	45	46	47	48	49	50
51	52	53	54	55	56	57	58	59	60
61	62	63	64	65	66	67	68	69	70
71	72	73	74	75	76	77	78	79	80
81	82	83	84	85	86	87	88	89	90

(4) 60−10= 50

선생님만 보세요 문제 1 두 자리 수의 덧셈과 뺄셈을 도입한다. 일의 자리 숫자가 0인 (몇 십) ± (몇 십)을 수 배열표에서 확인한다. 10씩 뛰어 세기를 하는 덧셈이지만, 십의 자리 숫자만 바뀌므로 쉽게 답할 수 있다. 주의! 수 배열표에서는 오른쪽 마지막 줄에 있는 숫자만 바뀌지만 왼쪽에 있는 일의 자리 숫자 열 개가 있음을 알려줄 필요가 있다.

143

정답

144p

41	42	43	44	45	46	47	48	49	50
51	52	53	54	55	56	57	58	59	60
61	62	63	64	65	66	67	68	69	70
71	72	73	74	75	76	77	78	79	80
81	82	83	84	85	86	87	88	89	90

(5) 90−20= 70

41	42	43	44	45	46	47	48	49	50
51	52	53	54	55	56	57	58	59	60
61	62	63	64	65	66	67	68	69	70
71	72	73	74	75	76	77	78	79	80
81	82	83	84	85	86	87	88	89	90

(6) 80−30= 50

21	22	23	24	25	26	27	28	29	30
31	32	33	34	35	36	37	38	39	40
41	42	43	44	45	46	47	48	49	50
51	52	53	54	55	56	57	58	59	60
61	62	63	64	65	66	67	68	69	70

(7) 30+10= 40

21	22	23	24	25	26	27	28	29	30
31	32	33	34	35	36	37	38	39	40
41	42	43	44	45	46	47	48	49	50
51	52	53	54	55	56	57	58	59	60
61	62	63	64	65	66	67	68	69	70

(8) 40+20= 60

21	22	23	24	25	26	27	28	29	30
31	32	33	34	35	36	37	38	39	40
41	42	43	44	45	46	47	48	49	50
51	52	53	54	55	56	57	58	59	60
61	62	63	64	65	66	67	68	69	70

(9) 50+10= 60

21	22	23	24	25	26	27	28	29	30
31	32	33	34	35	36	37	38	39	40
41	42	43	44	45	46	47	48	49	50
51	52	53	54	55	56	57	58	59	60
61	62	63	64	65	66	67	68	69	70

(10) 60−20= 40

144

145p

7일차 일의 자리가 0인 수들끼리의 덧셈과 뺄셈

21	22	23	24	25	26	27	28	29	30
31	32	33	34	35	36	37	38	39	40
41	42	43	44	45	46	47	48	49	50
51	52	53	54	55	56	57	58	59	60
61	62	63	64	65	66	67	68	69	70

(11) 60−30= 30

21	22	23	24	25	26	27	28	29	30
31	32	33	34	35	36	37	38	39	40
41	42	43	44	45	46	47	48	49	50
51	52	53	54	55	56	57	58	59	60
61	62	63	64	65	66	67	68	69	70

(12) 50−10= 40

문제 2 | 보기와 같이 수직선에 표시를 하고 □ 안에 알맞은 수를 넣으시오.

보기

10+30= 40　70−20= 50

0　10　20　30　40　50　60　70　80

(1) 0　10　20　30　40　50　10+40= 50

(2) 30　40　50　60　70　80　30+40= 70

(3) 40　50　60　70　80　90　40+10= 50

145

146p

7일차 일의 자리가 0인 수들끼리의 덧셈과 뺄셈

(4) 20　30　40　50　60　70　20+20= 40

(5) 40　50　60　70　80　90　50+30= 80

(6) 40　50　60　70　80　90　80−20= 60

(7) 30　40　50　60　70　80　70−10= 60

(8) 20　30　40　50　60　70　60−30= 30

(9) 10　20　30　40　50　60　50−40= 10

(10) 40　50　60　70　80　90　90−10= 80

146

147p

8일차 받아올림과 받아내림이 없는 두 자리 수들끼리의 덧셈과 뺄셈(1)

공부한 날짜　월　일

문제 1 | 보기와 같이 표에 화살표를 그리고 □ 안에 수를 넣으시오.

보기

31	32	33	34	35	36	37	38	39	40
41	42	43	44	45	46	47	48	49	50
51	52	53	54	55	56	57	58	59	60
61	62	63	64	65	66	67	68	69	70
71	72	73	74	75	76	77	78	79	80

41+32= 73　59−23= 36

147

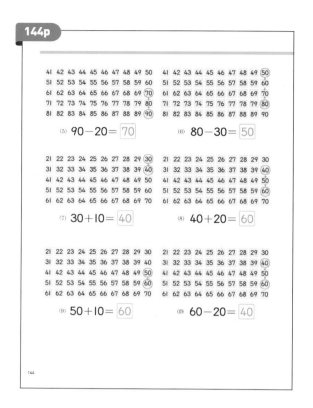

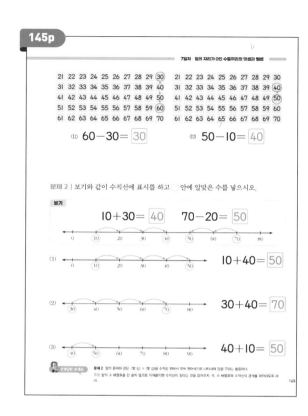

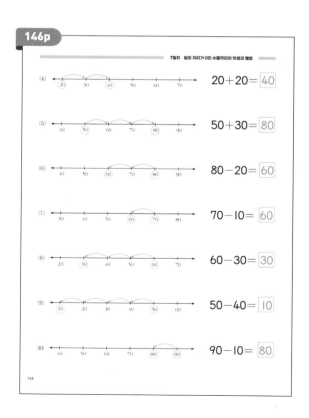

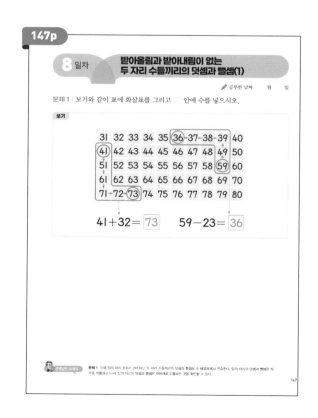

148p

11	12	13	14	15	16	17	18	19	20
21	22	23	24	25	26	27	28	29	30
31	32	33	34	35	36	37	38	39	40
41	42	43	44	45	46	47	48	49	50
51	52	53	54	55	56	57	58	59	60
61	62	63	64	65	66	67	68	69	70
71	72	73	74	75	76	77	78	79	80
81	82	83	84	85	86	87	88	89	90
91	92	93	94	95	96	97	98	99	100

(1) 55+23= 78　　(2) 67−22= 45

(3) 31+13= 44　　(4) 89−64= 25

(5) 72+27= 99　　(6) 68−31= 37

148

149p

문제 2 | 보기와 같이 표에 화살표를 그리고 계산하시오.

보기

31	32	33	34	35	36	37	38	39	40
41	42	43	44	45	46	47	48	49	50
51	52	53	54	55	56	57	58	59	60
61	62	63	64	65	66	67	68	69	70
71	72	73	74	75	76	77	78	79	80

41+32= 73　　59−23= 36

이번에는 십의 자리부터 계산하지 않고, 일의 자리부터 먼저 계산하는 거예요.

선생님만 보세요

문제 2 이제 일의 자리 숫자가 0이 아닌 두 자리 수들끼리의 덧셈과 뺄셈을 수 배열표에서 연습한다. 일의 자리의 덧셈과 뺄셈은 좌우로 이동하고 나서, 십의 자리의 덧셈과 뺄셈은 위아래로 이동하는 것을 확인할 수 있다.

149

150p

11	12	13	14	15	16	17	18	19	20
21	22	23	24	25	26	27	28	29	30
31	32	33	34	35	36	37	38	39	40
41	42	43	44	45	46	47	48	49	50
51	52	53	54	55	56	57	58	59	60
61	62	63	64	65	66	67	68	69	70
71	72	73	74	75	76	77	78	79	80
81	82	83	84	85	86	87	88	89	90
91	92	93	94	95	96	97	98	99	100

(1) 56−31= 25　　(2) 35+34= 69

(3) 59−43= 16　　(4) 63+25= 88

(5) 74−23= 51　　(6) 13+35= 48

150

151p

문제 3 | 보기와 같이 수직선에 표시하고 계산하시오.

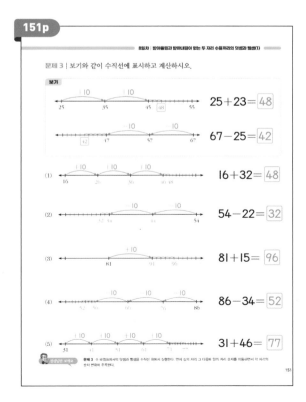

보기

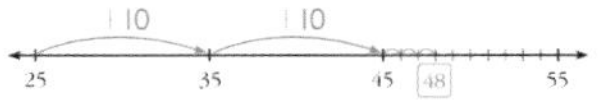

25+23= 48

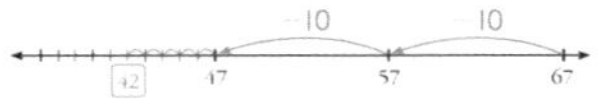

67−25= 42

(1) 

16+32= 48

(2) 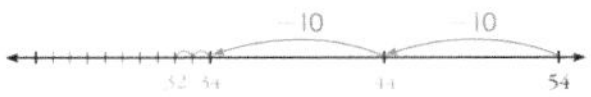

54−22= 32

(3) 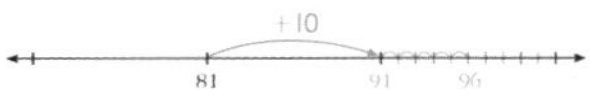

81+15= 96

(4) 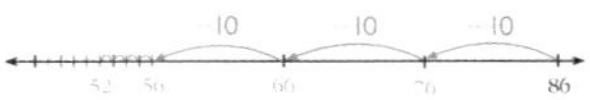

86−34= 52

(5) 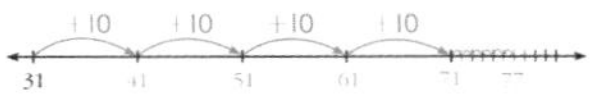

31+46= 77

선생님만 보세요

문제 3 수 배열표에서의 덧셈과 뺄셈을 수직선 위에서 실행한다. 먼저 십의 자리 그 다음에 일의 자리 숫자를 이동하면서 각 자리의 숫자 변화에 주목한다.

151

+ 정답 ÷

152p

8일차 받아올림과 받아내림이 없는 두 자리 수들끼리의 덧셈과 뺄셈(1)

문제 4 | 보기와 같이 수직선에 표시하고 계산하시오.

보기

25+23=48

67−25=42

이번에는 십의 자리부터 계산하지 않고, 일의 자리부터 먼저 계산하는 거예요.

(1) 98−31=67

(2) 62+26=88

(3) 77−12=65

(4) 43+51=94

(5) 46−23=23

선생님만 보세요 문제 4 수 배열표에서의 덧셈과 뺄셈을 수직선 위에서 실행한다. 먼저 일의 자리 그 다음에 십의 자리 숫자를 이동하면서 각 자리의 숫자 변화에 주목한다.

152

153p

9일차 받아올림과 받아내림이 없는 두 자리 수들끼리의 덧셈과 뺄셈(2)

공부한 날짜 월 일

문제 1 | 보기와 같이 계산하시오.

보기

14+33

	십	일
	1	4
+	3	3
	4	7

(1) 28+11

	십	일
	2	8
+	1	1
	3	9

선생님만 보세요 문제 1 받아올림이 없는 두 자리 수들끼리의 덧셈을 동전 모델을 이용한 세로셈으로 실행한다. 십 원짜리와 일 원짜리 동전의 개수를 세로셈에서 확인한다.

153

154p

(2) 37+21

	십	일
	3	7
+	2	1
	5	8

(3) 42+31

	십	일
	4	2
+	3	1
	7	3

154

155p

9일차 받아올림과 받아내림이 없는 두 자리 수들끼리의 덧셈과 뺄셈(2)

(4) 25+23

	십	일
	2	5
+	2	3
	4	8

(5) 36+12

	십	일
	3	6
+	1	2
	4	8

155

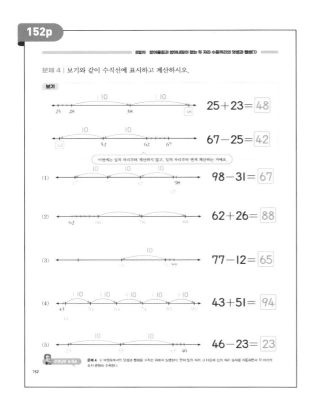

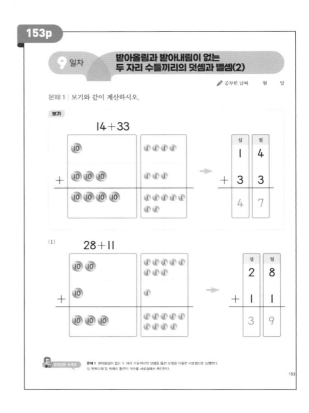

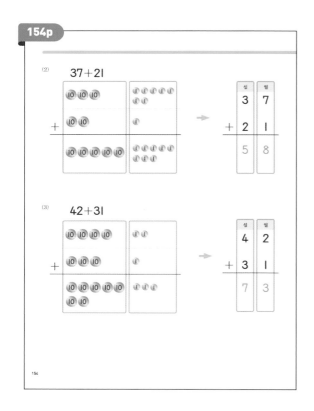

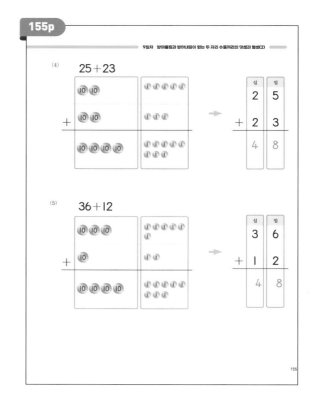

156p

문제 2 | 보기와 같이 계산하시오.

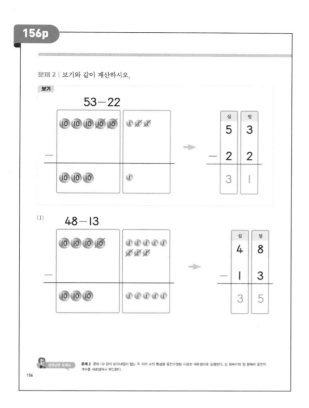

보기

53−22

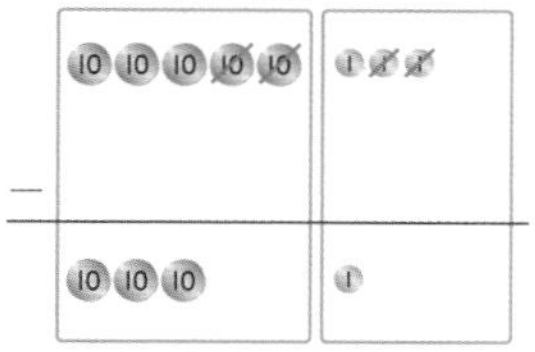

	십	일
	5	3
−	2	2
	3	1

(1) 48−13

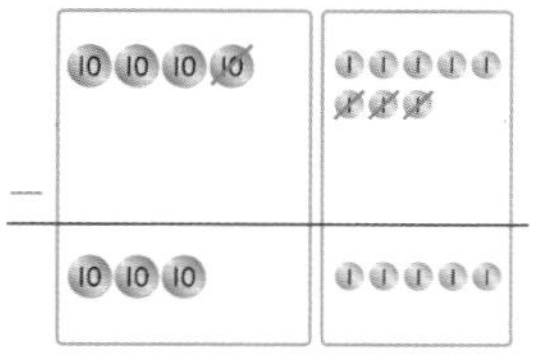

	십	일
	4	8
−	1	3
	3	5

선생님만 보세요 **문제 2** 문제 1과 같이 받아내림이 없는 두 자리 수의 뺄셈을 동전모델을 이용한 세로셈으로 실행한다. 십 원짜리와 일 원짜리 동전의 개수를 세로셈에서 확인한다.

156

157p

(2) 47−21

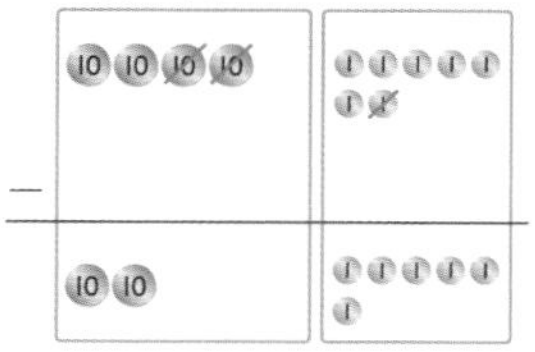

	십	일
	4	7
−	2	1
	2	6

(3) 32−21

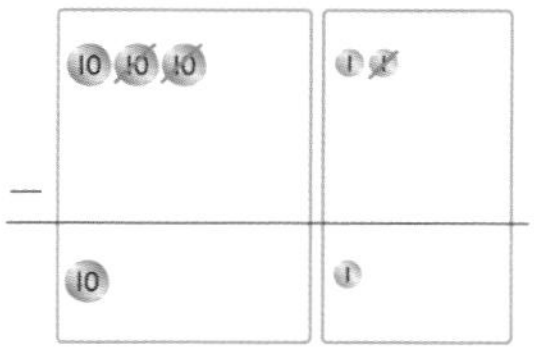

	십	일
	3	2
−	2	1
	1	1

157

158p

(4) 59−43

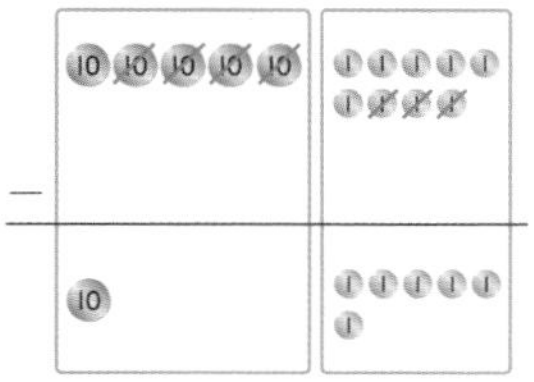

	십	일
	5	9
−	4	3
	1	6

(5) 36−12

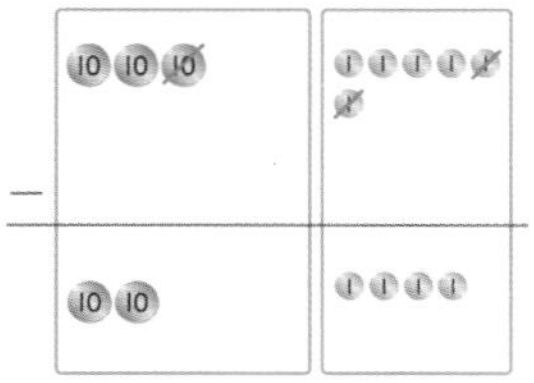

	십	일
	3	6
−	1	2
	2	4

158

159p

문제 3 | 다음을 계산하시오.

(1) 83+16= 99　　(2) 74−23= 51

(3) 63+25= 88　　(4) 51+24= 75

(5) 56−13= 43　　(6) 14+72= 86

(7) 23+66= 89　　(8) 35+64= 99

(9) 62+34= 96　　(10) 77−15= 62

(11) 88−37= 51　　(12) 25+12= 37

(13) 14+41= 55　　(14) 67+12= 79

(15) 79−44= 35　　(16) 94−71= 23

(17) 67−56= 11　　(18) 12+46= 58

(19) 96−83= 13　　(20) 23+52= 75

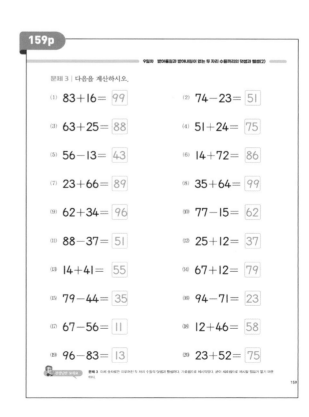

선생님만 보세요 **문제 3** 이제 숫자로만 이루어진 두 자리 수들의 덧셈과 뺄셈이다. 가로셈으로 제시되었다. 굳이 세로셈으로 제시할 필요가 없기 때문이다.

159

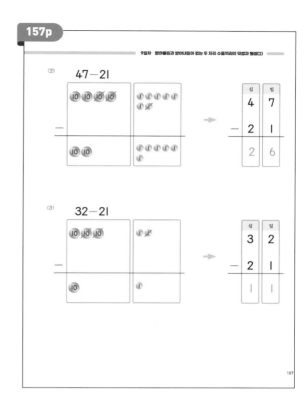

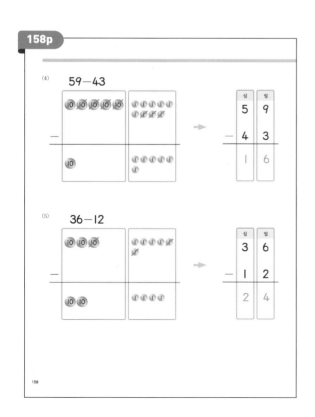

+ 정답 ÷

160p

10일차 받아올림과 받아내림이 없는 두 자리 수들끼리의 덧셈과 뺄셈(3)

공부한 날짜 월 일

문제 1 | 다음을 계산하시오.

보기

- 71 + 17 = 88
- 53 − 41 = 12

(1) 42 + 33 = 75

(2) 55 − 12 = 43

(3) 72 + 21 = 93

(4) 62 + 34 = 96

(5) 43 − 11 = 32

(6) 52 + 27 = 79

(7) 71 + 18 = 89

(8) 62 − 12 = 50

(9) 63 − 63 = 0

(10) 42 + 45 = 87

선생님만 보세요 **문제 1** 받아올림과 받아내림이 없는 두 자리 수들끼리의 덧셈과 뺄셈 연습이다. 세로셈으로 제시되어 있다.

160

161p

10일차 받아올림과 받아내림이 없는 두 자리 수들끼리의 덧셈과 뺄셈(3)

(11) 71 + 24 = 95

(12) 29 − 18 = 11

(13) 68 − 25 = 43

(14) 36 + 13 = 49

(15) 44 + 23 = 67

(16) 69 − 42 = 27

(17) 78 − 12 = 66

(18) 57 − 35 = 22

(19) 85 − 73 = 12

(20) 52 + 31 = 83

161

162p

10일차 | 받아올림과 받아내림이 없는 두 자리 수들끼리의 덧셈과 뺄셈(3)

문제 2 | 다음을 계산하시오.

(1) 47−31= 16	(2) 24+75= 99
(3) 85−54= 31	(4) 13+86= 99
(5) 42+57= 99	(6) 46−20= 26
(7) 74−44= 30	(8) 35+62= 97
(9) 13+73= 86	(10) 24+23= 47
(11) 48−15= 33	(12) 14+41= 55
(13) 79−33= 46	(14) 77−25= 52
(15) 95−73= 22	(16) 56+32= 88
(17) 43+34= 77	(18) 97−43= 54
(19) 84−33= 51	(20) 24+15= 39

선생님만 보세요 **문제 2** 받아올림과 받아내림이 없는 두 자리 수들끼리의 덧셈과 뺄셈 연습이다. 가로셈으로 제시되어 있다.

162

163p

11일차 받아올림과 받아내림이 없는 두 자리 수들끼리의 덧셈과 뺄셈(4)

공부한 날짜 월 일

문제 1 | 다음 숫자들을 옆으로 또는 아래로 더하시오.

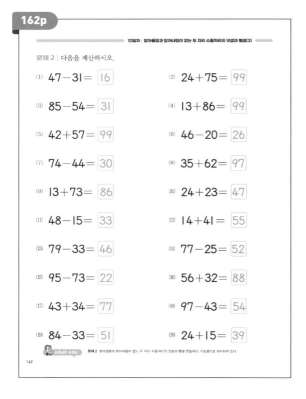

보기

		→
32	41	73
63	26	89
95	67	

(1)

		→
15	83	98
64	13	77
79	96	

(2)

		→
24	54	78
62	31	93
86	85	

(3)

		→
42	37	79
56	21	77
98	58	

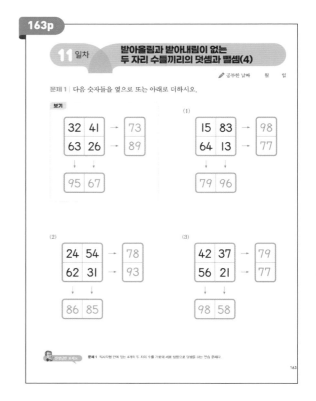

선생님만 보세요 **문제 1** 직사각형 안에 있는 4개의 두 자리 수를 가로와 세로 방향으로 덧셈을 하는 연습 문제다.

163

164p

문제 2 | 다음 숫자들을 옆으로 또는 아래로 빼시오.

보기

74	22	→	52
43	11	→	32
31	11		

(1)

85	43	→	42
64	22	→	42
21	21		

(2)

97	56	→	41
65	34	→	31
32	22		

(3)

89	66	→	23
58	25	→	33
31	41		

선생님만 보세요 문제 2 직사각형 안에 있는 4개의 두 자리 수를 가로와 세로 방향으로 뺄셈을 하는 연습 문제다.

165p

문제 3 | 직접 채점을 해보고, 틀린 답을 바르게 고치시오.

(1) 51+28=79
(2) 35−13=~~24~~ 22
(3) 73+21=~~85~~ 94
(4) 62+36=~~68~~ 98
(5) 73+12=85
(6) 56−21=35
(7) 48−37=11
(8) 78−23=~~46~~ 55
(9) 26+12=~~36~~ 38
(10) 56+31=87
(11) 48+11=59
(12) 22+43=~~66~~ 65
(13) 68−45=~~21~~ 23
(14) 96−45=~~52~~ 51
(15) 15+21=~~25~~ 36

선생님만 보세요 문제 3 채점자가 되어 누군가의 풀이를 채점하는 활동을 한다. 일의 자리만 또는 십의 자리만 계산하는 오류, 일의 자리와 십의 자리를 바꿔 계산하는 오류 등등을 찾아내며 덧셈과 뺄셈 능력을 다진다.

166p

문제 4 | 다음을 계산하시오.

(1) $\begin{array}{r} 35 \\ +41 \\ \hline 76 \end{array}$
(2) $\begin{array}{r} 57 \\ -31 \\ \hline 26 \end{array}$
(3) $\begin{array}{r} 23 \\ +52 \\ \hline 75 \end{array}$

(4) $\begin{array}{r} 42 \\ +42 \\ \hline 84 \end{array}$
(5) $\begin{array}{r} 36 \\ -12 \\ \hline 24 \end{array}$
(6) $\begin{array}{r} 55 \\ -15 \\ \hline 40 \end{array}$

(7) $\begin{array}{r} 23 \\ -21 \\ \hline 2 \end{array}$
(8) $\begin{array}{r} 37 \\ +22 \\ \hline 59 \end{array}$
(9) $\begin{array}{r} 67 \\ +31 \\ \hline 98 \end{array}$

(10) $\begin{array}{r} 49 \\ -23 \\ \hline 26 \end{array}$
(11) $\begin{array}{r} 24 \\ +61 \\ \hline 85 \end{array}$
(12) $\begin{array}{r} 76 \\ -76 \\ \hline 0 \end{array}$

선생님만 보세요 문제 4 받아올림과 받아내림이 없는 두 자리 수들끼리의 덧셈과 뺄셈에 대한 세로셈 연습이다.

167p

12일차 세 수의 덧셈과 뺄셈

공부한 날짜 월 일

문제 1 | 다음을 계산하시오.

(1) $\begin{array}{r} 34 \\ +32 \\ \hline 66 \end{array}$
(2) $\begin{array}{r} 23 \\ +46 \\ \hline 69 \end{array}$

(3) $\begin{array}{r} 83 \\ -32 \\ \hline 51 \end{array}$
(4) $\begin{array}{r} 77 \\ -13 \\ \hline 64 \end{array}$

문제 2 | 보기와 같이 □ 안에 알맞은 수를 넣으시오.

보기

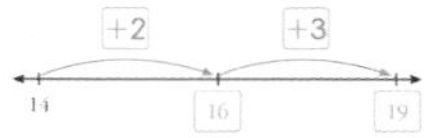

14+2+3= 19

선생님만 보세요 문제 1 앞 차시의 세로셈에 의한 두 자리 수의 덧셈과 뺄셈을 연습한다.
문제 2 수직선 위에서 오른쪽으로 이동하며 세 수의 덧셈을 연습한다. 받아올림이 없어 십의 자리의 변화는 없다.

+ 정답 ÷

168p

(1)

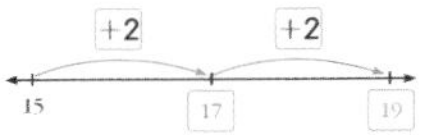

15+2+2= 19

(2)

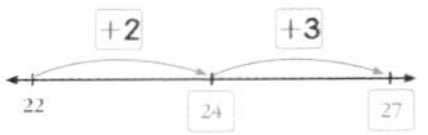

22+2+3= 27

(3)

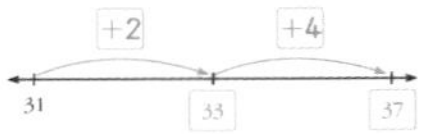

31+2+4= 37

(4)

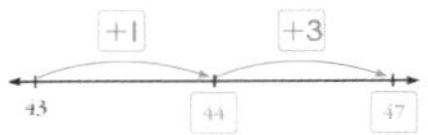

43+1+3= 47

(5)

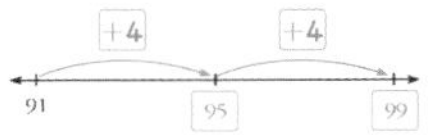

91+4+4= 99

168

169p

문제 3 | 보기와 같이 □ 안에 알맞은 수를 넣으시오.

보기

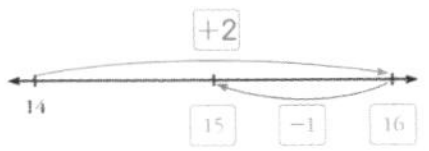

14+2−1= 15

(1)

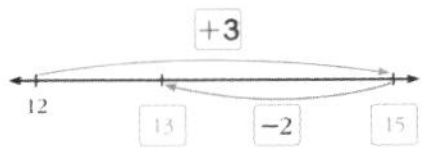

12+3−2= 13

(2)

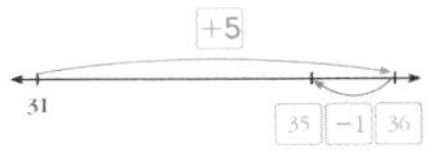

31+5−1= 35

(3)

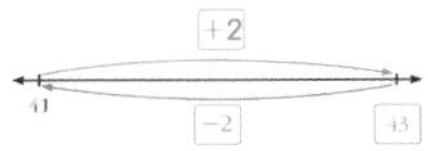

41+2−2= 41

선생님만 보세요 문제 3 수직선 위에서 덧셈은 오른쪽으로, 뺄셈은 왼쪽으로 이동하며 세 수의 덧셈과 뺄셈을 연습한다. 받아올림과 받아내림이 없어 십의 자리의 변화는 없다.

169

170p

(4)

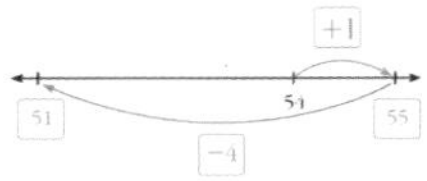

54+1−4= 51

(5)

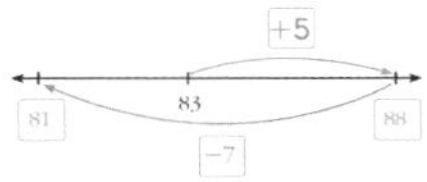

83+5−7= 81

문제 4 | 다음을 계산하시오.

(1)

51		53		56
22		24		27
43	→ +2 →	45	→ +3 →	48
62		64		67
54		56		59

선생님만 보세요 문제 4 더하는 수와 빼는 수를 고정한 세 수의 덧셈과 뺄셈 연습이다.

170

171p

(2)

15		19		17
24		28		26
35	→ +4 →	39	→ −2 →	37
12		16		14
92		96		94

(3)

11		14		11
22		25		22
33	→ +3 →	36	→ −3 →	33
44		47		44
55		58		55

171

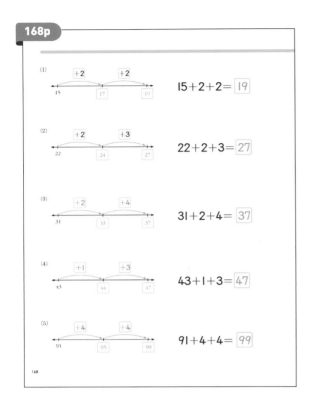

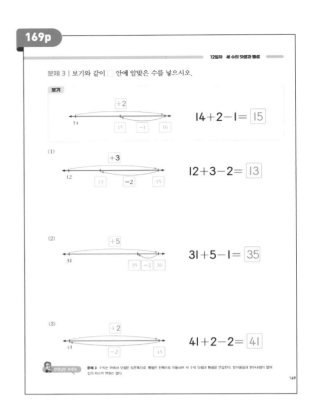

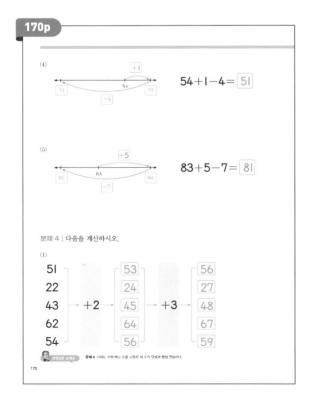

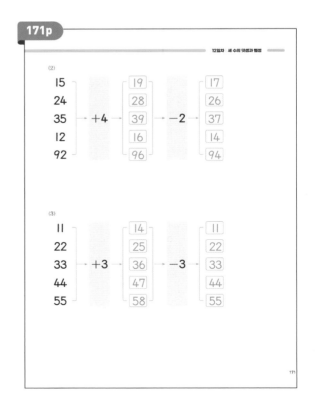

172p

(4)

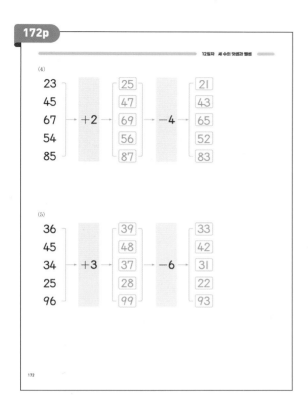

23		25		21
45		47		43
67	→ +2 →	69	→ −4 →	65
54		56		52
85		87		83

(5)

36		39		33
45		48		42
34	→ +3 →	37	→ −6 →	31
25		28		22
96		99		93

173p

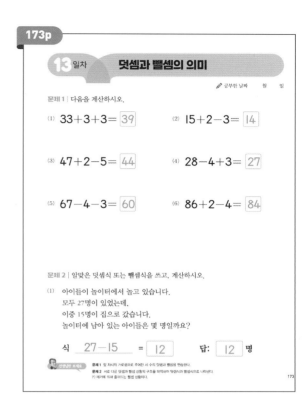

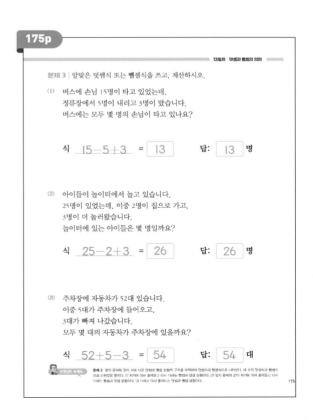

13일차 덧셈과 뺄셈의 의미

공부한 날짜 월 일

문제 1 | 다음을 계산하시오.

(1) 33+3+3= 39

(2) 15+2−3= 14

(3) 47+2−5= 44

(4) 28−4+3= 27

(5) 67−4−3= 60

(6) 86+2−4= 84

문제 2 | 알맞은 덧셈식 또는 뺄셈식을 쓰고, 계산하시오.

(1) 아이들이 놀이터에서 놀고 있습니다.
모두 27명이 있었는데,
이중 15명이 집으로 갔습니다.
놀이터에 남아 있는 아이들은 몇 명일까요?

식 27−15 = 12 답: 12 명

선생님만 보세요

문제 1 앞 차시의 가로셈으로 주어진 세 수의 덧셈과 뺄셈을 연습한다.
문제 2 서로 다른 덧셈과 뺄셈 상황의 구조를 파악하여 덧셈식과 뺄셈식으로 나타낸다.
(1) 제거에 의해 줄어드는 뺄셈 상황이다.

174p

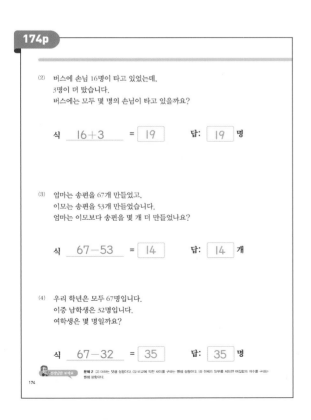

(2) 버스에 손님 16명이 타고 있었는데,
3명이 더 탔습니다.
버스에는 모두 몇 명의 손님이 타고 있을까요?

식 16+3 = 19 답: 19 명

(3) 엄마는 송편을 67개 만들었고,
이모는 송편을 53개 만들었습니다.
엄마는 이모보다 송편을 몇 개 더 만들었나요?

식 67−53 = 14 답: 14 개

(4) 우리 학년은 모두 67명입니다.
이중 남학생은 32명입니다.
여학생은 몇 명일까요?

식 67−32 = 35 답: 35 명

선생님만 보세요

문제 2 (2) 더하는 덧셈 상황이다. (3) 비교에 의한 차이를 구하는 뺄셈 상황이다. (4) 전체의 일부를 제외한 여집합의 개수를 구하는 뺄셈 상황이다.

175p

문제 3 | 알맞은 덧셈식 또는 뺄셈식을 쓰고, 계산하시오.

(1) 버스에 손님 15명이 타고 있었는데,
정류장에서 5명이 내리고 3명이 탔습니다.
버스에는 모두 몇 명의 손님이 타고 있나요?

식 15−5+3 = 13 답: 13 명

(2) 아이들이 놀이터에서 놀고 있습니다.
25명이 있었는데, 이중 2명이 집으로 가고,
3명이 더 놀러왔습니다.
놀이터에 있는 아이들은 몇 명일까요?

식 25−2+3 = 26 답: 26 명

(3) 주차장에 자동차가 52대 있습니다.
이중 5대가 주차장에 들어오고,
3대가 빠져 나갔습니다.
모두 몇 대의 자동차가 주차장에 있을까요?

식 52+5−3 = 54 답: 54 대

선생님만 보세요

문제 3 앞의 문제와 같이 서로 다른 덧셈과 뺄셈 상황의 구조를 파악하여 덧셈식과 뺄셈식으로 나타낸다. 세 수의 덧셈식과 뺄셈식으로 바뀌었을 뿐이다. (1) 제거에 의해 줄어들고 다시 더하는 뺄셈과 덧셈 상황이다. (2) 앞의 문제와 같이 제거에 의해 줄어들고 다시 더하는 뺄셈과 덧셈 상황이다. (3) 더하고 다시 줄어드는 덧셈과 뺄셈 상황이다.

+ 정답 ÷

176p

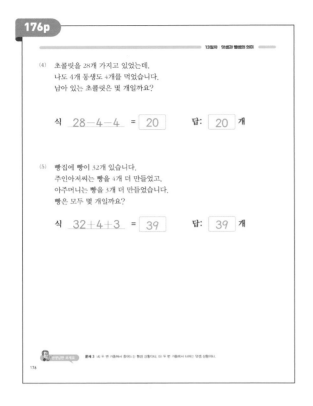

(4) 초콜릿을 28개 가지고 있었는데,
나도 4개 동생도 4개를 먹었습니다.
남아 있는 초콜릿은 몇 개일까요?

식 28－4－4 = 20　　답: 20 개

(5) 빵집에 빵이 32개 있습니다.
주인아저씨는 빵을 4개 더 만들었고,
아주머니는 빵을 3개 더 만들었습니다.
빵은 모두 몇 개일까요?

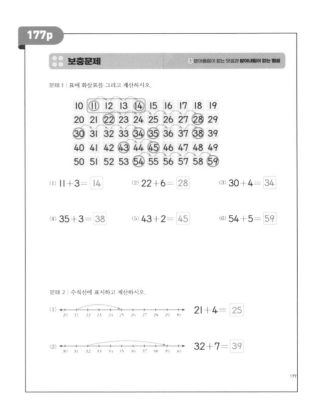

식 32＋4＋3 = 39　　답: 39 개

선생님만 보세요

문제 3 (4) 두 번 거듭해서 줄어드는 뺄셈 상황이다. (5) 두 번 거듭해서 더하는 덧셈 상황이다.

177p

보충문제

문제 1 | 표에 화살표를 그리고 계산하시오.

10	(11)	12	13	(14)	15	16	17	18	19
20	21	(22)	23	24	25	26	27	(28)	29
(30)	31	32	33	(34)	(35)	36	37	(38)	39
40	41	42	(43)	44	(45)	46	47	48	49
50	51	52	53	(54)	55	56	57	58	(59)

(1) 11＋3＝ 14　(2) 22＋6＝ 28　(3) 30＋4＝ 34

(4) 35＋3＝ 38　(5) 43＋2＝ 45　(6) 54＋5＝ 59

문제 2 | 수직선에 표시하고 계산하시오.

(1) 

21＋4＝ 25

(2) 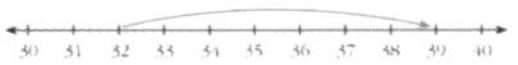

32＋7＝ 39

178p

보충문제

(3) 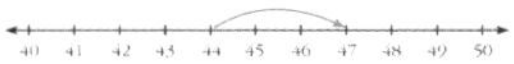

44＋3＝ 47

(4) 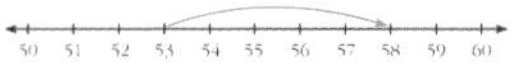

53＋5＝ 58

문제 3 | 다음을 계산하시오.

(1) 23＋4

	십	일
	2	3
＋		4
	2	7

(2) 35＋2

	십	일
	3	5
＋		2
	3	7

(3) 47＋1

	십	일
	4	7
＋		1
	4	8

(4) 54＋5

	십	일
	5	4
＋		5
	5	9

(5) 72＋6

	십	일
	7	2
＋		6
	7	8

(6) 86＋3

	십	일
	8	6
＋		3
	8	9

179p

문제 4 | 다음을 계산하시오.

(1) 24＋3＝ 27　(2) 37＋2＝ 39　(3) 55＋4＝ 59

(4) 48＋1＝ 49　(5) 73＋5＝ 78　(6) 81＋8＝ 89

(7) 92＋7＝ 99　(8) 13＋6＝ 19　(9) 66＋2＝ 68

문제 5 | 계산한 결과가 같은 것끼리 선으로 연결하시오.

(1)

26＋1	28＋1
22＋4	24＋4
26＋3	25＋2
20＋8	23＋3

(2)

73＋6	70＋7
71＋3	71＋5
72＋4	72＋2
75＋2	75＋4

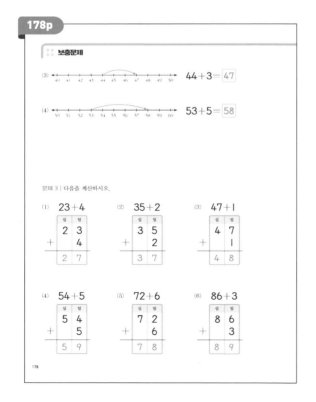

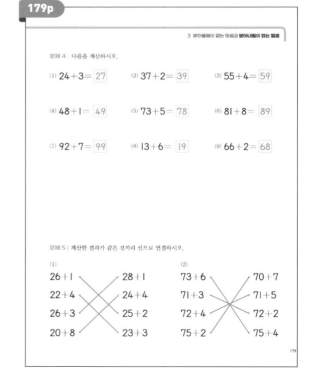

180p

보충문제

문제 6 | 표에 화살표를 그리고 계산하시오.

11	12	13	14	15	16	17	18	19	20
21	22	23	24	25	26	27	28	29	30
31	32	33	34	35	36	37	38	39	40
41	42	43	44	45	46	47	48	49	50
51	52	53	54	55	56	57	58	59	60

(1) 14－3＝11 (2) 19－2＝17 (3) 26－5＝21

(4) 37－4＝33 (5) 43－1＝42 (6) 58－6＝52

문제 7 | 수직선에 표시하고 계산하시오.

(1) 50 51 52 53 54 55 56 57 58 59 60 57－3＝54

(2) 60 61 62 63 64 65 66 67 68 69 70 68－4＝64

180

181p

3 받아올림이 없는 덧셈과 **받아내림이 없는 뺄셈**

(3) 80 81 82 83 84 85 86 87 88 89 90 84－2＝82

(4) 90 91 92 93 94 95 96 97 98 99 100 99－5＝94

문제 8 | 다음을 계산하시오.

(1) 23－1

십	일
2	3
－	1
2	2

(2) 44－3

십	일
4	4
－	3
4	1

(3) 35－2

십	일
3	5
－	2
3	3

(4) 68－6

십	일
6	8
－	6
6	2

(5) 59－5

십	일
5	9
－	5
5	4

(6) 87－7

십	일
8	7
－	7
8	0

181

182p

보충문제

문제 9 | 다음을 계산하시오.

(1) 35－3＝32 (2) 42－1＝41 (3) 55－4＝51

(4) 67－2＝65 (5) 98－5＝93 (6) 77－3＝74

(7) 25－5＝20 (8) 86－2＝84 (9) 19－8＝11

문제 10 | 계산한 결과가 같은 것끼리 선으로 연결하시오.

(1)

23－1 　 22－1
26－6 　 28－4
27－3 　 24－2
29－8 　 23－3

(2)

66－5 　 67－5
65－3 　 69－8
69－9 　 65－1
68－4 　 62－2

182

183p

3 받아올림이 없는 덧셈과 **받아내림이 없는 뺄셈**

문제 11 | 수직선에 알맞게 표시하고, □ 안을 채우시오.

(1) ＋2 37 39 37＋ 2 ＝39

(2) 41 46 －5 46－ 5 ＝41

(3) ＋4 23 27 23 ＋4＝27

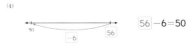

(4) 50 56 －6 56 －6＝50

183

+ 정답 ÷

184p

보충문제

문제 12 | 빈 칸에 +, − 부호와 수를 알맞게 넣어 식을 완성하시오.

(1) 27 −6 21　　(2) 65 −3 62

(3) 14 −4 10　　(4) 42 +3 45

문제 13 | 색칠한 부분에 알맞은 수를 써 넣으시오.

(1) 26+3=29
26+2=28
26+1=27

(2) 31+2=33
31+5=36
31+8=39

(3) 89−3=86
89−7=82
89−8=81

(4) 97−4=93
97−1=96
97−7=90

185p

문제 14 | 표에 화살표를 그리고, ☐ 안에 알맞은 수를 쓰시오.

(1)

11	12	13	14	15	16	17	18	19	(20)
21	22	23	24	25	26	27	28	29	30
31	32	33	34	35	36	37	38	39	40
41	42	43	44	45	46	47	48	49	(50)
51	52	53	54	55	56	57	58	59	60

20+30=50

(2)

21	22	23	24	25	26	27	28	29	(30)
31	32	33	34	35	36	37	38	39	40
41	42	43	44	45	46	47	48	49	50
51	52	53	54	55	56	57	58	59	60
61	62	63	64	65	66	67	68	69	(70)

30+40=70

(3)

31	32	33	34	35	36	37	38	39	(40)
41	42	43	44	45	46	47	48	49	50
51	52	53	54	55	56	57	58	59	60
61	62	63	64	65	66	67	68	69	70
71	72	73	74	75	76	77	78	79	(80)

80−40=40

(4)

41	42	43	44	45	46	47	48	49	50
51	52	53	54	55	56	57	58	59	(60)
61	62	63	64	65	66	67	68	69	70
71	72	73	74	75	76	77	78	79	80
81	82	83	84	85	86	87	88	89	(90)

90−30=60

186p

보충문제

문제 15 | 수직선에 표시를 하고, ☐ 안에 알맞은 수를 넣으시오.

(1) 

20+10=30

(2) 

10+40=50

(3) 

80−30=50

(4) 

70−50=20

187p

문제 16 | 표에 화살표를 그리고, ☐ 안에 알맞은 수를 쓰시오.

11	12	13	14	15	(16)	17	18	19	20
(21)	22	23	24	25	26	27	28	29	30
31	32	33	34	35	36	37	38	39	40
41	42	43	44	45	46	47	48	49	50
51	52	(53)	54	55	56	(57)	58	59	60
61	62	63	64	(65)	66	67	68	69	70
71	72	73	74	75	76	77	78	79	80
(81)	82	83	84	85	86	87	88	(89)	90
91	92	93	(94)	95	96	97	98	99	100

(1) 21+32=53　　(2) 65+24=89

(3) 57−41=16　　(4) 94−13=81

188p

보충문제

문제 17 | 수직선에 화살표를 그리고, □ 안에 알맞은 수를 쓰시오.

(1) 

21+15= 36

(2) 

57+32= 89

(3) 

34−13= 21

(4) 

97−25= 72

189p

문제 18 | 다음을 계산하시오.

(1) 35+12

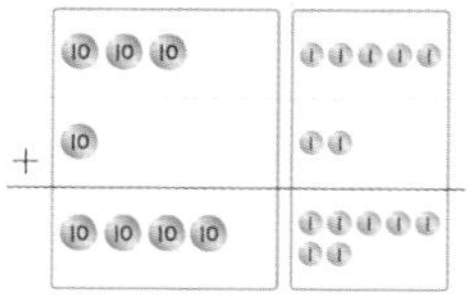

	십	일
	3	5
+	1	2
	4	7

(2) 43+21

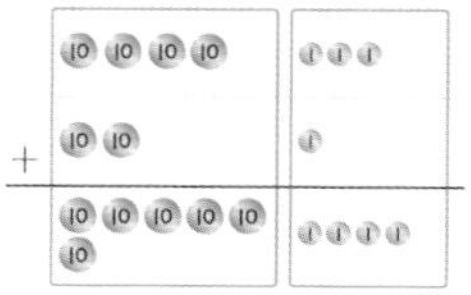

	십	일
	4	3
+	2	1
	6	4

190p

보충문제

(3) 24−13

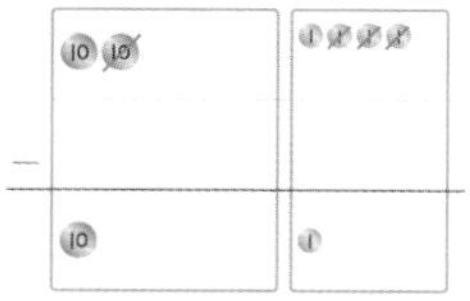

	십	일
	2	4
−	1	3
	1	1

(4) 55−31

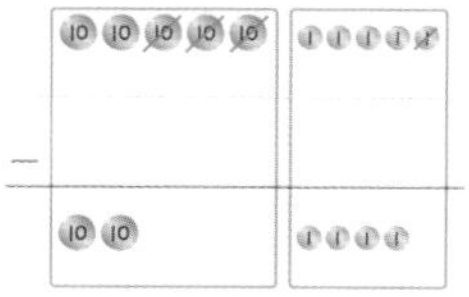

	십	일
	5	5
−	3	1
	2	4

191p

문제 19 | 다음을 계산하시오.

(1) 56+32= 88 (2) 67−45= 22 (3) 34+54= 88

(4) 91−21= 70 (5) 15+51= 66 (6) 49−36= 13

(7) 25−14= 11 (8) 89−18= 71 (9) 23+23= 46

문제 20 | 다음을 계산하시오.

(1) $\begin{array}{r} 57 \\ +\ 12 \\ \hline 69 \end{array}$ (2) $\begin{array}{r} 39 \\ -\ 24 \\ \hline 15 \end{array}$ (3) $\begin{array}{r} 62 \\ +\ 34 \\ \hline 96 \end{array}$

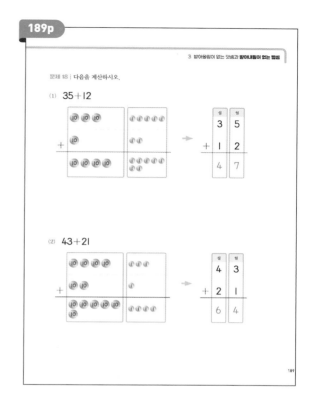

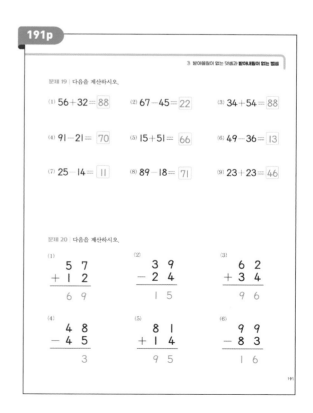

(4) $\begin{array}{r} 48 \\ -\ 45 \\ \hline 3 \end{array}$ (5) $\begin{array}{r} 81 \\ +\ 14 \\ \hline 95 \end{array}$ (6) $\begin{array}{r} 99 \\ -\ 83 \\ \hline 16 \end{array}$

+ 정답 ÷

192p

보충문제

문제 21 | 계산 결과가 같은 것끼리 선으로 연결하시오.

(1)

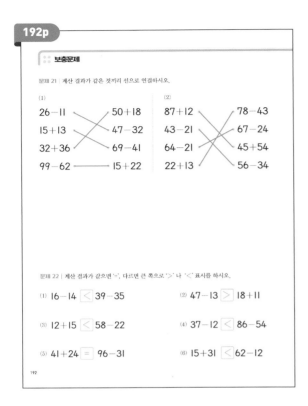

26－11	50＋18
15＋13	47－32
32＋36	69－41
99－62	15＋22

(2)

87＋12	78－43
43－21	67－24
64－21	45＋54
22＋13	56－34

문제 22 | 계산 결과가 같으면 '=', 다르면 큰 쪽으로 '>' 나 '<' 표시를 하시오.

(1) 16－14 [<] 39－35

(2) 47－13 [>] 18＋11

(3) 12＋15 [<] 58－22

(4) 37－12 [<] 86－54

(5) 41＋24 [=] 96－31

(6) 15＋31 [<] 62－12

192

193p

3 받아올림이 없는 덧셈과 받아내림이 없는 뺄셈

문제 23 | 직접 채점을 해보고, 틀린 답을 바르게 고치시오.

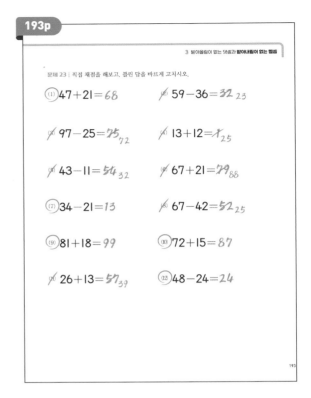

(1) 47＋21＝68

(2) 59－36＝~~32~~ 23

(3) 97－25＝~~75~~ 72

(4) 13＋12＝~~1~~ 25

(5) 43－11＝~~54~~ 32

(6) 67＋21＝~~79~~ 88

(7) 34－21＝13

(8) 67－42＝~~52~~ 25

(9) 81＋18＝99

(10) 72＋15＝87

(11) 26＋13＝~~57~~ 39

(12) 48－24＝24

193

194p

보충문제

문제 24 | 수직선에 알맞게 표시하고, ☐ 을 채우시오.

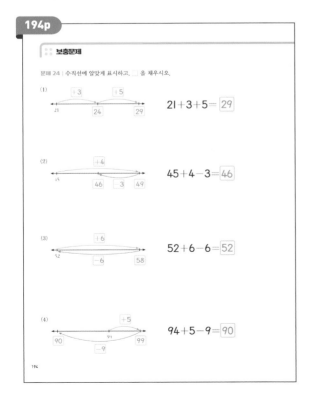

(1)

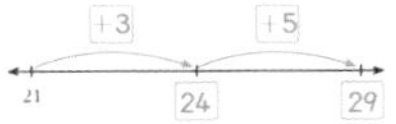

21＋3＋5＝[29]

(2)

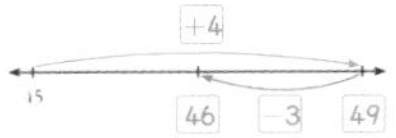

45＋4－3＝[46]

(3)

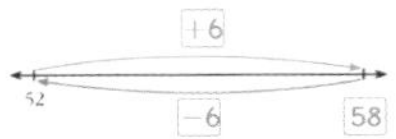

52＋6－6＝[52]

(4)

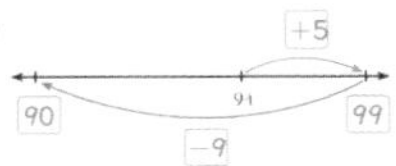

94＋5－9＝[90]

194

195p

3 받아올림이 없는 덧셈과 받아내림이 없는 뺄셈

문제 25 | 다음을 계산하시오.

(1)

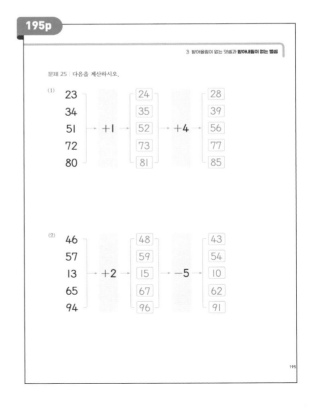

	＋1	＋4
23	24	28
34	35	39
51	52	56
72	73	77
80	81	85

(2)

	＋2	－5
46	48	43
57	59	54
13	15	10
65	67	62
94	96	91

195

196p

보충문제 3 받아올림이 없는 덧셈과 **받아내림이 없는 뺄셈**

문제 26 | 알맞은 덧셈식 또는 뺄셈식을 쓰고, 계산하시오.

(1) 사탕을 37개 가지고 있었습니다. 친구에게 31개를 더 받았다면
나는 모두 몇 개의 사탕을 가지게 되었나요?

식 37+31 = 68 답: 68 개

(2) 영수가 구슬 45개를 가지고 있고
미영이가 구슬 34개를 가지고 있습니다.
영수는 미영이보다 구슬을 몇 개 더 많이 가지고 있을까요?

식 45−34 = 11 답: 11 개

(3) 알약 28알을 가지고 있었습니다.
아침에 3알 먹고 점심에 3알을 더 먹었습니다.
남아있는 알약은 몇 알일까요?

식 28−3−3 = 22 답: 22 알

(4) 딱지 54장을 가지고 있었습니다.
친구에게 5장을 얻은 후에 8장을 잃었습니다.
지금 내가 가지고 있는 딱지는 모두 몇 개일까요?

식 54+5−8 = 51 답: 51 장

196

무엇이든 물어보세요!

박영훈 선생님께 질문이 있다면 메일을 보내주세요.

slowmathpark@gmail.com

박영훈의 느린수학 시리즈 출간 소식이 궁금하다면,
slowmathpark@gmail.com로
이름/연락처를 보내주세요.

연락처를 보내주신 분들은 문자 또는 SNS,
이메일을 통한 소식받기에 동의한 것으로 간주하며,
<박영훈의 느린 수학>의 새로운 소식을 보내드립니다!